教育部大学计算机课程改革项目规划教材

丛书主编 卢湘鸿

大学计算机基础

徐秀花 陈如琪 李业丽 齐亚莉 编著

U0360792

清华大学出版社

北京

内 容 简 介

本书根据教育部《关于进一步加强高等院校计算机基础教学的意见暨计算机基础课程教学基本要求》，由承担课程教学的教师编写。本书以 Windows 7 和 Office 2013 为平台，系统全面地介绍了计算机基础知识和基本操作，主要内容包括计算机与信息社会、计算机系统的组成、Windows 7 基本操作、多媒体技术、计算机网络基础和办公自动化软件 Office 2013 及应用。

本书具有较强的系统性和实用性，理论部分内容完整，配有习题，读者使用本书不仅能够系统地学习掌握信息技术基础理论，还有助于熟练掌握计算机的基本操作。

本书适合作为高等院校非计算机专业计算机基础课程教材，也可作为学生学习计算机信息技术的参考书。

为了方便读者，本书配有电子教案，需要者可到清华大学出版社网站下载，或发送电子邮件索取，电子邮箱地址 xuxiuhua@bigc.edu.cn。

图书在版编目(CIP)数据

大学计算机基础/徐秀花等编著.—北京：清华大学出版社，2017(2023.7重印)

(教育部大学计算机课程改革项目规划教材)

ISBN 978-7-302-48041-9

Ⅰ.①大… Ⅱ.①徐… Ⅲ.①电子计算机—高等学校—教材 Ⅳ.①TP3

中国版本图书馆 CIP 数据核字(2017)第 202024 号

责任编辑：谢 琛 李 晔
封面设计：常雪影
责任校对：李建庄
责任印制：沈 露

出版发行：清华大学出版社
      网 址：http://www.tup.com.cn，http://www.wqbook.com
      地 址：北京清华大学学研大厦 A 座 邮 编：100084
      社 总 机：010-83470000 邮 购：010-62786544
      投稿与读者服务：010-62776969，c-service@tup.tsinghua.edu.cn
      质量反馈：010-62772015，zhiliang@tup.tsinghua.edu.cn
      课件下载：http://www.tup.com.cn，010-83470236
印 装 者：三河市人民印务有限公司
经 销：全国新华书店
开 本：185mm×260mm 印 张：17 字 数：414 千字
版 次：2017 年 10 月第 1 版 印 次：2023 年 7 月第 10 次印刷
定 价：49.00 元

产品编号：075834-02

前　言

随着计算机信息技术的迅速发展,信息技术不断地运用到人们的工作、学习以及日常生活中。掌握并运用计算机的基本知识是信息化社会对科技人才的基本要求。计算机信息技术基础已成为高等院校进行计算机教育而开设的一门必修课程。

根据教育部计算机基础课程教学指导委员会提出的"计算机基础课程基本要求"的指导意见,立足于推动高等学校计算机基础的教学改革和发展,适应信息社会对专业人才计算机知识的需求,我们组织编写了《大学计算机基础》教材。

根据课程的特点,本套教材的内容分为两部分:第一部分为基本理论,共 7 章,讲述计算机和信息技术基础知识,主要内容包括计算机与信息社会、计算机系统的组成、Windows 7 基本操作、多媒体技术、计算机网络基础和办公自动化软件 Office 2013 及应用;第二部分为实验指导,共 5 章,主要内容包括 Windows 7、Word 2013、Excel 2013、PowerPoint 2013 和计算机网络实验。本书为第一部分,第二部分为本书的配套教材。

本套教材具有较强的系统性和实用性,全面系统地介绍了计算机与信息技术的相关知识,对于操作部分给出了详细的操作步骤,通过对本课程的学习,学生不仅能够掌握计算机基础知识,还有助于熟练掌握计算机的基本操作。

本教材适合作为高等院校非计算机专业计算机基础课程教材,也可作为学生学习计算机信息技术的参考书。

本书由徐秀花、陈如琪、李业丽、齐亚莉编著,解凯、程晓锦、齐亚莉、刘犇参加编写。其中第 1 章由李业丽、陈如琪编写,第 2 章由徐秀花编写,第 3 章由解凯编写,第 4 章由陈如琪编写,第 5 章由程晓锦编写,第 6 章由陈如琪、刘犇编写,第 7 章由齐亚莉编写。全书由徐秀花负责统稿。

本教材得到了北京印刷学院计算机科学系全体教师的大力支持,在此深表感谢。

由于水平有限,书中难免有不足之处,敬请读者指正。

编　者
2017 年 6 月

目 录

第 1 章

计算机与信息社会

随着计算机技术的发展,计算机已广泛应用到国防、工业、农业、企业管理以及人们日常生活等各个领域,并越来越产生巨大的效益。在信息社会中计算机的作用是举足轻重的,也可以说信息社会几乎离不开计算机,在这个时代人们的生活与计算机密切相关,数据库、网络(无线的或有线的)、网店、网上银行、ATM 机、智能查询屏、QQ,等等,这些术语已经耳熟能详了,很多工作都离不开计算机,超市或商店购物离不开计算机结算,家中休闲离不开电脑游戏,与朋友联系可以网上聊天,网络上的信息包罗万象,网上购物及网上银行划账,坐在电脑旁就可操纵股票,连锁酒店从订房到资源共享、电影电视中的特技合成等都离不开计算机管理系统。

对生活在 21 世纪的每个人来说,了解计算机的基本知识,进一步掌握计算机的原理和应用知识,是必须具备的技能之一。本章将介绍计算机的基本组成部分和工作原理、计算机中数据的存储与表示方法以及信息技术相关知识。

1.1 计算机的发展

1.1.1 电子计算机的诞生

历经几千年,人类在科学的道路上始终没有停止对计算的追求,从结绳记事到算盘、计算器,从机械计算机到电子计算机,这个过程体现了人类的聪明才智。电子计算机出现之前既有理论的准备,也有技术的铺垫。计算机的发明是由原始的计算工具发展而来的,在春秋战国时期,就有了一种计算工具称为算筹。从唐朝开始算筹逐渐向算盘演变。到元末明初算盘已非常普及,如图 1-1 所示。1642 年,法国数学家帕斯卡(Blaise Pascal)做出了一台能做加、减法的手摇计算机,如图 1-2 所示。1832 年,英国数学家巴贝奇(Charles Babbage)设计的差分机是一种计算自动化、半自动化程序控制的通用数字计算机,如图 1-3 所示。

图 1-1　中国的算盘

图 1-2 帕斯卡的能做加减法的手摇计算机   图 1-3 巴贝奇(Charles Babbage)设计的差分机

就理论而言,自 17 世纪起,相关的基础科学特别是数理逻辑和数学的研究成果对于电子计算机的产生起到至关重要的作用。电子计算机的理论意义在于,包括计算、推理在内的思维过程的机械化或自动化,而这又是人类文明发展过程中的一贯愿望及设想。1624 年,德国希克哈德(Wilhelm Schickard)发明了一台计算机,也有人称其为第一台计算机。数理逻辑创始人之一的莱布尼兹于 1671 年改进了帕斯卡(Blaise Pascal)首先发明的第一台算术计算机。其后,英国数学家乔治·布尔(G. Bool)将代数方法引入逻辑学,运用代数方法处理形式逻辑的某些问题,从而创立了布尔代数,他的成果主要体现在其 1847 年发表的论文"逻辑的数学分析:论演绎推理的演算法"及 1854 年发表的论文"思维规律研究"中,他的主要意图是实现思维过程的形式化与机械化。而真正从理论上解决这个问题是由数理逻辑与数学来承担的,即算法与能行性的概念。递归函数论是最早提出的能行可计算理论。而后又有丘奇(A. Church)和克林尼(S. C. Kleene)提出的 λ 转换演算。到 1936 年英国的数理逻辑学家图灵(A. M. Turing)提出了图灵机器的理论,这一理论不仅从数学上严格定义了计算的概念,而且提供了一种理想计算机的模型,从理论上证明了这种机器实现的可能性,为后来电子计算机的技术实现提供了十分重要的理论基础与前提。第一台专用电子计算机是 1943 年由英国研制成功的破译密码机器,这台专用机器在第二次世界大战期间,破译了德国的一部称为 Enigma 的特殊机器编译出来的密码,这台专用电子计算机的研制与图灵的工作密切相关,但目前大家并不把这台机器称为第一台电子计算机。

电子计算机的出现最关键的技术是电子管(热电子三极管)的发明,而且 1937—1940 年,美国贝尔实验室的斯蒂比茨(G. Stibitz)设计了使用继电器的半自动化机器,称为混合计算机。1941 年德国的朱斯(Zuse)制成第一台全部使用继电器的通用自动机电计算机,并且第一次采用了二进制的程序控制,称为 Z-3 计算机,它对以后电子计算机的研制有很大的影响。1944 年,美国 IBM 公司根据哈佛大学艾肯(H. Aiken)设计的自动序列控制计算机研制成 Mark I 计算机,这是当时最先进的一部机电计算机。至此,这些计算机的运算速度仍然不能达到高度自动化所要求的水平。由于电子管中栅极控制电流开关的速度要比电磁继电器快一万倍左右,所以电子管就被迅速地应用于计算机的研制。

美国数学家诺伯特·维纳(Norbert Wiener)是控制论的先驱者,他对于电子计算机的研制是很重视的,1940 年,他曾向布希(Vannevar Bush)提出过改进计算机的五点建议:

(1) 在计算机的中心部分,加法和乘法的装置应当是数字式的;

(2) 开关装置的机件应当由电子管来实现;

(3) 加法和乘法采用二进制;

(4) 全部运算程序要在机器上自动进行,从把数据放进机器时起到最后把结果拿出来为止,中间应该没有人的干预,由此所需要的一切逻辑判断都必须由机器自身做出;

(5) 机器中要包含一种用来存储数据的装置。

维纳的这些建议在当时由于一些条件的限制没被立即采纳,但我们可以看到,他不仅注意到电子管和二进制的使用,而且提出要特别重视使电子计算机取代人脑的某些功能,如判断、推理、记忆等,这与控制论的基本思想与目标是一致的。在这个时期,维纳与第一代计算机的研制者如埃克特(J. P. Eckert)、冯·诺依曼(J. Von Neumann)等人经常有学术联系。后来,战争的迫切需要推动了电子计算机的研制工作。

19 世纪是计算机思想形成的重要发展时期,1832 年英国数学家 Charles Babbage 设计的分析机是典型的半自动数字计算机,而 20 世纪是计算机发展的重要时期,1936 年英国科学家 Alan Mathison Turing 提出了通用数字计算机的设计模型,即图灵机,图灵机为计算机奠定了理论基础,它是处理、加工离散信息的数学模型。世界上公认的第一台电子计算机于 1946 年在美国宾夕法尼亚大学正式投入运行,它是电子数值积分计算机(The Electronic Numberical Integrator and Computer,ENIAC),是计算机发展的重要里程碑。这台电子计算机的出现,是由于 1942 年阿贝丁试炮场在计算火力表时,由于每张表就要计算几百条弹道,所以迫切需要解决高速计算问题,当时由美国宾夕法尼亚大学莫尔学院的莫奇勒(J. W. Mauchly)博士提出研制电子计算机的方案。后来,军方代表戈德斯泰因(H. H. Goldstine)以及总工程师埃克特等人支持并参加了这一工作,1944 年冯·诺依曼曾参与这个小组的工作,他提出“程序内存”方法和二进制,但在 ENIAC 上却没有真正的运控装置,大量运算部件是外插型的,每一步计算都要花很多时间先将程序连接好,准备工作烦琐,大大影响了运算速度。所谓程序内存,是把一些常用的基本操作制成电路,放置在计算机的运算器内,而每一种操作需要用一个数来代表。程序员用这些数来编制解题程序,然后,把程序与要计算的数据一起存放在计算机的存储器内。当计算机运行时,它从存储器中取出程序中的一条条指令,按这些指令对某数据进行某种运算,计算机从一个程序指令转入到下一个程序指令也是通过一种叫做“条件转移”的程序指令来自动进行的。这样,“程序内存”就使得全部运算成为真正的自动过程,比以前采用的“程序外插”方法前进了一步。1945 年底,第一台通用电子计算机 ENIAC 研制成功,于 1946 年正式投入使用。ENIAC 可谓巨大的机器,它重达约 30 吨,占地约 170m²,使用了 17 468 个真空电子管,耗电量约 174kW,每秒钟进行 5000 次加法运算,大大提高了运算速度。当然与现在的计算机运算速度相比,它简直慢极了,但在当时这个运算速度是无与伦比的。

数学家冯·诺依曼在 ENIAC 诞生之后(见图 1-4),他就投身到新型计算机设计的行列中,并提出了一个 101 页的划时代文献,对电子计算机的体系结构进行了重要改进,其一是电子计算机要以二进制为运算基础,其二是电子计算机要采用存储程序的工作方式。冯·诺依曼对计算机的结构进行了设计,指出电子计算机由五个部分组成:运算器、存储器、控制器、输入装置以及输出装置。这些思想的提出显然是集体智慧的结晶,但大家还是愿意把这个重要贡献归功于他,而他的这个理论一直主导着电子计算机的整体结构,至今还没有对此结构有突破性的改变，他的名字将永远铭记在人们的心中。在此思想的指导下，20世纪40年代末诞生的具有存储程序和程序控制的电子计算机 Electronic Discrete Variable Automatic Computer，简称 EDVAC，这台计算机也可称为冯·诺依曼式计算机，也称"程序内存"型的电子计算机，它在英国剑桥大学投入运转。从此，电子计算机进入了爆发式的发展时期，尤其在美国从1951—1959年，计算机总数为3000多台，而1960—1962年仅三年即装机7500台，而此时为了满足工业生产和大量军事、政府等用户的需要，形成了一批计算机厂家，如 IBM 公司，它们推出各种系统产品，使计算机的应用领域迅速普及到各行各业。

图1-4　冯·诺依曼与 ENIAC

1.1.2　什么是计算机

计算机曾作为"智能工具"的代名词，只因它们可以完成需要脑力劳动的任务，可以延伸人类的能力。计算机的主要能力包括快速计算、对某个省的高考成绩排序以及在大量的信息库中搜索你要的信息等。人类完全自己可以做这些事情，但与计算机相比，计算机会做得更快、更准确。计算机是对人类智力的一个补充，并可使工作更有成效。

在第一台电子计算机出现之前，对计算机的定义是"执行计算任务的设备"。机器也能执行计算任务，但它们被称为计算器，而不叫计算机。当第一台电子计算机研制成功之后，1945年，一组工程师开始为军方的一个秘密项目工作，他们要研制"电子离散变量自动计算机"（Electronic Discrete Variable Automatic Computer，EDVAC）。冯·诺依曼在一个报告中对 EDVAC 计划进行了描述，在报告中对计算机部件明确给出了定义，并描述了它们的功能，冯·诺依曼使用了"自动计算系统"，现在称为"计算机"或"计算机系统"。基于冯·诺依曼提出的概念，我们可以把计算机定义为一个能接收输入、处理数据、存储数据，并产生输出的设备。所谓输入，是指送入计算机系统的任何东西。输入可能是人、环境或其他计算机提供的。计算机可以处理多种类型的输入，例如，文档里的单词、文字和符号，用于计算的数字图形、温度计的温度、麦克风的音频信号，以及完成某处理过程的指令，等等。输入设备收集输入信息，并把它们转化为计算机可以处理的形式。计算机键盘是主要的输入设备。所谓数据，泛指那些代表某些事实和思想的符号。计算机可以用很多方法操作数据，把这些操作称为"处理"。例如，计算机处理数据的方式可以是执行计算，或对大量的词汇或数字进行排序，或按用户指令修改文档或图片，或绘图。计算机处理数据时是在中央处理器（Central

Processing，CPU)中进行的。所谓存储数据，是为了处理数据，依照数据被使用的方式不同，计算机会把它们存储在不同地方，内存是计算机存放正等待处理数据的地方，外存是数据不需要处理时长期保存数据的地方。所谓输出，是指计算机生成的结果。报表、文档、音乐、图形、图片都是计算机输出的形式。输出设备用来显示、打印或传输计算机的处理结果。如图 1-5 所示的计算机是一台微型计算机，图 1-6 中是一台便携式计算机，俗称笔记本电脑。

图 1-5　微型计算机

图 1-6　笔记本电脑

1.1.3　电子计算机的发展阶段

电子计算机分为两类：一类是模拟计算机，它的特点是参与运算的量是用连续量表示的，另一类是数字计算机，它的特点是参与运算的量是用离散量表示的。从计算机的发展来看，模拟计算机同数字计算机相比速度慢、精度低，并且不太通用，因此，在计算机领域占主要地位的是电子数字计算机，我们现在所说的电子计算机即电子数字计算机。

从技术史上看，计算机的发展经历了使用机械元件、电机元件和电子元件这三个阶段，其相应的器件则是齿轮、继电器与电子管。自第一台电子计算机 ENIAC 出现到现在，计算机的发展速度是飞快的，没有哪一种现代工具可以与之相比。电子计算机伴随着电子器件技术的发展，可以清晰地划分出电子计算机的发展阶段，每一次技术革命都带来了计算机的新的发展，使计算机的体积和耗电量大大缩小，功能大大提高，应用更加广泛。根据电子器件的发展线路，电子计算机经历了电子管、半导体元件、中小规模集成电路、大规模集成电路等几个阶段，而这些阶段的发展并不是计算机科学与技术的最基本的理论的变革，它们仍是数理逻辑中的能行性和算法的延续。按照电子器件的发展脉络可以把电子计算机的发展分为 5 个阶段。

1. 第一阶段（1946—1957 年）

第一阶段电子计算机的特征是采用电子管(真空管)作为基本器件，也称为第一代电子计算机，或电子管时代的计算机。这代计算机输入输出主要采用穿孔纸带或卡片，用光屏管或汞延时电路实现存储功能，软件处于初级阶段，用机器语言或汇编语言编写程序。计算机的体积十分笨重，机器功耗大，效率低，存储量少，可靠性差，且维护困难和价格昂贵。

第一代电子计算机限于其功能、价格等因素，应用范围十分狭窄，仅应用于军事、国防和科学计算等少数领域。

2. 第二阶段(1958—1964 年)

第二阶段电子计算机的主要标志是它的基本元器件采用了晶体管。与第一代计算机相比,具有速度快(每秒达到几十万次)、寿命长、体积小、重量轻、省电等优点。

在这个时期,软件技术得到了较大的发展,Fortran、Cobol、ALGOL60 等高级程序设计语言的诞生,大大降低了使用的难度,从而极大地拓展了计算机的应用领域,计算机不仅继续在军事和科学计算上显示其强大的威力,而且在气象、数据处理、事务管理和自动控制等方面都得到应用。

3. 第三阶段(1965—1970 年)

随着半导体制造工艺的发展,产生了集成电路,人们已可以在几平方毫米的单晶硅片上集成 10～1000 个电子元件组成的逻辑电路。计算机也从这时开始采用中、小规模的集成电路,使得计算机的体积和耗电量大大减少,性能和稳定性进一步提高,运算速度提高到每秒几百万次。同时,主存储器开始采用半导体存储器,由于存储器和外部设备等采用了标准输入输出接口,结构上采用标准组件组装,使得计算机的兼容性好,成本降低,应用范围进一步扩大。

软件技术在这一时期也得到长足的发展,有了标准化的程序设计语言。操作系统的出现和逐步完善,也使计算机的功能越来越强。

4. 第四阶段(1971 年至今)

由于大规模集成电路制造成功和快速发展,电脑芯片的集成度大大提高(从 20 世纪 70 年代初期的集成度 1000 个左右发展到目前的几百万个,甚至上千万个),计算机的运算速度也随之飞速增长。

20 世纪 90 年代发展起来的多媒体技术和网络技术,给计算机技术的发展插上了腾飞的翅膀。多媒体技术的出现,使得人的几乎所有感官都能与计算机进行交流,极大地扩展了计算机的应用范围;网络技术的出现,使得计算机不仅扩展了应用功能,更使计算机成为人们交流信息的工具。

5. 第五阶段(正在发展中)

前四个阶段计算机都是以硬件的发展作为主要标志。新一代的计算机要实现的目标是让计算机具有人脑的功能,计算机不仅有存储和记忆的功能,还具备自学习掌握知识的机制。利用计算机可以模拟人的感觉、行为、思维等,能够准确地对许多事物做出判断,导出结论,成为真正意义上的智能型、超智能型计算机,如图 1-7 所示。要达到这样的目标,其主要的标志就从硬件转向了软件,并且从根本上超越了冯·诺依曼式计算机的设计思想。

1.1.4 计算机的分类

按计算机的处理能力来分,即按传统分类法分,可以把计算机分成微型计算机、小型计算机、大型计算机和超级计算机。划分的标准主要由它的技术、功能、物理尺寸、性能和成本等因素来决定。随着技术的发展,分类标准也在发生变化。类别之间的界限并不非常清晰,

图 1-7　机器人或智能计算机

当功能更强大的计算机出现后,分类界限也会随之上移。可以从不同的侧面对计算机的类型进行划分:按用途划分,按计算机的运算速度、字长、存储容量和软件配件配置等诸多方面的性能指标规模划分以及按处理对象进行划分。

1. 根据用途划分

按使用的角度可将计算机划分成通用机和专用机两类。

1) 通用机

通用计算机适用于解决多种一般问题,该类计算机使用领域广泛、通用性较强,在科学计算、数据处理和过程控制等多种用途中都能适用。

2) 专用机

专用计算机用于解决某个特定方面的问题,配有解决该问题的软件和硬件,如自动化控制、工业智能仪表等特殊领域应用。

2. 根据计算机的规模划分

按照计算机的规模可分为巨型计算机、大/中型计算机、小型计算机、微型计算机、工作站和服务器等。

1) 巨型计算机

巨型计算机也称超级计算机,是最快也是最贵的计算机。国防尖端技术的应用和现代科学计算都需要计算机有很高的速度和很大的容量。因此,研制巨型机是计算机发展的一个重要方向,目前,巨型机的运算速度可达每秒百万亿次。我国研制的“天河二号”巨型计算机,计算速度可达到 33.86 千万亿次/秒以上。美国 IBM 公司制造了速度为 117.59 千万亿次/秒的超级计算机,日本富士通公司 2002 年宣布,它开发了世界上最高运算速度的超级计算机。这种计算机采用了“大规模并连标量表达方式”,使用光缆可并行连接 16 384 个中央处理器(CPU),具有 65 万亿次/秒浮点运算的能力。研制巨型机也是衡量一个国家经济实力和科学水平的重要标志。超级计算机最初是为所谓“强计算”任务设计的,例如,分子建模、密码破译和天气预报等,现在已经逐渐扩展到商业领域,以解决原先在大型机环境下超大量数据引发的处理延迟问题。

2) 大/中型计算机

IBM 公司可以说是大型机的代名词。大/中型计算机是大型、高速、昂贵的计算机。这类计算机具有较高的运算速度,而且有较大的存储空间。往往用于科学计算、数据处理或作为网络服务器使用。通常用在企业和政府部门,为大量数据提供集中化的存储、操作和管理。大型机可以为许多用户提供处理服务,用户只需要在自己的终端输入处理请求。为了处理大量数据,大型机经常有多个 CPU,每秒可执行数十亿条指令。一个 CPU 可能用来指挥整个操作,第二个 CPU 可能用来处理与所有用户的数据通信,而第三个 CPU 则负责查找用户请求的数据。当数据的可靠性、安全性和集中控制等因素非常重要时,就要考虑使用大型机。

3) 小型计算机

1957 年,Kenneth Olsen 和 Harland Anderson 建立的数字设备公司(DEC),最初的目标是生产大型机,但由于资金不足,因此制造了规模稍小的计算机,即小型计算机。小型计算机可以同时执行多个人的处理任务,这些人都通过终端与小型计算机相连。终端是一种类似于微型计算机的输入和输出设备,因为它有键盘和屏幕。但终端没有处理数据的能力(微型计算机有)。当你在终端发出一个处理请求时,该请求被传送到小型计算机。小型计算机按要求处理数据,然后把结果送回终端。小型计算机主要用于小型和中型企业,是在工业自动控制、测量仪器、医疗设备中的数据采集等方面使用的一种规模较小、结构简单、运行环境要求较低的计算机。例如,DEC 公司的 PDP-11 系统是 16 位小型机的早期代表,Royal Caribbean Cruises 的中心办公室使用小型计算机作为订票系统。

4) 微型计算机

微型计算机也称个人计算机(PC)。微型计算机的中央处理器(CPU)采用微处理器芯片,小巧轻便,广泛用于商业、服务业、工业自动控制、办公自动化以及大众化的信息处理。目前,微机中的微处理器芯片主要采用 Intel 公司的 Pentium 系统、AMD 公司的 K 系列以及 Cyrix 公司的 M 系列等。衡量微型计算机能力的一个指标是它的处理器速度。当今处理器的速度可超过每秒 5 亿次运算。可以单机方式使用微型计算机,也可以连接到其他计算机,这样就能同其他用户共享数据和程序。但是,即使你的机器连接到其他计算机,它也主要是处理你自己的任务。

5) 工作站

工作站是以个人计算环境和分布式网络环境为前提的高机能计算机。工作站不单纯是进行数值计算和数据处理的工具,而且是支持人工智能作业的作业机。通过网络连接包含工作站在内的各种计算机可以互相进行信息的传送,资源、信息的共享和负载的分配。所谓高性能计算机,至少需要具有与过去的小型计算机相同的计算能力,同时还需具有过去的计算机所没有的功能,在硬件方面,支持多窗口的位映像显示器和面向网络的接口等是不可缺少的;在软件方面,系统的构成必须重视以个人使用为前提的操作系统及窗口系统等用户接口。

6) 服务器

服务器是在网络环境下为多个用户提供服务的共享设备,一般分为文件服务器、打印服务器、计算服务器和通信服务器等。网络用户可以在通信软件的支持下共享资源。

3．按处理对象进行划分

计算机可处理的数据有数字类型和模拟类型以及数字模拟混合类型，按这 3 种处理对象可将计算机进行性能的划分。数字计算机的性能特点是计算机处理时输入和输出的数值都是数字量。模拟计算机处理的数据对象直接为连续的模拟数据，如电压、温度、速度等。数字模拟混合计算机，将数字技术和模拟技术相结合，输入输出既可以是数字数据也可以是模拟数据。

1.1.5　计算机的应用领域

计算机的应用已经渗透到社会的各个领域，归纳起来，可以分为以下几个方面。

1．科学计算

计算机的最早应用是在科学计算方面。世界上第一台电子计算机就是为完成弹道的复杂运算而制造的。在解决科学实验和工程技术中所提出的数学问题，以及物理、化学、生物、材料等领域的数据测算，计算机的作用非常显著，在航天技术中卫星轨道的计算更是离不开计算机。我们每天收看到的天气预报，也是用计算机对大量的数据进行快速计算处理，并经巨型计算机计算所获得的计算结果。

2．信息处理

信息处理主要是指非数值形式的数据处理。计算机信息处理在社会和经济的发展中的作用越来越为人们所重视。信息处理包括对数据资料的收集、存储、加工、分类、排序、检索和发布等一系列工作。计算机信息处理包括办公自动化（OA）、企业管理、情报检索、报刊编排处理等。计算机数据处理的特点是信息处理及时、数据量大、处理速度快，并能给出各种形式的输出格式。目前计算机应用已深入到经济、金融、保险、商业、教育、档案、公安、法律、行政管理、医疗、社会普查等各个方面。计算机在科学计算、信息处理、过程控制 3 大应用中，其中的 80% 左右应用于信息处理。

3．过程控制

在科学技术、军事、工业、农业以至于人们日常生活等各个领域都应用到过程控制。用于过程控制的计算机，先将模拟信息如压力、速度、电压、温度等量，转换成数字量，然后再由计算机进行处理。计算机处理后输出的数字量结果经转换后，变成模拟量再去控制对象。过程控制一般都是实时控制，有时对计算机运算速度的要求不高，但要求可靠性高、响应及时，这样才能保证被控制对象的准确动作。

4．计算机辅助系统

计算机辅助系统有计算机辅助教学（CAI）、计算机辅助设计（CAD）、计算机辅助制造（CAM）、计算机辅助测试（CAT）、计算机集成制造（CIMS）等系统。

计算机辅助教学是指利用计算机进行教授、学习的教学系统，将教学内容、教学方法以及学习情况等存储在计算机中，使学生能够直观地从中看到并学习所需要的知识。

计算机辅助设计是指利用计算机来帮助设计人员进行设计工作。用辅助设计软件对产品进行设计,如飞机、汽车、船舶、机械、电子、土木建筑以及大规模集成电路等机械、电子类产品的设计。计算机辅助设计系统除配有必要的 CAD 软件外,还应配备图形输入设备(如数字化仪)和图形输出设备(如绘图仪)等。设计人员可借助这些专用软件和输入输出设备把设计要求或方案输入计算机进行生产设备的管理、控制与操作,从而提高产品质量,降低成本,缩短生产周期,并且还可大大改善制造人员的工作条件。

计算机辅助测试是指利用计算机来进行自动化的测试工作。

计算机集成制造是指在产品制造中许多生产环节都采用自动化生产作业,但每一环节的优化技术不一定就是整体的生产最佳化,CIMS 就是将技术上的各个单项信息处理和制造企业管理信息系统集成在一起,将产品生命周期中所有有关功能,包括设计、制造、管理、市场等的信息处理全部进行集成。其关键是建立统一的全局产品数据模型和数据管理及共享的机制,以保证正确的信息在正确的时刻以正确的方式传到所需的地方。CIMS 的进一步发展方向是支持"并行工程",即力图使那些为产品生命周期单个阶段服务的专家尽早地并行工作,从而使全局优化并缩短产品的开发周期。

5. 多媒体技术

多媒体技术的发展始于 20 世纪 80 年代。计算机是迄今为止最成功和用途最广的机器。同一台计算机能够产生专业化的排版文档,能将文字、图像、图形及声音等信息以数字化的方式进行综合处理,从而使计算机具有表现、处理和存储各种的能力。目前多媒体计算机技术的应用领域正在不断拓宽,除了知识学习、电子图书、商业及家庭应用外,在远程医疗、视频会议中都得到了广泛应用。

从 1987 年 Macintosh 公司制作成能处理多媒体信息的计算机开始,随着大容量光盘的制作发展,解决了媒体信息的存储问题。全世界的电脑制造商和软件发行厂商有了共同的遵循标准。1991 年,第六届国际多媒体和 CD-ROM 大会上宣布了 MPC 的第一个标准。1993 年推出了 MPC 的第二个标准,确定将第一个标准中的音频信号数字化时的采样量化标准提高到 16 位,之后信息压缩技术得到不断发展。

多媒体计算机是应用计算机技术将文字、图像、图形、声音等信息以数字化的方式进行综合处理,从而使计算机具有表现、处理、存储各种媒体信息的能力。目前多媒体计算机技术的应用领域正在不断拓宽,除了知识学习、电子图书、商业及家庭应用外,在远程医疗、视频会议中都得到了广泛的应用。

多媒体的关键技术标准——数据压缩标准也已制定。静态图像压缩标准 JPEG(Joint Photographic Experts Group)成为 ISO/IEC 的 10918 标准。1994 年 11 月,动态视频压缩标准 MPEG-1(Motion Picture Experts Group)成为国际标准,经过扩充和完善后,MPEG-2 标准也被确认。

6. 计算机通信

计算机通信是计算机应用中近几年发展最为迅速的一个领域。它是计算机技术与通信技术结合的产物,计算机网络技术的发展将处在不同地域的计算机用通信线路连接起来,配以相应的软件,达到资源共享的目的。

目前,世界各国都特别重视计算机通信的应用。多媒体技术的发展,给计算机通信注入了新的内容,使计算机通信由单纯的文字数据通信扩展到音频、视频图像的通信。Internet的迅速普及,使诸如远程会议、远程医疗、远程教育、网上理财、网上商业等网上通信活动进入了人们的生活。

7. 人工智能

1950 年,图灵写道:"我相信在本世纪末,某人说起机器能够思考没有人会反对。"图灵提出了机器智能的"测试"方法,图灵测试者如果不能分辨出计算机和人,那么这台计算机就像人一样具有智能。行为和人类一样具有智能的计算机必须被认为是具有智能的,并且一定能够思考。设计能够通过图灵测试的计算机逐渐发展成为一个研究领域,即人工智能(AI)。人工智能指能够像人类一样解决问题和执行任务的计算机的能力,是研究解释和模拟人类智能、智能行为及其规律的一门学科。其主要任务是建立智能信息处理理论,进而设计可以展现某些近似于人类智能行为的计算系统。人工智能是计算机科学的一个分支,也为某些相关学科如心理学等所关注。人工智能学科包括知识工程、机器学习、模式识别、自然语言处理、智能机器人和神经计算等多方面的研究。AI 研究人员已经制造出可以移动和操作的机器手、对人类语言做出反应、诊断疾病、把文档从一种语言转换成其他语言、具有极高水平的下棋能力,以及能够学习新任务的计算机。然而,到目前为止,尚未没有计算机能够通过图灵测试。

1.1.6　计算机的发展趋势

计算机技术是世界上发展最快的科学技术之一,未来的计算机将向巨型化、微型化、网络化、智能化、多媒体化的方向发展。

1. 巨型化

巨型化是指发展高速的、大存储量和强功能的巨型计算机。巨型计算机主要应用于天文、气象、地质和核反应、航天飞机、卫星轨道计算等尖端科学技术领域,研制巨型计算机的技术水平是衡量一个国家科学技术和工业发展水平的重要标志。因此,工业发达国家都十分重视巨型计算机的研制。目前运算速度为每秒几百亿次到上千亿次数的巨型计算机已经投入运行,并正在研制更高速度的巨型计算机。

2. 微型化

微型化是指利用微电子技术和超大规模集成电路技术,把计算机的体积进一步缩小,价格进一步降低,计算机的微型化已成为计算机发展的重要方向。专用微型机已经大量应用于仪器、仪表和家用电器中,通用微型机已经大量进入办公室和家庭,但人们需要体积更小、更轻便、易于携带的微型机,以便出门在外或在旅途中均可使用计算机。应运而生的便携式微型(笔记本型)和掌上型微型机的大量面世和使用,是计算机微小化的一个标志。

3. 网络化

所谓计算机网络化,是指用现代通信技术和计算机技术把分布在不同地点的计算机互联起来,组成一个规模更大、功能更强的可以互相通信的网络结构。网络化的目的是使网络中的软、硬件和数据等资源,能被网络上的用户共享,使计算机的实际效用进一步提高。计算机联网不再是可有可无的事,而是计算机应用中一个很重要的部分。人们常用的因特网(Internet,也译为国际互联网)就是一个通过通信线路连接、覆盖全球的计算机网络。通过Internet,人们足不出户就可获取大量的信息,与世界各地的亲友快捷通信,进行网上贸易等。计算机网络化是计算机发展的又一个趋势。从单机走向联网,是计算机应用发展的必然结果。当前发展很快的微机局域网正在现代企事业管理中发挥越来越重要的作用,计算机网络是信息社会的重要技术基础。

4. 智能化

计算机智能化是指使计算机具有模拟人的感觉和思维过程的能力,即使计算机成为智能计算机。目前的计算机已经能够部分地代替人的脑力劳动,因此也常称为“电脑”。但是人们希望计算机具有更多的类似人的智能,例如,能听懂人类的语言,能识别图形,会自行学习等,这也是目前正在研制的新一代计算机要实现的目标。智能化的研究包括模拟识别、物形分析、自然语言的生成和理解、博弈、定理自动证明、自动程序设计、专家系统、学习系统和智能机器人等等。目前,已研制出各种具有人的部分智能的“机器人”,可以代替人在一些危险的工作岗位上工作。

5. 多媒体化

多媒体技术是当前计算机领域中最引人注目的高新技术之一。多媒体计算机就是利用计算机技术、通信技术和大众传播技术,来综合处理多种媒体信息的计算机,这些信息包括文本、声音、图形、视频图像、动画等。多媒体技术使多种信息建立了有机的联系,集成为一个系统,并具有交互性。多媒体计算机将真正改善人机界面,使计算机朝着人类接受和处理信息的最自然的方向发展。

近年来,通过进一步的深入研究,人们发现由于电子电路的局限性,理论上电子计算机的发展也有一定的局限,因此人们正在研制不使用集成电路的计算机,未来的计算机将与各种新技术组合,从而开创出更多新技术组合,从而开创出更多新的科学领域。与光电子学相结合,人们正在研究光子计算机;与生物科学相结合,人们正在研究用生物材料进行运算的生物计算机以及用意识驱动计算机等技术。

微处理器技术的发展推动了计算机的更新换代,今后计算机的发展将出现微型机和超大型机的两极分化现象。多媒体技术和计算机网络也将得到更快的发展。

1.2　计算机系统的组成

一个完整的计算机系统包括硬件系统和软件系统两部分。计算机硬件系统是指组成一台计算机的物理设备的全部,是计算机工作的基础。计算机软件系统是指使计算机工作的各种程序的集合,它是控制和操作计算机工作的核心。程序是由硬件执行的,硬件是基础,软件是灵魂与中枢,没有软件的硬件是不能做任何事情的。

在计算机技术的发展过程中,硬件的发展为软件提供了良好的环境,而软件的发展又对硬件系统提出了新的要求,促进了硬件的发展,两者相辅相成,互相依赖。性能再好的计算机如果没有软件的配合,也无用武之地。计算机系统的基本组成如图 1-8 所示。

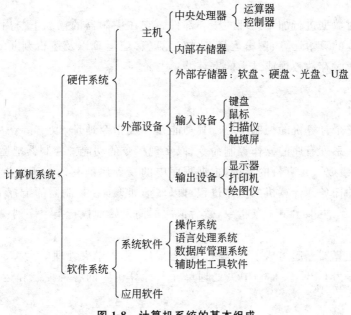

图 1-8　计算机系统的基本组成

1.2.1　计算机硬件系统

计算机硬件的基本结构是以运算器为中心的存储程序模型,即冯·诺依曼机结构。它是以二进制和存储程序控制为核心的通用电子数字计算机体系结构原理,明确规定了计算机由运算器、控制器、存储器、输入和输出设备 5 大部分组成。这 5 大部分之间的关系如图 1-9 所示。

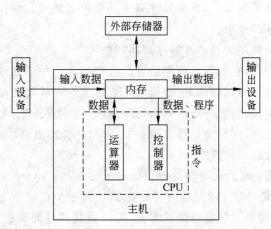

图 1-9　计算机硬件结构图

计算机工作时,由控制器控制,先将数据由输入设备传送到存储器中存储,由控制器将要参加运算的数据送往运算器处理,运算器处理的结果再送回存储器,最后由输出设备输出。

1. 运算器

运算器是对数据进行加工处理的核心部件。它在控制器的操纵下与内存交换信息,负责进行各类基本的算术运算、逻辑运算、比较运算、移位运算以及逻辑判断等。此外在运算器中还含有能暂时存放数据或结果的寄存器。

2. 控制器

控制器是整个计算机的控制中心。其功能是生成指令地址、取出指令及分析指令和向各个部件发出一系列有序的操作控制命令,以实现指令的功能。控制器把运算器、存储器和输入/输出设备组成一个有机的系统,根据程序中的指令序列有条不紊地指挥计算机工作,实现程序预定的任务。计算机的工作过程可以概括如下:在控制器的指挥下,取出指令、分析指令、执行指令,再取出下一条指令,然后依次周而复始地执行指令序列,从而完成整个程序的功能。

控制器与运算器一起组成了计算机的核心部件,称为中央处理单元(Central Processing Unit),英文缩写为 CPU,又称为中央处理单元。计算机中的各种控制和运算都由 CPU 来完成。

3. 存储器

计算机的重要特点之一就是具有存储能力,这是它能自动连续执行程序、进行庞大的信息处理的重要基础。存储器的主要功能是存放程序和数据。使用时,可以从存储器中取出信息,不破坏原有的内容,这种操作称为存储器的读操作;也可以把信息写入存储器,原来的内容就被抹掉,这种操作称为存储器的写操作。

内存空间由存储单元组成,每个存储单元存放 8 位二进制数,称为一个字节。内存的全部存储单元按一定的顺序编号,这种编号就称为存储单元地址。存储单元的数量称为存储容量。内存容量可用 MB 来衡量。

存储器通常分为内部存储器和外部存储器两种。

内部存储器简称内存,它是计算机中信息交流的中心。用户通过输入设备输入的程序和数据首先送入内存,控制器执行的指令和运算器处理的数据取自内存,运算的中间结果和最终结果保存在内存中,输出设备输出的信息来自内存,内存中的信息如要长期保存,应送到外部存储器中。总之,内存要与计算机的各个部件打交道,进行数据交换。因此内存的存取速度直接影响计算机的运算速度。

内存主要分为两类:随机读写存储器(Random Access Memory,RAM)和只读存储器(Read Only Memory,ROM)。随机读写存储器的任何一个存储单元的内容都可以随机存取,而且存取时间与存储单元的物理位置无关,关机后其存储的信息丢失,计算机系统中的大部分主存都采用这种随机存储器;只读存储器只能对其存储的内容读出,而不能对其重新写入的存储器。通常用它存放固定不变的程序、常数以及字库等。它与随机存储器共同作为内存的一部分,统一构成内存的地址域。

外部存储器简称外存,主要用来长期存放暂时不用的程序和数据。通常外存不与计算机的其他部件直接交换数据,只与内存交换数据,而且不是按单个数据存取,而是成批地进行数据交换。常用的外存有软盘、硬盘、光盘和 U 盘等。

外存与内存有许多不同之处,一是外存在断电后仍然保存信息,而内存则信息丢失;二是外存容量大,而内存容量相对较小。但是外存读写速度慢,而内存读写速度快。

4.输入设备

输入设备是用来接收用户输入的原始数据和程序,并将它们转换为机器内部所能识别的二进制信息形式存放内存中。常用的输入设备由键盘、鼠标、扫描仪、触摸屏、光笔和麦克风等。

5.输出设备

输出设备是将计算机处理的结果以人们能接受和识别的形式表示出来。常用的输出设备有显示器、打印机、绘图仪和音箱等。

通常把运算器、控制器和内存储器一起称为主机,而其余的输入设备、输出设备和外部存储器合称为外部设备。

1.2.2　计算机软件

软件是指系统中实现数据信息处理的程序以及开发、使用和维护程序所需的有关文档的集合。没有任何软件的计算机称为裸机。裸机不能做任何有意义的工作,硬件只是软件赖以运行的物质基础。因此,一个性能优良的计算机硬件系统,能否发挥其应有的功能,很大程度上取决于所配置的软件是否完善和丰富。软件不仅提高了计算机的效率,扩展了硬件的功能,也方便了用户的使用。

软件一般可分为系统软件和应用软件两大类。

1.系统软件

系统软件通常负责管理、控制和维护计算机的各种软硬件资源,并为用户提供一个友好的操作界面和工作平台。常见的系统软件包括操作系统、语言处理系统、数据库管理系统和辅助性工具软件等。

1)操作系统

操作系统是软件的核心,它直接管理和控制计算机的一切硬件和软件资源,使它们能有效地配合,自动协调地工作。目前常用的操作系统有 DOS、Windows、UNIX、Linux 等。

2)语言处理系统

计算机语言是人们设计的专用于人与计算机交流、能够被计算机自动识别的语言。人们利用计算机语言编写程序,将要做事情的步骤及算法描述出来。将这种程序输入到计算机中,经过适当的处理,计算机就能按照事先的要求及各种条件自动地计算出人们希望得到的结果。常用的计算机语言有 C 语言、Visual Basic 语言、C++ 语言、Java 语言等。

3)数据库管理系统

数据库管理系统是集中存储和管理结构化数据并支持多用户共享数据的软件系统,是各类管理系统的基础。数据库主要用于各种数据的管理,例如,学生学籍管理、人事管理、财务管理、销售管理、图书资料管理、各类数据汇总等。常用的数据库管理系统有 Microsoft SQL Server、Access、MySQL、Oracle 等。

4) 辅助性工具软件

辅助性工具软件是维护计算机系统正常工作的软件。为了检测计算机系统的故障,需要各种故障诊断程序;为了测试计算机系统的性能,需要各种性能测试程序;为了输入和修改原程序和数据,需要各种编辑程序;为了检测和清除计算机病毒,需要各种病毒检测与杀毒程序常用的辅助性软件有磁盘清理程序、磁盘扫描程序、磁盘碎片整理程序。

2. 应用软件

应用软件是专业人员为各种应用目的而开发的应用程序,常见的应用软件有办公自动化软件、专业软件、科学计算软件包、游戏软件等。

计算机系统是硬件和软件有机结合的整体。系统中的同一功能,既可由硬件实现,也可由软件来完成。

1.3　数制转换与运算

在计算机中,数字和符号都是用电子元件的不同状态表示的,即以电信号表示。人们习惯于采用十进制,而计算机内部则采用二进制数据和信息。在编程中经常使用十进制,有时为了方便还使用八进制或十六进制。

1.3.1　进位计数制

按进位的原则进行计数,称为进位计数制,简称“数制”。在日常生活中经常要用到数制,通常以十进制进行计数。除了十进制计数以外,还有许多非十进制的计数方法。例如,60 秒为 1 分钟,用的是六十进制计数法;一天有 24 小时,是二十四进制计数法;1 年有 12 个月,是十二进制计数法。当然,在生活中还有许多其他各种各样的进制计数法,在计算机系统中采用二进制,其主要原因是由于使用二进制可以使电路设计简单、运算简单、工作可靠和逻辑性强等优点。不论是哪一种数制,数值的表示都包含两个基本要素:基数和各位的“位权”。

1. 基数

它是指各种进位计数制中允许选用的基本数码的个数。例如,十进制的数码有 0、1、2、3、4、5、6、7、8、9 这 10 个数,这个 10 就是数字字符的总个数,也是十进制的基数,表示“逢十进一”。

2. 位权表示法

表示数制大小的符号与它在数中所处的位置有关。例如,十进制数 386.12,数字 3 位于百位上,它代表 $3 \times 10^2 = 100$,即 3 所处的位置具有 10^2 权;8 位于十位上,它代表 $8 \times 10^1 = 80$,即 8 所处的位置具有 10^1 权;以此类推,6 代表 $6 \times 10^0 = 6$,而 1 位于小数点后第一位,代表 $1 \times 10^{-1} = 0.1$,最低位 2 位于小数点后第二位,代表 $2 \times 10^{-2} = 0.02$,如此等等。

位权是指一个数字在某个位置上所代表的值,处在不同位置上的数字符号所代表的值不同,每个数字的位置决定了它的值或者位权。而位权与基数的关系是:各进位制中位权的值是基数的乘幂。因此,用任何一种数制表示的数都可以写成按位权展开的多项式之和。例如,十进制数"258.16"可以表示为:

$$(218.16)_{10} = 2 \times (10)^2 + 1 \times (10)^1 + 8 \times (10)^0 + 1 \times (10)^{-1} + 6 \times (10)^{-2}$$

位权表示的原则是数字的总个数等于基数;每个数字都要乘以基数的幂次,而该幂次是由每个数所在的位置所决定的。排列方式是以小数点为界,整数自右向左依次为 0 次方、1 次方、2 次方、⋯⋯,小数自左向右依次为 −1 次方、−2 次方、−3 次方、⋯⋯

1.3.2　常用的数制

1. 十进制

十进制是用 0、1、2、3、4、5、6、7、8、9 这 10 个数码表示的数值,采用"逢十进一"计数原则的进位计数制。因此十进制数的基数为 10,十进制数中处于不同位置上的数字代表不同的值,与它对应的位权有关,十进制数的位权为 10^i,其中 i 代表数字在十进制数中的序号。

例如,十进制数 179.214 可表示为

$$(179.214)_{10} = 1 \times (10)^2 + 7 \times (10)^1 + 9 \times (10)^0 + 2 \times (10)^{-1}$$
$$+ 1 \times (10)^{-2} + 4 \times (10)^{-3}$$

一般地,任意一个 n 位整数和 m 位小数的十进制数 D 可表示为

$$D = d_{n-1} \times 10^{n-1} + d_{n-2} \times 10^{n-2} + \cdots + d_0 \times 10^0 + d_{-1} \times 10^{-1} + \cdots + d_{-m} \times 10^{-m}$$

其中,m 和 n 为正整数。

2. 二进制

与十进制相似,二进制是用 0 和 1 表示数值,采用"逢二进一"计数原则的进位计数制。因此十进制数的基数为 2,二进制数中处于不同位置上的数字代表不同的值,每一个数字的位权由 2 的乘幂决定,即 2^i,其中 i 代表数字在二进制数中的序号。

例如,二进制数 10111.11 可表示为

$$(10101.11)_2 = 1 \times (2)^4 + 0 \times (2)^3 + 1 \times (2)^2 + 0 \times (2)^1 + 1 \times (2)^0$$
$$+ 1 \times (2)^{-1} + 1 \times (2)^{-2}$$

一般地,任意一个 n 为整数和 m 为小数的二进制数 B 可表示为

$$B = b_{n-1} \times 2^{n-1} + b_{n-2} \times 2^{n-2} + \cdots + b_0 \times 2^0 + b_{-1} \times 2^{-1} + \cdots + b_{-m} \times 2^{-m}$$

其中,m 和 n 为正整数。

3. 八进制

八进制是用 0、1、2、3、4、5、6、7 这 8 个数码表示数值,采用"逢八进一"计数原则的进位计数制。因此八进制数的基数为 8,八进制数中处于不同位置上的数字代表不同的值,每一个数字的位权由 8 的乘幂决定,即 8^i,其中 i 代表数字在八进制数中的序号。

例如,八进制数 127.35 可表示为

$$(127.65)_8 = 1 \times (8)^2 + 2 \times (8)^1 + 7 \times (8)^0 + 6 \times (8)^{-1} + 5 \times (8)^{-2}$$

一般地,任意一个 n 为整数和 m 为小数的八进制数 Q 可表示为

$$Q = q_{n-1} \times 8^{n-1} + q_{n-2} \times 8^{n-2} + \cdots + q_0 \times 8^0 + q_{-1} \times 8^{-1} + \cdots + q_{-m} \times 8^{-m}$$

其中,m 和 n 为正整数。

4. 十六进制

十六进制是用 0、1、2、3、4、5、6、7、8、9、A、B、C、D、E、F 这 16 个数码表示数值,采用"逢十六进一"计数原则的进位计数制。因此十六进制数的基数为 16,十六进制数中处于不同位置上的数字代表不同的值,每一个数字的位权由 16 的乘幂决定,即 16^i,其中 i 代表数字在十六进制数中的序号。

例如,十六进制数 3AB.1F 可表示为

$$(3AB.1F)_{16} = 3 \times (16)^2 + A \times (16)^1 + B \times (16)^0 + 1 \times (16)^{-1} + F \times (16)^{-2}$$

一般地,任意一个 n 为整数和 m 为小数的十六进制数 H 可表示为

$$H = h_{n-1} \times 16^{n-1} + h_{n-2} \times 16^{n-2} + \cdots + h_0 \times 16^0 + h_{-1} \times 16^{-1} + \cdots + h_{-m} \times 16^{-m}$$

其中,m 和 n 为正整数。

1.3.3 不同进制数之间的转换与运算

1. 十进制与二进制数的互换

计算机内部使用二进制数,但人们习惯使用十进制数,要把它输入到计算机中参加运算,必须将其转换成为二进制数。当要把计算机运算的结果输出时,又要把二进制数转换为十进制数来显示或打印。这种不同进制之间的相互转换过程在计算机内部频繁地进行着。计算机中有专门的程序自动完成这些转换工作,但仍有必要了解数制转换的基本步骤。

1) 十进制数转换成二进制数

十进制数有整数和小数两部分,转换时分别进行。

整数部分采用"除 2 取余法",即把被转换的十进制整数反复地除以 2,直到商为 0,所得的余数(从末位读起)就是这个十进制数的二进制表示。

小数部分采用"乘 2 取整法",即把十进制小数转换为二进制小数,需要将十进制小数连续乘以 2,选取进位整数,剩下的小数部分继续乘以 2,直到满足精度要求为止。

整数部分和小数部分转换完成后,通过小数点将转换后的二进制连接起来即可。

例 1-1 将十进制数 73 转换成二进制数。

解:对 73 用除 2 取余法:

结果为,

$$(73)_{10} = (a_6\,a_5\,a_4\,a_3\,a_2\,a_1\,a_0)_2 = (1001001)_2$$

例 1-2　将十进制小数 0.625 转换成二进制数。

解：对 0.625 用乘 2 取整法：

$$
\begin{array}{r}
0.625 \qquad 取整数\\
\times\quad 2 \qquad\qquad\\
\hline
1.25 \quad \cdots\cdots 1 \quad a_{-1}\\
\times\quad 2 \qquad\qquad\\
\hline
0.50 \quad \cdots\cdots 0 \quad a_{-2}\\
\times\quad 2 \qquad\qquad\\
\hline
1.0 \quad \cdots\cdots 1 \quad a_{-3}\\
\end{array}
$$

高　↓　低

结果为,

$$(0.625)_{10} = (0.\,a_{-1}\,a_{-2}\,a_{-3})_2 = (0.101)_2$$

例 1-3　将十进制数 115.875 转换成二进制数。

解：对 73 用除 2 取余法,对 0.625 用乘 2 取整法。

整数部分　　　　　　　　　　　小数部分

$$
\begin{array}{ll}
2\ \underline{|115} & 取余数\\
2\ \underline{|\ 57} & \cdots\cdots 1 \quad a_0\\
2\ \underline{|\ 28} & \cdots\cdots 1 \quad a_1\\
2\ \underline{|\ 14} & \cdots\cdots 0 \quad a_2\\
2\ \underline{|\ 7} & \cdots\cdots 0 \quad a_3\\
2\ \underline{|\ 3} & \cdots\cdots 1 \quad a_4\\
2\ \underline{|\ 1} & \cdots\cdots 1 \quad a_5\\
\quad 0 & \cdots\cdots 1 \quad a_6\\
\end{array}
$$

低 ↑ 高

$$
\begin{array}{r}
0.875 \qquad 取整数\\
\times\quad 2 \qquad\qquad\\
\hline
1.750 \quad \cdots\cdots 1 \quad a_{-1}\\
\times\quad 2 \qquad\qquad\\
\hline
1.500 \quad \cdots\cdots 1 \quad a_{-2}\\
\times\quad 2 \qquad\qquad\\
\hline
1.000 \quad \cdots\cdots 1 \quad a_{-3}\\
\end{array}
$$

高 ↓ 低

结果为,

$$(115.875)_{10} = (a_6\,a_5\,a_4\,a_3\,a_2\,a_1\,a_0.\,a_{-1}\,a_{-2}\,a_{-3})_2 = (1110011.111)_2$$

2) 二进制数转换为十进制数

这种转换比较简单,只要将待转换的二进制数按权展开,然后相加即可得到相应的十进制数。

例 1-4　将二进制数 101.11 转换成十进制数。

解：$(101.11)_2 = 1\times(2)^2 + 0\times(2)^1 + 1\times(2)^0 + 1\times(2)^{-1} + 1\times(2)^{-2} = (5.25)_{10}$

将其他进制转换为十进制数的方法,与二进制转换为十进制的算法完全一样,不同之处是需要考虑具体的进制基数。

2. 二进制数与八进制数的互换

二进制与八进制数之间的转换十分简单,它们之间的对应关系是：八进制数的每 1 位对应二进制数的 3 位,如表 1-1 所示。

表 1-1 八进制数与二进制数的对应关系

八 进 制 数	二 进 制 数	八 进 制 数	二 进 制 数
0	000	4	100
1	001	5	101
2	010	6	110
3	011	7	111

因为二进制数的基数是 2，八进制的基数是 8。又由于 $(2)^3=8$，可见 3 位二进制数对应于 1 位八进指数，所以二进制与八进制的互换是非常简便的。

1）二进制数转换成八进制数

二进制数转换成八进制数可以概括为"三位合并为一位"。即以小数点为基准，整数部分从右到左，每 3 位为一组，最高有效位不足 3 位时，添 0 补足 3 位；小数部分从左到右，每 3 位为一组，最低有效位不足 3 位时，添 0 补足 3 位。然后将各组的 3 位二进制数按权展开后相加，得到 1 位八进制数，再按权的顺序连接起来即得到相应八进制数。

例 1-5 将二进制数 10110111.01101 转换为八进制数。

解：
$$(010,110,111.011,010)_2 = (267.32)_8$$
$$2 \quad 6 \quad 7 . 3 \quad 2$$

2）八进制数转换成二进制数

八进制数转换成二进制数可以概括为"一位拆为三位"。即将 1 位八进制数写成对应 3 位二进制数，然后再按权的顺序连接起来即得到相应的二进制数。

例 1-6 将八进制数 123.56 转换为二进制数。

解：
$$(1 \quad 2 \quad 3 . 5 \quad 6)_8 = (1\ 010\ 011.101\ 11)_2$$
$$001,010,011 .101,110$$

3. 二进制数与十六进制的互换

二进制数与十六进制数之间的转换也比较简单，它们之间的对应关系是：十六进制数的每 1 位对应二进制数的 4 位，十进制、十六进制与二进制的对应关系如表 1-2 所示。

表 1-2 十进制、十六进制数与二进制数的对应关系

十 进 制 数	十六进制数	二 进 制 数
0	0	0000
1	1	0001
2	2	0010
3	3	0011
4	4	0100
5	5	0101
6	6	0110

十 进 制 数	十六进制数	二 进 制 数
7	7	0111
8	8	1000
9	9	1001
10	A	1010
11	B	1011
12	C	1100
13	D	1101
14	E	1110
15	F	1111

二进制数与十六进制数之间，也存在着类似于二进制数与八进制数之间的关系。由于 $2^4=16$，可见 4 位二进制数对应于 1 位十六进指数。

1) 二进制数转换成十六进制数

二进制数转换成十六进制数可以概括为"四位合并为一位"。即以小数点为基准，整数部分从右到左，每 4 位为一组，最高有效位不足 4 位时，添 0 补足 4 位；小数部分从左到右，每 4 位为一组，最低有效位不足 4 位时，添 0 补足 4 位。然后将每组的 4 位二进制数按权展开后相加，得到 1 位十六进制数，再按权的顺序连接起来即得到相应十六进制数。

例 1-7　将 $(110110111.01101)_2$ 转换为十六进制数。

解：　$\quad(0001,1011,0111.0110,1000)_2=(1B7.68)_{16}$
$\qquad\qquad 1\quad\ B\quad\ 7\ .\ 6\quad 8$

2) 十六进制数转换成二进制数

十六进制数转换成二进制数可以概括为"一位拆为四位"。即将 1 位十六进制数写成对应的 4 位二进制数，然后再按权的顺序连接起来即得到相应的二进制数。

例 1-8　将 $(1F3.5B)_{16}$ 转换为二进制数。

解：　$(1\quad F\quad 3\ .\ 5\quad B)_{16}=(1\ 1111\ 0011.\ 0101\ 1011)_2$
$\qquad 0001,1111,0011.0101,1011$

1.4　数据在计算机中的表示

人们使用计算机是通过键盘与计算机交互，从键盘上输入的各种操作命令以及原始数据都是以字符形式出现的，然而计算机只识别二进制数，这就需要对字符进行编码。人机交互式输入的各种字符由机器自动转换，以二进制编码形式存入计算机。

现实世界的信息具有多种多样的形式，例如数值、文字、声音、图像等。但是在计算机内部，CPU 只能识别由 0、1 组成的数据，因此输入到计算机中的各种数据，都是用二进制数进行编码的。不同类型的字符数据其编码方式是不同的，编码的方法也很多。下面介绍最常用的 ASCII 码和汉字编码。

1. ASCII 码

ASCII 码是由美国国家标准委员会制定的一种包括数字、字母、通用符号、控制符号在内的字符编码，全称为美国国家信息交换标准代码（America Standard Code for Information Interchange，ASCII）。

ASCII 码能表示 128 种国际上通用的西文字符，只需用 7 个二进制位表示，可记为 $b_6 b_5 b_4 b_3 b_2 b_1 b_0$。ASCII 码采用 7 位二进制表示一个字符时，为了便于对字符进行检索，把 7 位二进制数分为高 3 位（$b_6 b_5 b_4$）和低 4 位（$b_3 b_2 b_1 b_0$）。7 位 ASCII 编码如表 1-3 所示，利用该表格查找数字、运算符、标点符号，以及控制字符与 ASCII 码之间的对应关系。例如，大写字母 A 的 ASCII 码为 1000001，即十进制的 65，小写 a 的 ASCII 码为 1100001，即十进制的 97。

表 1-3　7 位 ASCII 码编码表

$b_3 b_2 b_1 b_0$ ＼ $b_6 b_5 b_4$	000	001	010	011	100	101	110	111
0000	NUL	DLE	SP	0	@	P	、	p
0001	SOH	DC1	!	1	A	Q	a	q
0010	STX	DC2	"	2	B	R	b	r
0011	ETX	DC3	#	3	C	S	c	s
0100	EOT	DC4	$	4	D	T	d	t
0101	ENQ	NAK	%	5	E	U	e	u
0110	ACK	SYN	&.	6	F	V	f	v
0111	BEL	ETB	'	7	G	W	g	w
1000	BS	CAN	(	8	H	X	h	x
1001	HT	EM	)	9	I	Y	i	y
1010	LF	SUB	*	:	J	Z	j	z
1011	VT	ESC	+	;	K	[	k	{
1100	FF	FS	,	<	L	\	l	|
1101	CR	GS	-	=	M	]	m	}
1110	SO	RS	.	>	N	↑	n	~
1111	SI	US	/	?	O	←	o	DEL

在 ASCII 码表中，第 0～32 号及 127 号为控制字符，共 34 个，主要包括换行、回车等功能字符；第 33～126 号为字符，共 94 个，其中第 48～57 号为 10 个数字符号 0～9，65～90 号为 26 个英文大写字母，97～122 号为 26 个小写字母，其余为一些标点符号、运算符号等。

为了使用方便，在计算机的存储单元中，一个 ASCII 码值占一个字节，即 8 个二进制位，可记为 $b_7 b_6 b_5 b_4 b_3 b_2 b_1 b_0$，其最高位 b_7 用作奇偶校验位，$b_6 b_5 b_4 b_3 b_2 b_1 b_0$ 为编码位。所谓奇偶校验，是指在代码传送过程中用来检验是否出现错误的一种方法，一般分奇校验和偶校验两种。奇校验规定,正确的代码一个字节中 1 的个数必须是奇数,若非奇数,则在最高位 b_7 添 1 来满足;偶校验规定,正确的代码一个字节中 1 的个数必须是偶数,若非偶数,则在最高位 b_7 添 1 来满足。

2．汉字编码

计算机在处理汉字信息时也要将其转化为二进制代码,因此也需要对汉字进行编码。与西文字符比较起来,汉字数量大、字形复杂、同音字多,因此汉字编码就不能像字符编码一样,字符在计算机系统中的输入、内部处理、存储和输出过程中使用同一代码。为了在计算机系统的各个环节中方便、确切地表示汉字,需要对汉字进行多种编码,如汉字输入码、机内码、交换码、字形码和地址码等。计算机的汉字信息处理系统在处理汉字时,不同环节使用不同的编码,并根据不同的处理层次和不同的处理要求,进行代码转换。汉字信息处理过程如图 1-10 所示。

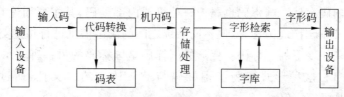

图 1-10　汉字信息处理过程

1）国标码

计算机处理汉字所用的编码标准是我国于 1980 年颁布的国家标准 GB2312-80,即《中华人民共和国国家标准信息交换汉字编码》,简称国标码。国标码的主要用途是作为汉字信息交换码使用。

国标码与 ASCII 码属于同一制式,可以认为它是扩展的 ASCII 码。在 7 位 ASCII 码中可以表示 128 个信息,其中字符代码有 94 个。国标码是以 94 个字符代码为基础,其中任何两个代码组成一个汉字交换码,即两个字节表示一个汉字字符。第一个字节称为区,第二个字节称为位。这样,该字符集共有 94 个区,每个区有 94 个位。

在国标码表中,共收录了一、二级汉字 6763 个和图形符号 682 个。其中一级汉字 3755 个,按汉语拼音字母顺序排列,为常用汉字,分布在 16～55 区;二级汉字 3008 个,按偏旁部首排列,为非常用汉字,分布在 56～87 区;字母、数字和符号 682 个,分布在 1～15 区;88 区以后为空白区,留待扩展。

国标码本身也是一种汉字输入码,由区号和位号共 4 位十进制数组成,通常称为区位码输入法。在区位码中,两位区号在高位,两位位号在低位。区位码可以唯一确定一个汉字或字符,反之任何一个汉字或字符都对应唯一的区位码。例如,汉字"中"位于第 54 区 48 位,区位码为 5448。

区位码最大的特点就是无重码,而且输入码和内部编码的转换比较方便,但是每个编码都是等长的数字串,代码难以记忆。

2）输入码

输入码是为输入汉字而设计的代码,简称外码。由于汉字的输入设备、编码的方法不尽相同,所以输入法也不一样。按输入设备的不同,可分为键盘输入、手写输入和语言输入

3 大类。目前应用最广泛的是键盘输入法。根据编码原理的不同,键盘输入码分为拼音码和字形码等。

拼音码是以汉语拼音为基础的输入方法,如全拼、微软拼音输入法及智能 ABC 等。这种输入法的优点是简单易学,几乎不需要专门训练就可以掌握。缺点是重码多、输入速度慢、对于不认识的汉字无法输入。

字形码是以汉字的形状确定的编码。如广泛使用的五笔字型输入法等。它的优点是输入速度快、见字识码、对不认识的字也能输入。缺点是比较难掌握,需专门学习,无法输入不会写的字。

3）汉字机内码

汉字机内码是指计算机中表示一个汉字的编码,是计算机系统内部进行汉字存储、加工处理和传输统一使用的二进制代码,简称内码。正是由于内码的存在,输入汉字时,才允许用户根据自己的习惯使用不同的汉字输入码,例如,拼音、五笔字型和区位码等,进入系统后再统一转换成机内码存储。国标码也属于一种机器内部编码,其主要用途是将不同的系统使用的不同编码统一转换成国标码,使不同系统之间的汉字信息进行相互交换。

内码一般都采用变形的国标码。变形的国标码是国标码的另一种表示形式,即将每个字节的最高位置 1。这种形式避免了国标码与 ASCII 码的二义性,通过最高位来区别 ASCII 码字符还是汉字字符。

4）汉字字形码

汉字字形码是指汉字字库中存储的汉字字形的数字化信息码。它主要用于汉字输出时产生汉字字形。点阵字形码是以点阵方式表示汉字,就是将汉字分解成由若干个点组成,将此点阵字形置于网状方格上,每一小方格就是点阵中的一个点。以 16×16 点阵为例,网状横向划分为 16 格,纵向也分成 16 格,点阵中的每个点可以有黑点、白两种颜色,有字形笔画的点用黑色,反之用白色,用这样的点阵就可以描写出汉字的字形了,如图 1-11 所示为汉字"印"的字形点阵。

	0	1	2	3	4	5	6	7	8	9	10	11	12	13	14	15	十六进制码
0							●										0 2 0 0
1						●											0 4 0 0
2					●				●	●	●	●	●	●			0 8 F C
3			●	●					●					●			3 8 8 4
4			●						●					●			2 0 8 4
5			●						●					●			2 0 8 4
6			●	●	●	●	●		●					●			3 F 8 4
7			●						●					●			2 0 8 4
8			●						●					●			2 0 8 4
9			●				●		●					●			2 2 A 4
10			●			●			●			●		●			2 4 9 4
11			●						●			●	●				2 8 8 C
12			●	●					●								3 0 8 0
13									●								0 0 8 0
14									●								0 0 8 0
15									●								0 0 8 0

图 1-11　汉字"印"的字形点阵及十六进制代码

根据汉字输出精度的要求,有不同密度的点阵。汉字字形点阵有 16×16 点阵、24×24 点阵、32×32 点阵。汉字字形点阵中每个点的信息用 1 位二进制码表示,1 表示对应位置处是黑点,0 表示对应位置处是空白。

字形点阵的信息量很大,所占存储空间也很大。例如,16×16 点阵,每个汉字要占 32 字节;24×24 点阵,每个汉字要占 72 字节。因此,字形点阵只用来构成字库,而不能用来代替内码用于机内存储。字库中存储了每个汉字的字形点阵代码,不同的字体对应不同的字库。在输出汉字时,计算机首先要到字库中找到它的字形描述信息,然后才能输出字形。

5) 汉字地址码

汉字地址码是指汉字字形码在汉字字库中存放位置的代码,即字形信息的地址。需要输出汉字时,必须通过地址码,才能在汉字字库中取到所需要的字形码,最终在输出设备上形成可见的汉字字形。因为汉字地址码一般是连续有序的,并且与汉字内码之间有着简单的换算关系,所以容易实现两者之间的转换。

3. 数据的存储单位

数据必须首先在计算机内表示,然后才能被计算机处理。计算机表示数据的部件主要是存储设备,而存储数据的具体单位是存储单元。

1) 位

位(bit)是计算机存储数据的最小单位。一个二进制位只能表示 $2^1=2$ 种状态,要想表示更多的数据,就需要把多个位组合起来作为一个整体,每增加一位,所能表示的信息量就增加一倍。例如,ASCII 码用 7 位二进制组合编码,能表示 $2^7=128$ 个不同的字符,如果用 8 位二进制编码,就可以表示 $2^8=256$ 个不同的字符。

2) 字节

字节(Byte)是数据处理的基本单位,简记为 B。计算机中的信息是以字节为单位进行存储和解释的。1 个字节由 8 个二进制位组成,即 1B=8bit。这 8 位二进制数用于表示各种各样的字符,例如英文字母“A”为 01000001、“＊”为 00101010 等。一个汉字在计算机存储器中占用两个字节,是西文字符的两倍。

存储器的容量常用的度量单位有 KB、MB、GB、TB。它们的关系如下:

$$1KB=2^{10}B=1024B, \quad 1MB=2^{10}KB=1024KB$$
$$1GB=2^{10}MB=1024MB, \quad 1TB=2^{10}GB=1024GB$$

位与字节是有区别的,位是计算机中最小的数据单位,字节是计算机中基本的信息单位。

3) 字

计算机处理数据时,CPU 通过数据总线一次存取、加工和传送的数据的长度称为字(Word)。一个字通常由一个字节或若干个字节组成。由于字长是计算机一次所能处理的实际位数长度,所以字长是衡量计算机性能的一个重要标志,字长越大,计算机的性能越强。

1.5　微型计算机系统组成

一个完整的微型计算机系统,是由硬件系统和软件系统两大部分组成的。如图 1-12 所示给出了微型计算机硬件系统的基本结构。

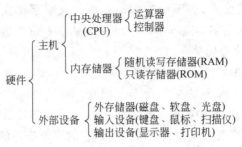

图 1-12　微型计算机硬件组成

计算机硬件的基本功能是在控制器的控制下实现数据的输入、运算、数据输出等一系列操作。虽然计算机的制造从计算机出现到今天已经发生了巨大的变化,但在基本的硬件结构方面,一直沿袭着冯·诺依曼的传统框架,即计算机硬件系统由控制器、运算器、存储器、输入设备、输出设备5大基本部件构成。原始数据和程序通过输入设备送入存储器,在运算处理过程中,数据从存储器读入运算器进行运算,运算的结果存入存储器,必要时再经输出设备输出。指令也以数据形式存于存储器中,运算时指令由存储器送入控制器,由控制器控制各个部件工作。

主机是安装在一个主机箱内的所有部件的统一体,是微型计算机系统的核心,主要由CPU、内存、输入/输出设备接口、总线和扩展槽等构成,通常被封装在主机箱内,制成一块印刷电路板,称为主机板,简称主板。

1. 主板

主板是微型计算机的主体。主板上布满了各种电子元件、插槽、接口等,如图 1-13 所示。

图 1-13　微型计算机主板

它为 CPU、内存和各种功能卡提供安装插座;为各种存储设备、I/O 设备、多媒体和通信设备提供接口。计算机在正常运行时对系统内存、存储设备和其他 I/O 设备的控制都必须通过主板来完成,因此计算机整体运行的速度和稳定性取决于主板的性能。不同的板型通常要求不同的主机箱与之相匹配。目前常见的主板结构规范主要有 AT、ATX、LPX 等。

它们之间的差别主要有尺寸、形状、元器件的放置和电源供应器等。

主板主要由以下部件组成：

1）CPU 插座

CPU 插座用于固定连接 CPU 芯片。由于集成化程度和制造工艺的不断提高，越来越多的功能被集成到 CPU 上。由于 CPU 的功率较大，所以工作时会产生非常高的热量。为了保证它正常工作，必须配置高性能的专用风扇降温。为了使 CPU 安装更加方便，现在 CPU 插座基本上采用零插槽式设计。

2）芯片组

芯片组是主板的灵魂，由一组超大规模集成电路芯片构成，决定了主板的性能和价格。芯片组控制和协调整个计算机系统的正常运转和各个部件的选型，它被固定在主板上，不能像 CPU、内存等那样进行简单的升级换代。

芯片组的作用是在 BIOS 和操作系统的控制下，按照统一规定的技术标准和规范为计算机中的 CPU、内存、显卡等部件建立可靠的安装、运行环境，为各种接口的外部设备提供可靠的连接。

3）内存插槽

随着内存扩展板的标准化，在主板上预留了内存专用插槽，只要购买与主板插槽匹配的内存条，就可以"即插即用"，实现扩展内存的目的。

4）总线扩展槽

主板上有一系列的扩展槽，用来连接各种功能插卡。用户可以根据自己的需要在扩展槽上插入各种用途的插卡，如显示卡、网卡等，以扩展微型计算机的各种功能。任何插卡插入扩展槽后，就可以通过系统总线与 CPU 连接，在操作系统的支持下实现即插即用。这种开放的体系结构为用户组合各种功能设备提供了方便。

5）输入输出接口

微型计算机接口的作用是使微型计算机的主机系统能与外部设备、网络以及其他的用户系统进行有效的连接，以便进行数据和信息的交换。例如，键盘采用串行方式与主机交换信息，打印机采用并行方式与主机交换信息。

2．中央处理器

中央处理器是微型计算机中的 CPU，称为微处理器（MPU），是一个超大规模集成电路，是计算机系统的核心。CPU 的主要功能是按照程序给出的指令序列分析指令、执行指令，完成对数据的加工处理。计算机所发生的全部动作都是在 CPU 的控制之下完成的。

控制器用来协调和指挥整个计算机系统的操作，本身不具有运算功能，而是通过读取各种指令，并对其进行翻译、分析，然后对各部件做出相应的控制。运算器主要完成算术运算和逻辑运算，是对信息进行加工和处理的部件。

CPU 性能的高低直接决定了一个微型计算机系统的档次，而 CPU 的主要技术特性可以反映出 CPU 的基本性能。

1）CPU 的主要性能指标

（1）时钟频率。

主频是 CPU 的时钟频率，它是 CPU 运算时的工作频率，它在很大程度上决定了计算机的运行速度。CPU 执行指令的速度与系统时钟有直接关系,时钟频率越高,CPU 速度越快。

主频的度量单位为 Hz、MHz、GHz,Intel 公司的微处理器 Pentium Ⅳ 的主频可达到 3.8GHz。

(2) 字长。

字长是指 CPU 一次所能同时处理的二进制数据的位数。可同时处理的数据位数越大,CPU 的档次就越高,计算机的功能就越强,工作效率也越高,其内部结构也就越复杂。

(3) 制造工艺。

CPU 的制造工艺是指在硅材料上生产 CPU 时内部其间的连接线宽度,一般用微米 (μm)来表示,其值越小,制造工艺越先进,晶体管的集成度越高。

Intel 公司的 Pentium CPU 的制造工艺是 0.35μm,Pentium Ⅱ 和赛扬可以达到 0.25μm,Pentium 4 已经达到了 0.09μm 的制造工艺。2007 年 9 月,Intel 公司对外展示了第一款 0.032μm 制成的集成电路芯片,并在 2009 年推出了 0.032μm 制成的商业性微处理器。

2) CPU 的主要厂商

(1) Intel 公司。

Intel 公司创建于 1968 年,在短短的 20 年内,创下令人瞩目的辉煌成就,是 CPU 的最主要生产厂家。

1971 年 Intel 公司推出全球第一个微处理器。1981 年 IBM 采用 Intel 生产的 8088 微处理器推出全球第一台 IBM PC。1984 年,Intel 入选全美一百家最值得投资的公司,1992 年成为全球最大的半导体集成电路厂商,1994 年其营业额达到了 118 亿美元,在 CPU 市场大约占据了 80% 份额。Intel 领导着 CPU 的世界潮流,从 286、386、486、Pentium、Pentium Ⅱ、Pentium Ⅲ 到 Pentium 4,它始终推动着微处理器的更新换代。Intel 的 CPU 不仅性能出色,而且在稳定性、功耗方面表现都十分出色。

(2) AMD 公司。

AMD 创建于 1969 年,总公司设在美国硅谷。AMD 是集成电路供应商,专为计算机、通信及电子消费类市场供应各种芯片产品,其中包括用于通信及网络设备的微处理器、闪存等。AMD 是唯一能与 Intel 竞争的 CPU 生产厂家,AMD 公司的产品现在已经形成了以 Athlon XP 及 Duron 为核心的一系列产品。AMD 公司认为,由于在 CPU 核心架构方面的优势,同主频的 AMD 处理器比 Intel 处理器具有更好的整体性能,AMD 产品的性价比更高。

(3) 其他厂商。

除了两大主要 CPU 生产厂商以外,Cyrix、IBM、Apple、Motorola 等公司也研制生产微处理器芯片,并且在性价比上各有所长。

3. 存储器

存储器是计算机的记忆和存储部件,用来存放信息。对存储器而言,容量越大,存取速度越快。完成各种功能的程序和数据都存放在存储器里,存储器的工作速度相对 CPU 的速度要低得多,因此存储器的工作速度是制约计算机运算速度的主要因素之一。目前计算机的存储系统由各种不同的存储器组成。通常由内存储器、外存储器和高速缓冲存储器组成。

1）内存储器

内存储器用于存储系统运行时必要的数据以及运行过程中出现的临时数据,它容量小,存取速度快。内存储器直接与运算器、控制器联系。内存储器按功能及应用的不同分为以下几种。

(1) 随机读写存储器(Random Access Memory,RAM)。

RAM 主要存放运行过程中的程序、数据和中间结果等,其内容可以随时根据需要读出,也可以随时重新写入新的信息。它的特点是一旦断电,存储在其中的数据就会全部丢失,而在下次启动时又会装入新的数据,上次的数据不会恢复。内存条就是将 RAM 集成块集中在一起的一小块电路板,它插在计算机主板的内存插槽上,如图 1-14 所示。

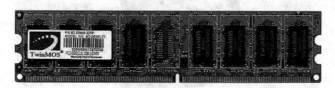

图 1-14　内存条

(2) 只读存储器(Read Only Memory,ROM)。

ROM 是一种只能读出而不能写入的存储器,其存储的信息在制作该存储器时就被写入。断电后存储在其中的内容不会丢失。ROM 通常用来存放一些系统的管理程序、监控程序、检测程序及其他一些常用数据。

(3) 高速缓冲存储器(Cache)。

随着微型计算机 CPU 速度的不断提高,RAM 的速度越来越难以满足高速 CPU 的要求,在一般情况下读写内存均需要加入等待时间,这对 CPU 来讲是一种极大的浪费,解决的办法就是采用 Cache 技术。

Cache 是位于 CPU 和主存之间,存储容量小,但速度快的存储器,Cache 中保存着主存储器一部分信息的副本。当 CPU 读写数据时,首先访问高速缓冲存储器(Cache),由于 Cache 的速度(约几纳秒)与 CPU 相当,CPU 就能在零等待状态下,实现快速数据存取。只有当 Cache 中不含有 CPU 所需的数据时,CPU 才去访问主存。因此可以把 Cache 看成是 CPU 与主存之间的缓冲器,负责完成 CPU 和主存之间的速度匹配,减少 CPU 的等待时间。

在生产工艺上,把 Cache 集成到 CPU 芯片内,成为片内 Cache,或一级 Cache(L1),一级 Cache 的存储容量相对较小,从 8～32KB,以及一级 Cache 对系统效率有一定的提高。由于一级 Cache 存储容量小,人们在 CPU 芯片之外又加上一级 Cache,成为片外一级 Cache,又称为二级 Cache(L2)。实际上,二级 Cache 才是 CPU 与主存之间的缓冲器,二级 Cache 的容量,一般是在 256～512KB 之间,是一级 Cache 容量的几十倍。如果没有两级 Cache,就不可能达到 CPU 的设计速度。

2）外存储器

外存储器是内存的延伸,其主要作用是长期保存计算机工作所需的系统文件、应用程序、用户程序、文档和数据等,简称外存。当 CPU 需要执行某部分程序时,由外存调入内存以供 CPU 访问,可见外存的作用是扩大了存储系统的容量。在微型计算机中,常用的外存有硬盘、光盘和闪存等。

(1) 硬盘。

硬盘是涂有磁性材料的磁盘片组成的盘片组,一般被固定在主机箱内,用于存放数据。根据容量,一个机械转轴上串有若干个硬盘片,每个硬盘片的上下两面各有一个读写磁头,用于对磁盘的读写,如图 1-15 所示。硬盘的存储格式与软盘类似,但硬盘的容量要大得多,存取信息的速度也快得多。目前微型计算机上所配置的硬盘容量主要有 320GB、500GB 和 1TB 等。硬盘在第一次使用时,必须首先进行格式化。

硬盘片

读写磁头

图 1-15　硬盘及内部结构示意图

衡量硬盘的常用指标有容量、转速、硬盘自带的高速缓存 Cache 的容量等。容量越大,存储的信息量越多;转速越高,存取信息的速度越快;Cache 越大,计算机整体速度越快。目前普通硬盘的转速为 7200r/min,硬盘 Cache 一般为 8～32MB 等。

(2) 光盘存储器。

光盘的存储介质不同于磁盘,它属于另一类存储器。主要利用激光远离存储和读取信息。光盘片用塑料制成,塑料中间加入了一层薄而平整的铝膜,通过铝膜上极细微的凹坑记录信息,小凹坑和平面分别代表二进制数据的 1 和 0。光盘是存储信息的介质,按用途可分为只读型光盘、可写一次型光盘和可重写型光盘 3 种。

只读型光盘也称 CD-ROM(Compact Disk-Read Only Memory),由生产厂家预先写入数据,用户不能修改,这种光盘主要用于存储文献和不需要修改的信息。

可写一次型光盘也称 CD-R(Compact Disk-Recordable),可以由用户写入信息,但只能写一次,写后将永久保存在盘上,不可修改。

可重写型光盘也称 CD-RW,它可由用户写入信息,也可对已经记录的信息进行擦除和修改,就像磁盘一样可反复读写。可重写型光盘的材料与只读型光盘有很大的不同,是磁光材料。目前微型计算机常用的是 CD-ROM。

由于光盘的容量大、可靠性高、数据可长期保存等特点,光盘的应用越来越广泛。一张 4.72 英寸 CD-ROM 的容量可达 650MB。CD-ROM 驱动器是大容量的数据存储设备,又是高品质的音源设备,是最基本的多媒体设备。

（3）闪存盘。

闪存盘是一种微型高容量存储产品，它采用闪速存储器作为存储介质，俗称闪存、U 盘。它通过 USB 接口与主机相连，可以像使用硬盘一样在其上读写和传送文件，如图 1-16 所示。

U 盘存储器是一种电可擦除可编程的只读存储器。目前的 U 盘产品可擦写次数都在 100 万次以上，数据至少可以保存十年，而存取速度比软盘快 15 倍以上。其容量单位可以是 MB 或 GB，目前 U 盘的容量可达到 30GB 以上。U 盘的可靠性远高于磁盘，因此对数据安全性提供了更好的保

图 1-16　U 盘存储器

障。工作时不需要外接电源，可热插拔，体积小，便于携带，因此普及很快，深受广大计算机使用者的青睐。

4. 输入设备

输入设备是指可以将程序、语音、音响、文字资料和数值数据等送入计算机进行处理的设备。微型计算机上使用的输入设备由键盘、鼠标、光笔、扫描仪等，常用的输入设备是键盘和鼠标。

1）键盘

键盘通过键盘电缆线与主机相连。键盘可分为打字机键区、功能键区、全屏幕编辑键区、控制键区和小键盘区 5 个区，各区的作用有所不同。

（1）打字机键区。

打字机键区时间键盘操作的主要区域，也是主要操作对象。包括 26 个英文字母，0～9 共 10 个数字，各种标点符号、运算符号关系符号等。

（2）功能键区

功能键区位于键盘最上面的一排，包括 F1～F12 共 12 个键，这些键在不同的软件中有不同的功能，由软件设计者定义。

（3）全屏幕编辑键区

全屏幕编辑键区的键是为了方便使用者在全屏幕范围内操作使用，全屏幕编辑键区的键表示一种操作，例如，光标的上下移动、插入和删除等。

（4）控制键

控制键大多数时候是与其他键配合使用的。控制键常用的功能有以下几种。

Enter：回车键。键盘输入后，按回车键才能被计算机确认，否则，所输入的字符仅显示在屏幕上。在文字编辑环境下，按回车键表示一段的结束，光标将转到下一段的开始。

Shift：换档键。键盘大多数键位上、下两个符号，按 Shift 键，同时按某双符号键，将输入上档符号，对字母键由 Shift 控制，将产生大写字母。

↑、↓、←、→：光标上、下、左、右移动键。通过它们使光标在屏幕上移动，是文本编辑中最常用的键。

BackSpace：退格键。每按一次，删除光标前面的一个字符。

Tab：制表定位键。每按一次 Tab 键，光标移动到下一个制表位，制表位的宽度可由用

户定义,默认是 8 个字符宽度,一般用于输入具有表格形式的文本。

NumLock:数字锁定键。键盘右侧的副键区,也安排了数字键,一般是安排在上档位,当键盘右上方的 NumLock 灯亮时,副键盘锁定为数字。因这几个键位比较顺手,对常与数字输入打交道的操作员很方便。可用 NumLock 控制 NumLock 键灯发亮,从而锁定在数字输入状态。

PrintScreen:屏幕复制键。利用该键可将屏幕或窗口信息复制到剪贴板上,并以文件形式存储。该键对抓获屏幕图形很有用。

Ctrl:控制键。一般与其他键配合使用,如 Ctrl＋Alt＋Del,实现计算机的热启动。

Alt:该键一般也是与其他键配合使用,如 DOS 下的汉字输入法的转换就是使用该键与功能键的不同组合实现各种输入法的转换。

Esc:撤销键。该键很多时候用于脱离一种状态而返回到上一种状态。

Caps Lock:大写字母锁定键。该键控制键盘右上方的 Caps Lock 灯的亮与灭,实现字母键大小写功能的转换。该键在汉字输入状态下,希望输入西文字母时很有用,用户不需要为中西文混合输入反复切换输入法。

(5) 小键盘区。

包含数字键和运算符键,只要用于计算或处理文档。可以用 NumLock 键进行功能切换。当处于数字锁定状态时(键盘右上方的 NumLock 灯亮),可以输入数字和进行运算;当处于功能锁定状态时,可以进行文档的翻页、插入、删除等。

2) 鼠标

鼠标是一种手持式屏幕坐标定位设备。在图形界面中大多数操作都可用鼠标来完成。鼠标是一种相对定位设备,不受平面上移动范围的限制。它的具体位置也和屏幕上光标的绝对位置没有对应关系。

(1) 鼠标的分类。

根据鼠标测量位移部件的类型,可分为机械式鼠标和光电式鼠标两种。

① 机械式鼠标。

机械式鼠标的底座有一个可以滚动的圆球,当鼠标器在平面上移动时,圆球与平面发生摩擦使球转动,圆球与四个方向的定位器接触,可测得上、下、左、右 4 个方向的相对位移量,用于控制屏幕上光标的移动。机械式鼠标价格便宜、易于维护,但其寿命短、定位不准确。

② 光电式鼠标。

光电式鼠标的底部装有红外线发射和接收装置,当鼠标器在特定的反射板上移动时,发出的光镜反射板反射后被接收,并转换成移位信号,该移位信号送入计算机,使屏幕上的光标随之移动。目前,鼠标厂商已对传统的光电式鼠标进行了改进,推出了不需要特制反射板的新型光电鼠标,可以在除了玻璃以外的任何平面上使用。光电式鼠标价格较高,但定位准确、寿命长,基本不需要拆开维护,只需注意保持激光头清洁即可。

(2) 鼠标的基本操作。

鼠标可以方便、准确地移动光标进行定位,它是一般窗口软件和绘图软件的首选设备。当时用鼠标的软件系统启动后,在计算机的显示屏幕上就会出现一个“指针”(光标)。其形状一般为一个箭头。

鼠标的最基本操作有移动、单击、双击和拖曳等。

- 移动：在移动鼠标时,屏幕上的指针光标将做同方向的移动,并且鼠标在工作台面上的移动距离与指针光标在屏幕上的移动距离成一定的比例。
- 单击：包括单击左键和单击右键。一般所说的单击是指单击左键,就是用食指按一下鼠标左键,马上松开,可用于选择某个对象。单击右键(通常称为右击)就是用中指按一下鼠标右键马上松开,用于弹出快捷菜单。
- 双击：就是连续快速地单击鼠标左键两下,用于执行某个操作。
- 拖曳：是指按住鼠标左键不放,移动鼠标到所需的位置,用于将选中的对象移动到所需的位置。

5. 输出设备

输出设备的主要作用是把计算机处理的数据、计算结果等内部信息转换成人们习惯接受的信息形式输出,常见的输出设备有显示器、打印机和绘图仪等。

1) 显示器

显示器是计算机的主要输出设备,用来将系统信息、计算机处理结果、用户程序及文档等信息显示在屏幕上。

(1) 显示器的分类。

显示器有多种类型和多种规格。按结构分为 CRT 显示器和 LCD 显示器两种。CRT (Cathode Ray Tube)显示器,即阴极射线管显示器,它的显示系统和电视机类似,是采用电子枪产生图像的显示器,主要部件是显像管(电子枪)。显像管的屏幕上涂有一层银光粉,电子枪发射的电子打在屏幕上,使被击打位置的荧光粉发光,从而产生图像。每一个发光点又由红、绿、蓝 3 个小发光点组成,一个小发光点称为一个像素。电子束分为 3 条,它们分别射向屏幕上 3 种不同的发光小点,从而在屏幕上出现绚丽多彩的画面。LCD(Liquid Crystal Display)显示器,即液晶显示器,它具有体积小、重量轻、只要求低压直流电源便可工作等特点,在微型计算机上使用越来越多。

显示器按分辨率可分为中分辨率和高分辨率显示器。中分辨率为 320×200 像素,即屏幕垂直方向上有 320 根扫描线,水平方向上有 200 个点。高分辨率为 800×600 像素、1024×768 像素、1280×1024 像素等。分辨率是显示器的一个重要指标,显示器的分辨率越高图像就越清晰。

(2) 显示卡。

显示器与主机相连必须配置适当的显示适配器,即显示卡。显示卡主要用于主机与显示器数据格式的转换,是体现计算机显示效果的必备设备,它不仅把显示器与主机连接起来,而且还起到处理图形数据、加速图形显示等作用。显示卡插在主板的扩展槽上。

2) 打印机

打印机是计算机最基本的输出设备之一,与显示器的区别是将信息输出到纸上。打印机种类繁多,工作原理和性能各异。一般分为针式打印机、喷墨打印机和激光打印机。

针式打印机打印的字符或图形是以点阵的形式构成,是由打印机上打印头中的钢针通过色带打印在纸上。针式打印机在打印过程中噪声较大、分辨率低、打印图形效果差。

喷墨打印机是使墨水从细小的喷嘴中喷出,在强电场的作用下形成高速墨水粒子,喷在纸上,形成点阵字符或图像。其特点是价格便宜、体积小、无噪声、打印质量高,但喷头容易堵塞,使用成本比针式打印机高。

激光打印机是激光技术和照相技术的复合产物。它采用电子照相技术,该技术利用激光束扫描光鼓,通过控制激光束的开关,使感光鼓有选择地吸附墨粉,然后感光鼓再把吸附的墨粉转印到纸上形成文字或图形。其特点是打印速度快、质量高,但成本也高。

1.6 信息技术概述

现在很多人的工作是"处理数据",大量的数据存放在计算机中,这些数据亦可称为信息。在日常生活中使用"数据"和"信息"这两个词时并不严格区分,但这两个术语是有区别的。数据是一些未被加工的"事实"或"对象";信息是数据被加工成有意义的形式。有用的信息对于政府、企业、部门的决策和管理是非常重要的,在信息社会中信息的拥有和使用对于信息掌握者来说意味着成功或利益。信息作为一种社会资源是客观存在的,而人们对信息的利用能力是有限的,从古到今,人类逐渐开始认识到有效利用信息资源的重要性,即使到了今天的信息时代,我们仍面临着如何充分利用有益信息的问题。

1.6.1 信息与数据

1. 什么是数据

数据在计算机时代已经有了自己独特的意义,它已经从简单的数值概念扩展为计算机能够处理的符号。所谓数据,是指存储在某种媒体上并且可以鉴别的符号。数据的概念可以从两个方面来理解:一是数据内容是事物特性的反映或描述,二是数据是存储在某一媒体上的符号的集合。

数据是对客观事物的符号表示,描述、记录现实世界客体的本质、特征以及运动规律的基本量化单元。由于描述事物特性必须借助一定的符号,这些符号就是数据的表现形式,可以是多种多样的。特别是在数据处理领域中的数据概念与在科学计算领域相比已完全扩展。在计算机科学中,数据是所有能输入到计算机中并被计算机程序处理的符号的总称,它是计算机程序加工的原料。比如,一个利用数值分析方法求解代数方程的程序,其处理对象是整数和实数;一个编译程序或文字处理程序的处理对象是字符串。因此,在计算机科学领域,数据的含义极为广泛。所谓符号,是指数字、文字、字母以及其他特殊字符,还包括图形、图像、图片、动画、影像、声音等等多媒体数据。

2. 什么是信息

信息是人们通常所说的信号、消息、情报、指令、密码等概念的总称,即它是在这些概念的多样性基础上经过科学抽象而形成的一般性科学概念;至今也没有一个公认的统一定义。从信息来源的角度看,信息是用来表征客体变化或客体间相互差异或关系的;从认识的角度看,信息指主体对于客体的不定性的认识程度,即获得知识的程度。所以香农(L. E. Shannon)把信息理解为一种概率的增加。在信息论中信息是具有不同质量和能量的。

客观世界中充满着各种各样的信息,如学校招收了1000名新生、某个博客所发的有意思的文章、某个人在旅游的途中发的微博、电视台播放的新年晚会报导、春天里迎春花开了、奥运会某项目的比赛结果、NBA 某两个队的比赛时间表、晚上七点在某咖啡馆有个同学聚会、今天的菜价情况、今年的猪肉价格波动一览表、某省的某水果产量、某地区的中药材价格表、近期档口的电影作品展播等,这些内容中都包含着信息。人们每天都在接受着信息并且使用着信息,信息不只是在计算机系统中存在,它存在于人们生活中的每个角落,人们用自己的感官去感受,基于所接收的信息去行动。但大千世界里的信息太多了,有我们能够感受到的,也有我们无法感受到的,人们通过各种方式去获取信息,或采用各种仪器设备来感知、发现和利用信息。

从不同的角度对信息有着不同的理解,从控制论的角度,信息是人类适应外部世界,感知外部世界的过程中与外部世界进行交换的内容。即,凡是人类通过感觉器官感受到的外部事物及其变化都含有信息;人们所表达的情感或内容都含有丰富的信息。从信息论的角度,信息是能够用来消除不确定性的东西,信息的功能是消除不确定性。例如,某车行的一周的售车报表,这个报表中有车主的信息,有售出车型的信息,这些信息对于保险公司来说是重要的,因为他们可以获得了新的客户资源;对于 4S 店是重要的,因为他们可以获得维护保养的客户信息,因此某车行的售车报表对于保险公司和 4S 店是有用的信息,但这些信息对于有些人来说没有任何意义,即这些信息在他们看来没有任何价值。又如,某人到达北京站后要在一个小时内到达南苑机场,在一个小时内怎么走是最快的,怎么走是最省钱的,要获得最佳方案可以打电话咨询,还可以上网查找,当他确定了如何做时,他已经获得了有用的信息;反之,他就没有得到信息,因为他没有确定该如何到达目的地。

信息是到处存在的,同一个信息的价值和意义对于不同的人来说是不同的。对于有些人来说有意义的信息,但对于另外一些人来说就是低级或没用的信息。有些信息很容易获得,有些信息则需要加工处理后变得更有价值,而有些创造性的发明、国家级的秘密、某企业的规划项目或创新等信息则是有用的。信息是一个动态的概念,信息的概念与微电子技术、计算机技术、通信技术、网络技术、多媒体技术、信息服务业、信息产业、信息经济、信息化社会、信息管理及信息论等含义紧密地联系在一起。信息是事物运动的状态与方式。

3. 数据和信息的关系

数据和信息在现代社会中常常提及,而且常常不加以区分,但在计算机世界里数据和信息是有区别的,一般而言,信息是有用的、经过加工的数据。数据是描述客观事实、概念的一组文字、数字或符号等,它是信息的素材,是信息的载体和表达。信息是从数据中加工、提炼出来的,用于帮助人们正确决策的有用数据,它的表达形式是数据。根据不同的目的,可以从原始数据中得到不同的信息。虽然信息都是从数据中提取,但并非一切数据都能产生信息。可以认为,数据是处理过程的输入,而信息是输出,如图 1-17 所示。

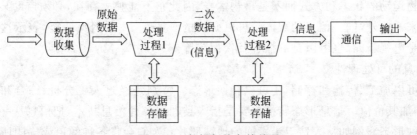

图 1-17　数据与信息的关系

4．信息分类

由于信息是以多种具体的形式或形态存在着的,如消息、电信号、噪声、报表等,因此信息的分类有不同的准则和方法。例如:

(1) 依据信息的语言特征不同进行分类,有语法信息、语义信息和语用信息。

(2) 依据观察的过程进行分类,有实在信息、先验信息和实得信息。

(3) 依据信息的存在方式进行分类,有客观信息(包括观察对象的初始信息,经过观察者干预之后的效果信息、环境信息等)、主观信息(包括决策信息、指令信息、控制信息、目标信息等)。

(4) 依据信息的作用进行分类,有有用信息、无用信息和干扰信息。

(5) 依据信息的逻辑意义进行分类,有真实信息、虚假信息和不定信息。

(6) 依据信息的传递方向进行分类,有前馈信息、反馈信息。

(7) 依据信息的生成领域进行分类,有教育信息、医疗信息、社会信息和思维信息等。

(8) 依据信息的应用部门进行分类,有工业信息、农业信息、军事信息、政治信息、科技信息、文化信息、经济信息、市场信息和管理信息等。

(9) 依据信息源的性质进行分类,有语音信息、图像信息、文字信息、数据信息、计算机信息等。

(10) 依据信息的载体性质进行分类,有电子信息、光学信息、生物信息和多媒体信息等。

(11) 依据携带信息的信号的形式进行分类,有连续信息、离散信息和半连续信息等。

5．信息的特点

如前所述信息概念具有一般性及多样性,因此信息具有其特殊的一些特征。

1) 信息的普遍性和无限性

信息是客观存在的,因此同物质和能源一样是人们生活和生产的重要资源。信息处处存在,人们通过信息认识世界,借助信息的交流来实现人与人之间的联系、协作以及推动社会进步。

2) 信息的可传递性

信息无论在空间上还是在时间上都具有可传递性,信息在空间的传递称为通信;信息在时间上的传递称为信息存储。信息需要传递,信息如果不能传递,其存在就失去了意义。

3) 信息的共享性和依附性

信息具有扩散性,因此可以共享,如上网看新闻、从电视上看节目、参加新闻发布会等。信息是事物运动的状态和方式而不是事物本身,因此它不能独立存在,必须借助某种载体才能表现出来。此外,同一信息的载体是可以变换的。如 5.12 汶川大地震,表示这个信息的方式可以是电视新闻、也可以是广播、网络、视频等。

4) 信息的可处理性

信息可以加工、传输和存储,还可以转换形态。特别是经过人工分析、综合和提炼的信息,可以增加其价值。信息形态转换主要是指人类利用各种信息技术,把信息从一种形态转变为另一种形态。例如从人造卫星发回的地球照片:人们会将各种颜色或气团所代表的内容转化为具体信息,因此人们可以获得天气预报、水土生态保持情况、环境质量情况等信息。

5）信息具有时效性

一条信息在某一时刻价值非常高,但过了这一时刻,可能一点价值也没有了。例如,第二次世界大战期间,正当德军进攻苏联之时,日军在中国的军事战略决定了苏军的命运,日军的南下计划被苏联及时得到,从而改变了整个第二次世界大战的格局。这个信息在当时来讲是极其重要的,同时也付出了很大的代价,这是很多人用生命换来的信息。而这个信息在现在来看已经解密,我们只能是作为一个案例来学习它。

6. 信息的功能

信息的功能同信息的形态密不可分,并融合在一起。信息的形态是指信息是"什么样",而信息的功能是指信息通过它的形态表示"干什么"。信息的功能可分为两个层次:信息的基本功能在于维持和强化世界的有序性;信息的社会功能则表现为维系社会的生存,促进人类文明的进化和人自身的发展。从这两个层次可以表现出信息的功能如下:

1）信息是宇宙万物有序运行的内在依据

信息源于物质的运动,早在生命现象出现之前,自然界中无机物之间、无机物及其周围环境之间就存在着相互作用,并存在运动和变化的过程,因此也存在着信息的运动过程。无机界简单的信息交流在一定程度上维持着它们之间的有序形态。由于无机物不能利用信息而只能被动地接受信息,它们的运动最终是趋于混乱和无序的,只有有机体才能利用信息使自身通过进化不断向更高层次的有序态发展。物理学家薛定谔在其专著《生命是什么》一书中说:"有机体就是依赖负熵(即信息)为生的。或者,更确切地说,新陈代谢中的本质的东西,乃是使有机体成功地消除了当它自身活着的时候不得不产生的全部的熵。"有机体的进化本身是有序性的体现,而这种有序性正是有机体利用信息的结果。例如向日葵选择阳光、植物的传花授粉、蜜蜂酿制花蜜、藏羚羊迁徙生子、鲑鱼的逆流迁移、蚂蚁群的觅食的过程、变色龙的变色能力等都是一种利用信息的行为。可以说,缺少物质的世界是空虚的世界,缺少能量的世界是死寂的世界,缺少信息的世界则是混乱的世界。

2）信息是人类认识世界和改造世界的中介

信息如同纽带,其作用在于实现人类与自然界的沟通。人类通过自己的感官从物质世界中感知和提取信息然后通过大脑的加工,以信息输出的形式作用于物质世界而达到改造的目的,信息始终是这个过程的中介和替代物。

3）信息是维系社会生存与发展的动因

人是一种自然动物,人类活动是一种社会性活动,这种社会活动赖以形成、维系和发展的根本保证正是人与人之间能够有效地进行信息交流。相传中国远古时有两个重大事件影响了历史的进程。一是"神农尝百草",二是"仓颉造字"。这两件事之所以影响重大,是因为神农尝百草的经验能够成为知识信息在部落体内部和部落之间世代交流,这样不仅可以避免人类不必要的死亡,还可增强群体的凝聚力;仓颉造字直接地促进了信息交流的浓度和广度,从而促进了社会的整合与发展。由于社会内部存在信息交流,每一代人都可以在前人的肩膀上起步,因此,信息本身也是社会前进与发展的基石和人类进化的动力。

4）信息是智慧的源泉

人与动物的重要区别之一是人具有多种方式的复杂思维,人类具有积累知识利用知识的高级智能。某个人记忆的知识性信息越多,他具有的信息处理能力就越强,所形成的智慧和能力也越强。中国古代就有"读万卷书,行万里路"的名句,它可以引导我们注重信息的收集、存储和利用,它可以启迪人的智慧、提升人的能力。在现代社会中,信息与空气、水一样已成为人类生活必不可少的资源,在每个人的工作或学习过程中,信息是其基本依据、操作内容或学习对象。

5) 信息是管理的灵魂

管理是人类的一项经常性社会活动,管理者不断向管理客体传递信息,监督客体的运行状态,及时收集反馈信息,并不断地做出调整,以保证目标的实现。管理最重要的职能之一是决策,而决策意味着消除不确定性,也意味着需要大量、准确、全面和及时的信息。20世纪后半叶,管理信息系统(MIS)开始盛行,20世纪80年代,西方发达国家的行政部门和许多大企业相继出现了信息主管(CIO)的职位,其职责是全面管理本部门的信息资源;20世纪90年代开始,在信息高速公路工程的迅速实施下,越来越多的企业进入了Internet,ERP系统开始进入企业的管理中,帮助管理者实现快速的信息管理和决策,它们将信息视作企业的生命和管理灵魂;而所有这一切都是管理活动中信息重要性的体现,代表着现代管理的发展趋势。

信息还是一种重要的社会资源,现代社会将信息、材料和能源看作支持社会发展的三大支柱,这本身说明了信息在现代社会中的重要性。信息还是信息产业的内核,是未来经济的希望。

7. 信息革命

人类在认识世界改造世界的过程中,认识信息、利用信息、发展信息,信息是构成人类社会的最基本要素之一,它包含了人类社会所创造的全部知识的总和,它可以被重复使用,也可以被共享、扩增。在人类的整个历史发展中,信息处理的工具与手段的每一次革命性变革,都使人类利用信息的过程和效果带来飞跃式的进步,从而对人类社会的发展产生巨大的推动力,这就是信息革命。信息革命对经济、文化、社会发展以及社会管理等各个层面产生了极为深刻的影响,使人们对客观世界的认识产生巨大飞跃,把人类推向了更高层次的文明,信息革命可分为以下几个阶段:

1) 第一次信息革命

第一次信息革命是指人类大脑器官思维能力及其表达能力,即语言的形成。语言是思维的工具,也是传播信息的工具。语言的产生促进了大脑的发展,最终使人同动物彻底区别和分离开来,人类使用大脑存储信息,使用语言交流和传播信息,标志着人类信息活动的范围和效率的飞跃性提高,人类的信息活动从具体走向抽象。

2) 第二次信息革命

第二次信息革命是文字的使用。这是一次信息载体和传播手段的重要革命。文字是人类最辉煌的发明,人们用文字记载历史、表达思想、抒发情感,乃至创造世界。文字起源于绘画,最早的绘画文字见于旧石器时期的洞壁,这时的文字中的图画是各种事物的记号,跟讲话无关。能读出声音是文字的一大进步,当人们把某个代表实物的记号与语言中的某个发音联系起来并把这种联系固定下来的时候,真正的文字产生了,如图1-18和图1-19所示。文字在不同的地域和地区会有不同的文字,如中国的甲骨文、汉字,西方的英文、法文等。文字是由于人们记载、传递及交流信息的需要而产生的,人类使用文字可记载自然变化、生产活动、生活经验和历史变革等信息,促进了信息的大量积累和广泛传播,实现了信息由声音传播转变为物质传播,使信息的传播超越了时间和地域的局限,从而使信息可以传得更久,传得更远。

图 1-18 象形文字

图 1-19 刻有楔形文字的书板

3) 第三次信息革命

第三次信息革命是造纸、印刷术的应用。起初人类记录事件是刻在石壁、动物骨头、木材、竹、毛皮等自然物上,我国东汉时期,蔡伦(见图 1-20)发明了造纸术;宋朝时(11 世纪中期)毕昇(见图 1-21)在刻版印刷基础上发明了活字印刷,使印刷技术又上了一个新台阶。纸、墨的出现使历史中先人们留下了宝贵的遗产得以流传,纸是人类文明和文化科学得以记载、积累、传播和发展的物质基础;书作为人类知识和发明的信息承载的重要工具,推动了自然科学和社会变革,是人类文明史上重要的里程碑。这次信息革命主要是一种信息记载和信息传递手段的革命。造纸术的发明,使信息能够大量地固定在一种便于书写、记录、保存和传递的载体上;印刷术的广泛应用,使书籍和报刊成为信息存储和传播的重要媒介,使人类信息传递的速度和范围急剧地扩展,人类信息的存储能力进一步加强,并初步实现了广泛的信息共享,从而极大地提高了人类交流信息的水平。

图 1-20 中国的造纸术的发明者蔡伦

图 1-21 中国的活字印刷的发明者毕昇

4) 第四次信息革命

第四次信息革命是电报、电话、广播、电视的发明和普及应用,开始于 19 世纪 30 年代,1829 年俄国外交官希林(Schilling)研制出了第一台电磁式单针电报机,如图 1-22 所示,1936 年英国的库克(Cook)和惠斯通(Wheatstone)使希林电报机投入使用。1832 年美国的画家萨缪尔·莫尔斯(Samuel Morse)只因乘船时见到一位医生拿的一块电磁铁而使他开始利用电磁学知识历经 5 年，于 1837 年研制成功了一套传递莫尔斯电码的电报机，如图 1-23 所示，莫尔斯电码则由点、画和空白组合而成。1844 年人类历史上的第一封长途电报传递成功。1865 年法国、德国、意大利、奥地利等 20 多个国家签订了《国际电报公约》，1873 年法国驻华人员威基杰参照《康熙字典》选取了常用汉字 6800 多个，编成了第一部汉字电码本，名为《电报新书》，1877 年中国第一条自建的电报线路完工，开创了中国电信的新篇章。被誉为"电话之父"的英国发明家亚历山大·格雷·贝尔（Alexander Gray Bell）和他的助手沃森（Watson），于 1877 年成功地用电话传递了第一句话："沃森先生，快到这边来，我需要帮助。"如图 1-24 和图 1-25 所示。并从此建立了他们的公司，即美国电话与电报公司的前身，而贝尔的公司后来被分为数家规模较小的公司。电视机的发明工作从 1883 年开始，但获得电视发明专利的是美国的法恩斯沃思（Farnsworth），此时已是 1930 年，1950 年实现了彩色电视图像的传输。

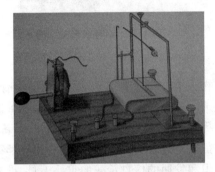

图 1-22　希林电报机的示意图

图 1-23　1846 年，莫尔斯制造的电报机

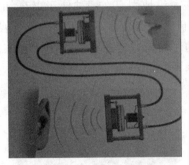

图 1-24　贝尔的电话工作原理

图 1-25　贝尔的电话研制成功

第四次信息革命是人类信息传递手段的又一次伟大革命。电报和电话的发明无疑是人类通信史上一个杰出的贡献，使得人们即使相距千里也能快速地相互传递信息，大大缩短了人们交流信息的时空界限，提高了时间、距离的利用率，广播、电视的普及使得声音、视频等相关信息以立体的形式得到传播。

5）第五次信息革命

第五次信息革命是电子计算机与现代通信技术的应用和发展，开始于 20 世纪 40 年代。无线电的发明，这是一次信息传播和信息处理手段的革命，对人类社会产生了空前的影响，使信息数字化成为可能，信息产业应运而生。电子计算机的出现是第五次信息革命的一个最明显的标志，计算机以处理速度快、存储容量大、计算精度高和通用性强等特点，扩大和延伸了人脑的思维功能。另外,计算机作为信息处理工具,在信息的存储、交流和传播方面,是当前任何其他技术无法与之相比的。现代通信技术的出现是第五次信息革命第二个重要的标志,全球性的通信网络使人类信息的交流和传播在时间和空间上大大缩短和消除了距离的限制,加快了信息交流。

6)第六次信息革命

第六次信息革命是以电子计算机网络技术为主导和多媒体技术基础上的更高阶层上的信息革命,这是一次信息综合处理手段的革命。"全球信息高速公路"构筑了一个立体的、全球的、交互的、数字化的和高智能化的多媒体信息网络系统,实现了包括文字、图像及声音等多媒体信息的高速传递和处理。

1.6.2 信息处理

1. 信息处理

随着社会的进步和发展,人们对信息的开发利用不断深入,信息量骤增,信息间的关联也日益复杂,因此对信息的处理就显得越来越重要,而对大容量信息进行高速处理的计算机的出现,使得信息的有效处理成为可能。计算机是一种最强大的信息处理工具,信息处理实质上就是由计算机进行数据处理的过程,即通过数据的采集和输入,有效地把数据组织到计算机中,由计算机系统对数据进行一系列存储、加工和输出等操作。

在信息处理过程中,输入就是接收由输入设备提供的数据,处理就是对数据进行操作,按一定方式对它们进行转换和加工;输出就是在输出设备输出数据、显示操作处理的结果;存储就是存储处理结果供以后使用。

几十年来,虽然计算机的性能不断地增强,但是计算机作为信息处理工具的本质并没有改变。它不只限于科学计算,在语言、文字、声音、图像等信息的处理能力方面都得到了长足的发展。而且,以计算机作为工具的信息处理已经深入地应用到政治、经济、文化及社会发展的各个领域。例如,办公自动化、电子商务、远程教育等。

2. 信息系统

信息系统是指由人员、设备、程序和数据集合构成的统一体,其目的是实现对各种数据的采集、保存和传播,最后产生决策信息,以实现预期目标。信息系统一般分为事物处理系统、管理信息系统和决策支持系统。事物处理系统是用来记录完成商业交易的人员、过程、数据和设备的人机系统;管理信息系统是一个以人为主导,利用计算机硬件、软件、网络通信设备以及其他办公设备,进行数据的收集、传输、加工、存储、更新和维护,以提高企业效益和效率为目的,支持企业高层决策、中层控制和基层动作的集成化的人机系统;决策支持系统是一种以计算机为工具,应用决策科学及有关学科的理论与方法,以人机交互方式辅助决策者解决各种问题的信息系统。

1.6.3 信息技术

信息科学是以信息为主要研究对象,以信息的运动规律和应用方法为主要研究内容,以计算机等技术为主要研究工具,以扩展人类的信息功能为主要目标的一门新兴的综合性学科。

信息技术是研究信息的获取、传输和处理的技术,由计算机技术、通信技术、微电子技术结合而成,有时也叫做"现代信息技术"。即,信息技术是利用计算机进行信息处理,利用现代电子通信技术从事信息采集、存储、加工、利用,以及相关产品制造、技术开发、信息服务的新学科。一般来讲,信息技术是指对信息的获取、传递、存储、处理、应用的技术。

远古时代,人类靠感觉器官获取信息,用语言和动作表达、传递信息;人类发明了文字、造纸术和印刷术后,人们用文字、纸张来传递信息;随着电报、电话、电视的发明,标志着人类进入电信时代,信息传递方式越来越多,20世纪,无线电技术、计算机及其网络技术和通信技术的发展,信息技术进入了崭新的时代;21世纪,人类社会已经步入信息时代,人们正不断探索、研究、开发更先进的信息技术。

在21世纪,信息技术是以多媒体计算机技术和网络通信技术为主要标志。利用计算机技术和网络通信技术可以使人们更方便地获取信息、存储信息,更好地加工和再生信息。

1. 信息技术分类

主要介绍以下4种技术:

1) 信息感测技术

感测技术包括传感技术和测量技术,人类用眼、耳、鼻、舌、身等感觉器官捕获信息,而感测技术就是感觉器官功能的延长,使人类更好地从外部世界获得信息。

随着光学技术和电子技术的发展,出现许多科技产品以代替人类的感觉器官捕获信息。如:放大镜、望远镜、显微镜可以看作人眼功能的延伸,它帮助我们看清楚微小的、遥远的或高速运动的物体;电话机、收音机可以看作是人耳功能的延伸,它能帮助我们收听远方的信息;温度表可以看作是人的皮肤温度感觉功能的延伸,它能准确测试到环境的温度。

目前,科学家已研制出许多应用现代感测技术的装置,不仅能替代人的感觉器官捕获各种信息,而且能捕获人的感觉器官不能感知的信息。

2) 信息通信技术

通信技术的功能是传递信息,可以看作传导神经系统功能的延长,它能传递人们想要传递的信息。信息只有通过交流才能发挥效益,信息的交流直接影响着人类的生活和社会的发展。人们使用电话、电视、广播等通信手段传递信息,20世纪以来,微波、光缆、卫星、计算机网络等通信技术得到迅猛发展,移动通信装置正以惊人的速度普及。

3) 信息智能技术

智能技术包括计算机硬件技术、软件技术、人工神经网络等,可以看作是思维器官功能的延长,它能帮助人们更好地存储、检索、加工和再生信息。20世纪中后期以来,智能技术,特别是计算机技术处于核心地位。目前计算机技术的应用已经渗透到社会的各行各业、各个角落,极大地提高了社会生产力水平,为人们的工作、学习和生活带来了前所未有的便利。

4) 信息控制技术

控制技术就是根据指令信息对外部事物的运动状态和方式实施控制的技术,可以看作是效应器官功能的扩展和延长,它能控制生产和生活中许多状态。

感测、通信、智能和控制这4大信息技术是相辅相成的,而且相互融合。信息智能技术相对其他3项技术来说处于较为基础和核心的位置。因为早期的感测技术、通信技术和控制技术水平比较低,很多操作需要人工进行,而计算机诞生后,它不停地为人们处理着大量的信息,同时推动着感测技术、通信技术和控制技术的发展。

随着计算机技术的不断发展,处理信息的能力不断地加强,信息智能技术逐渐贯穿于其他 3 大信息技术,使得自动化技术不断提高,而且通过程序控制实现了越来越强大、越来越复杂、越来越便利、越来越高效的功能和服务。

5) 计算机多媒体技术

还有一种信息技术对现代社会有着极其重要的影响,那就是 20 世纪 80 年代才兴起的计算机多媒体技术,它是把文字、图形、语音等信息通过计算机综合处理,使人们得到更完善、更直观的综合信息。

计算机技术的高速发展带动了整个信息技术的高速发展,信息技术的发展不仅促进信息产业的发展,而且大大地提高了社会生产效率。事实证明,信息技术的广泛应用已经是经济发展的强大动力。因此,各国的信息技术的竞争也非常激烈,都在争创信息技术的制高点。

2. 信息技术发展和趋势

信息技术的研究与开发,极大地提高了人类信息应用能力,使信息成为人类生存和发展不可缺少的一种资源。在第二次世界大战以及随后冷战时期的军备竞赛中,美国充分认识到技术的优势能够带来军事与政治战略的有效实施,因此加速了对信息技术的研究开发,导致了一系列突破性进展,使信息技术从 20 世纪 50 年代开始进入一个飞速发展时期。

根据信息技术研究开发和应用的发展历史,可以将它分为 3 个阶段:

(1) 信息技术研究开发时期。

从 20 世纪 50 年代初到 70 年代中期,信息技术在计算机(Computer)、通信(Communication)和控制(Control)领域有了突破,可以简称为 3C 时期。

在计算机技术领域,随着半导体技术和微电子技术等基础技术和支撑技术的发展,计算机已经开始成为信息处理的工具,软件技术也从最初的操作系统发展到应用软件的开发。

在通信领域,大规模使用同轴电缆和程控交换机,使通信能力有了较大提高。

在控制方面,单片机的开发和内置芯片的自动机械开始应用于生产过程。

(2) 信息技术全面应用时期。

从 20 世纪 70 年代中期到 80 年代末期,信息技术在办公自动化(Office Automation)、工厂自动化(Factory Automation)和家庭自动化(House Automation)领域有了很大的发展,可以简称为 3A 时期。

由于集成软件的开发,计算机性能、通信能力的提高,特别是计算机和通信技术的结合,由此构成的计算机信息系统已全面应用到人们的生产、工作和日常生活工作中。各组织开始根据自身的业务特点建立不同的计算机网络,如事业和管理机构建立了基于内部事务处理的局域网(LAN)、广域网(WAN)或城域网(CAN);工厂企业为提高劳动生产率和产品质量开始使用计算机网络系统,实现工厂自动化;智能化电器和信息设备大量进入家庭,家庭自动化水平迅速提高,使人们在日常生活中获取信息的能力大大增强,而且更加快捷方便。

(3) 数字信息技术发展时期。

从 20 世纪 80 年代末至今的这个时期,主要以互联网技术的开发和应用、数字信息技术为重点,其特点是互联网在全球得到飞速发展,特别是以美国为首的在 20 世纪 90 年代初发起的基于互联网络技术的信息基础设施的建设,在全球引发了信息基础设施(亦称信息高速公路)建设的浪潮,由此带动了信息技术全面的研究开发和信息技术应用的热潮。

在这个热潮中,信息技术在数字化通信(Digital Communication)、数字化交换(Digital Switching)、数字化处理(Digital Processing)技术领域有了重大突破,可以简称为 3D 时期。这种技术是解决在网络环境下对不同形式的信息进行压缩、处理、存储、传输的关键,是提高人类信息利用能力质的飞跃。

根据全球知名技术专家和未来学家预测,未来几十年内信息技术发展主要围绕以下 4 个方面:

(1) 半导体、微电子及信息材料技术。

信息材料技术包括半导体光集成电路、高温超导材料、光导体超栅极元件、纳米技术、超导电子存储器件、海量超级信息存储器、超级智能芯片、生物芯片、自增殖芯片、生物传感器、光线型电子元件、智能材料,等等。

(2) 计算机硬件、软件技术。

计算机硬件、软件技术包括光计算机元件、并行处理计算机、具有交互式电视功能个人计算机、个人数字助理、光学计算机、神经网络计算机、模块软件、自动翻译系统、人工仿真系统、自增殖数据系统、生物计算机、计算机集成化制造系统,等等。

(3) 通信技术。

通信技术包括信息超高速公路、宽带网络、个人通信系统、标准数字协议,等等。

(4) 信息应用技术。

信息应用技术主要有信息娱乐、电视会议、远程教学系统、联机出版、电子银行和电子货币、电子销售,等等。

总之,无论是通信技术还是计算机技术,它总是向更快、更好、更便宜的方向发展。信息将是一种语音、数据和图像结合在一起的综合信息。信息技术将标准化,一个人在世界任何一个地方都可以用同样的通信手段,可以利用同样的信息资源和信息加工处理的手段,等等。

3. 信息技术与信息社会

科学技术是第一生产力。今天,信息技术已经成为科学技术的前沿,它的飞速发展已经引起了人类社会的深刻变革。计算机从产生到现在不过 50 多年,而网络技术的迅速发展也不过十几年的时间,但是计算机和网络对社会的影响已经迅速扩大,人们生活的许多方面已经或正在被改变。计算机技术和网络通信技术的飞速发展将人类带入了信息社会。信息社会就是社会发展以电子信息技术为基础,以信息资源为基本的发展资源,以信息服务性产业为基本的社会产业,以数字化和网络化为基本的社会交往方式的新型社会。信息技术的应用已遍及人们的工作和生活,它给人们的传统生活方式、工作方式带来了猛烈的冲击和震撼,使人们强烈感受到技术发展的脉搏,信息时代前进的步伐。例如自动提款机、磁卡电话、可视电话、网上学校、电子商务等。

信息技术的快速发展使人类社会从工业社会步入信息社会。在信息社会生活的众多领域中已呈现出与工业社会显著不同的特点,如表 1-4 所示。

表 1-4　工业时代和信息时代的不同特点

比 较 项 目	信 息 时 代	工 业 时 代
生产过程	个性化、灵活性、多元性	工业化、程序化、标准化
生产形式	知识密集、信息密集、创造性密集	劳动密集、技术密集
组织形式	开放、发散、扁平化	相对封闭的系统化
对人才的要求	个性化、创造化	高度分化、专门化与综合统一
对教育的要求	多样化、个性化	标准化、工业化
信息传播	对象化、交互化、个性化传播	单向传播

　　信息社会学是研究信息社会流通以及信息与社会变化的相互关系和信息化社会结构的一门学科,也是研究信息学与社会学的一门横断学科。它以信息学理论为基础,探讨信息社会化的特点与发展规律和信息化社会性结构的基本模式,以及信息对推动社会进步的作用与影响,即信息的广泛应用所引起的整个社会经济结构、就业结构的变化等基本问题。

　　信息化社会将以信息作为社会发展的基本动力,信息资源十分丰富,网络将把整个世界连成一个村庄,信息资源将得到普遍的、充分的开发应用。在信息社会,人们在日常生活中利用信息媒介与技术,使得信息技术影响与渗透到社会的每个角落,同时人们的活动产生大量的信息,随之出现的信息过载也会导致信息处理与接收的困难,于是对海量信息的概括、提炼便成了未来社会"信息人"所应具备的能力。这样的社会发展转型期也呼唤着教育的变革,从计算机教育到信息技术教育,再到信息教育都是随着社会发展而发展的,是随着全球信息化不断推进而推进的。信息的生产、传播、选择与利用以及信息行为的社会控制都需要未来的社会人不断思考,以应对其带来的挑战。

　　目前,关于信息社会的特征说法不一。如日本未来学家、经济学家松田米津认为:信息社会发展的核心技术是计算机,计算机的发展带来了信息革命,产生大量系统化的信息、科学技术和知识;由信息网络和数据库组成的信息公用事业,是信息社会的基本结构。信息社会的主导工业是智力工业,其发展的最高阶段是大量生产知识和个人电脑化。美国未来学家约朝翰·奈斯比特认为:在信息社会里起决定作用的不是资本而是信息知识,知识已成为生产力、竞争力和经济成就的关键——价值的增长不再是通过劳动,而是通过知识;人们注意和关心的是将来。这些观点在一定程度上揭示了现代信息社会的本质特征。

　　在信息社会中,生产要素、生产工具和主导产业都发生了质变。美国著名社会学家丹尼尔·贝尔也认为,后工业时代是以信息为基础的"智能技术"时代,知识的积累和传播是社会革新和发展的直接力量。因此,信息化是现代社会最突出、最本质的特征,而劳动智力化和以人力资源为依托是现代社会信息化高度发展的必然要求。

　　(1) 信息化的高度发展。

　　高度信息化是信息社会最突出、最本质的特征,具体表现在两个方面:

　　① 由于现代电子技术、通信技术和多媒体技术等的迅猛发展,使得信息更新快速,知识陈旧周期迅速缩短。人机对话的技术为人们传递信息创造了便利的条件,社会活动的数字化和网络化,使其突破了传统的活动空间,进入到媒体世界,出现了种种网络虚拟的社会实体、社会组织等,从而改变了人们的文化思想,改变了人们的学习、生活和交流等方式。

② 信息产业成为现代社会的主导产业。

信息产业是指那些从事信息生产、传播、处理、储存、流通和服务的生产部门,由信息技术设备制造业和信息服务业构成。以信息技术为核心的新技术革命所导致的产业结构的重大变革,不仅表现为一批新的信息生产与加工产业的出现和传统工业部门的衰退,而且还表现在信息产业自身正在从以计算机技术为核心发展而成为以网络技术为其核心了。20 世纪 90 年代以来,信息产业普遍被认为是推动全球经济成长的最重要的产业,也是推动人类文明与进步的一股巨大力量。据统计,世界经合组织的 32 个发达国家信息产业的产值已占国民生产总值的 40%~60%。1997 年,美国与知识、信息、技术直接或间接有关的部门的总产值占国内生产总值的 80%。我国于 1998 年 5 月底成立了国务院信息化工作领导小组,决定把信息产业作为跨世纪的战略性产业重点发展,并制定了具体目标,国家发展和改革委员会关于印发《信息产业发展规划》的通知(工信部联规〔2013〕55 号)指出,到 2015 年,信息产业向创新驱动转型并取得突破性进展,信息产业业务总收入 16 万亿元左右。

(2) 劳动的智力化。

随着信息产业的兴起和信息技术在传统工业、农业和服务业的高度渗透,现代生产正在由"资本密集型"向着"技术密集型""知识密集型"方向发展。体力劳动和资源的投入相对减少,脑力劳动和科学技术投入相对增大,劳动者不再只是直接处理劳动对象,而且还要处理有关生产过程的不断变化的信息,因而现代产业对劳动者的文化程度、智力水平,特别是信息素养提出了更高的要求。

(3) 以人力资源为依托。

在信息化高度发展的现代社会,人力资源作为知识与信息的直接创造者,具有越来越重要的意义。现代人力资本理论的兴起更深刻地反映了现代社会以人力资源为依托的本质特征。在经济发展过程中,虽然物质资本和人力资本都对经济起着生产性的作用,但人力资本理论的研究成果显示,人力资本对经济发展的促进作用大于物质资本;在对经济增长的贡献中,人力资本收益份额不仅正在迅速地超过物质资本和自然资源,而且,还出现了另一种发展趋势,即高素质的劳动者与低素质的劳动者的生产率差距以及收入差距都在迅速地扩大。

4. 信息技术对社会发展的影响

1) 城市的变化

由大都市区的城市群所形成的城市网络,即以一个或数个中心城市为核心,由众多不同规模、不同等级、不同功能的城市共同组成的城市带(城市群)、城市网络。每一个城市都成为城市网络的结点(Node)。位于火车站、汽车站和地铁站附近建有住房、娱乐设施、商店和停车场,居民可以步行或乘坐公共交通工具去任何想去的地方。在新建或改建的建筑物和街道中纳入更多的绿地面积,降低城市的温度,减少电力消耗,改善空气质量。

2) 教育的变化

远程教育是由一套计算机设备、一部程控电话和一套特殊的电视教育设备构成的一所新型的"学校"。无论什么人、无论在何处,只要你需要,都可以得到充分的教育。

比较有代表性的英国的信息通信技术课程要求对学生达到以下几点:

(1) 促进学生四个方面的发展。一是精神发展,即通过讨论信息技术的局限性,帮助学生认识自己和他人的创造和想象力。二是道德发展,即通过收集信息,思考一些道德主题

（例如，获取个人信息问题），认识到信息通信技术能够加大我们的行为后果，从而认识到在使用信息通信技术方面应该具有高度责任感的必要性。三是社会发展，即通过考虑信息通信技术如何有利于交流和共享信息，考虑信息通信技术如何影响生活、工作和交流的方式（例如，对就业、社会关系和小型社区的影响）。四是文化发展，即通过讨论信息怎样反映文化背景（例如，一个网站的出现反映了创设者的文化），讨论信息通信技术怎样联系当地、国家和世界的社区，通过 Internet 学习其他文化。

（2）六种关键技能。一是交流技能，在一系列资料中阅读和选择，为了各种目的，以各种形式准备、书写和精练文本，面对面地或通过电子邮件进行交流，讨论和反思他们自己和他人的工作。二是数字运用技能，通过处理数据库和数学模型来达成。三是信息技术技能，通过信息通信技术的学习计划，特别是第四阶段的学习计划。四是与他人协作技能，通过讨论和反思自己和他人的工作，开发作为整体的一部分的信息系统，与他人通过电子邮件和 Internet 协作工作。五是自我提高技能，通过回顾、修改和评价自己的工作。六是解决问题技能，通过使用信息通信技术模拟真实情境和制定解决问题方法。

（3）五种思维技能：一是信息处理技能，能使学生寻找和收集相关信息，整理、分类、排序、比较信息，分析部分和整体的关系。二是推理技能，使学生对选择和行为做出推理，得出不同点和做出推论，使用准确语言表达思想，通过推理和证据做出判断和决定。三是调查技能，使学生发现相关问题，提出和定义问题，准备所做内容和调查计划，预测效果，检测结论，发展思维。四是创造性思维技能，使学生综合和扩展思维，检测假设，应用想象，寻找变革性效果。五是评价技能，使学生评价信息，判断他们读、听和做的内容的价值，提高对自身和他人工作或思想的价值判断标准。

近些年，不同的国家都对学生的信息技术教育都更加重视，而且都有不同的标准，我们国家受 IT 产业的影响在教育方面也有类似于英国的对信息技术的教育要求。

3）环境与资源

由于计算机的适时监控和控制，以及信息技术的支撑：

（1）汽车将由电力系统或天然气、电力混合系统驱动，汽车的驱动系统将逐步采用氢燃料电池，以减少废气排放。

（2）太阳能发电和风力发电作为替代矿物燃料的能源正越来越广泛地得到利用。

（3）由计算机控制的自动化交通将减少交通堵塞，使在每条车道上行驶的汽车的数量相当于现在的 10 倍。

（4）大多数工厂都将采取环保措施，最大限度地减少环境污染。

（5）绝大多数产品采用的原料都是可回收利用的。

（6）温室效应减速，由于化石燃料利用率的提高以及替代能源的增加，使排放到大气中的温室气体将减少一半。

4）医疗保健

信息技术和医疗保健技术的日益结合，将推出更多有利于人们身体健康的技术。

如电子保健病历，它可以长期记录一个人的身体情况，当有异常情况出现时，电子设备可以立即察觉并通知他入院就诊。

未来的食品不仅更加有益于健康，许多食品还将具有医疗作用；延长人的寿命的研究将获得成功，许多人可以期望在健康状况良好的情况下把寿命延长 40 年。

5）虚拟现实

虚拟现实不仅可以模拟现实的世界，更重要的是它可以通过计算机虚拟出我们梦想中的天堂，人们将有广阔的虚拟空间，在其间娱乐生活。

虚拟技术广泛地应用于各个领域，如城市规划、旅游、产品、建筑房地产、服装展示、展览等。虚拟现实技术将给人们带来全新的视野，可以想象一下，当你戴上特殊的头盔，你就可以去漫游"海底世界"了，在头盔的显示器内，你可以看到深蓝的海水，晴朗的天空，你可以走入水中，在海水里畅游，还可以看到鱼、虾、水草围绕在你的周围，当你摘下头盔这一切都将消失。

6）职业

信息社会正迅速改变人类的社会结构，形成新的社会阶层。"白领""蓝领""钢领""粉领"等社会阶层皆是社会生产环节的一个特殊阶层，根据信息社会特点，新近提出"金领"阶层概念，称之为"@世代"，它泛指年龄介于 14～29 岁之间，伴随电视、电脑和互联网成长起来的一代人，他们是信息时代的新人类。因为 21 世纪是完全信息化的时代，所以"@时代"将成为 21 世纪的"金领"阶层，当然由于时代的特点，"@时代"之"金领"阶层带有更多虚拟的成分。信息社会无疑会深刻改变人类的社会结构与社会关系，它不断革新某些社会阶层，也不断地消灭和创造我未知的新的工作职位。更重要的是，它在悄悄地却以极快的速度更新着我们的观念。

有人将信息社会职业进行了划分，指未来职业由"信息制造者""信息传播者"和"信息应用者"3 种职业组成，人只能从这 3 种职业选择中寻找自己的社会位置。虽然这只是一种象征性的说法，但它反映了一种社会变迁的趋势。

7）世界事务

全世界的人口出生率将会下降；世界各地的军队规模都在缩小，但是信息技术的快速发展会带来新的战争形式，例如信息战，它主要是指破坏信息系统和影响人的心理的战争。它可以借助通信线路扩散计算机病毒，使它侵入到民用电话局、军用通信结点和指挥控制部门的计算机系统并使其出现故障；也可以采用"逻辑炸弹"式的计算机病毒，通过预先把病毒植入信息控制中心的由程序组成的智能机构中，这些病毒依据给定的信号或在预先设定的时间里发作，来破坏计算机中的资源，使其无法工作。

5. 信息技术对当今社会的负面影响

1）信息过度增长，导致信息爆炸

信息的日益累积，构成了庞大的信息源，一方面为社会发展提供了巨大的信息动力，另一方面却使人们身处信息的汪洋大海，却找不到自己所需的信息，导致社会信息吸收率反而下降，信息利用量与信息生产量之间的差距越拉越大。过量的信息流冲击着人类，使人们处于一种信息超载的状态，使人们越来越忙碌、越来越浮躁。

2）信息失真和信息污染

社会信息流中混杂着虚假错误、荒诞离奇、淫秽迷信和暴力凶杀等信息，这种信息失真、信息噪音乃至信息污染现象，使传统的文化道德、文化准则和价值观念受到冲击，伦理法规容易弱化。

3）知识产权受到侵害

信息技术完全突破了传统的信息获取方式，复制技术的发展，使信息极易被多次复制和扩散，为大规模侵权提供了方便，容易产生知识产权纠纷，使知识生产者和数据库拥有者的利益受到威胁和侵害。

4）对国家主权和利益的冲击

信息社会中信息技术已成为构成国家实力的重要战略武器。掌握最先进的信息技术的国家在世界舞台上将处于有利地位。在信息社会中维系国家安全不仅要靠先进而强大的军事力量，对数据库的占用和在核心信息技术上的领先与控制同样成为国家实力和国家安全的重要部分。如果失去了对信息资源的支配和控制，就相当于对国家安全构成了威胁。因此维护国家主权和利益从军事领域扩展到了信息领域。同时，国与国之间的信息差距问题，造成了"马太效应"，即信息技术基础好的国家发展更快，信息技术基础弱的国家发展更慢。这使得国与国之间信息资源的分布、流通和获取极端不平衡。

另外，信息社会的发展还带来电子犯罪问题、信息经济利益分配问题、个人隐私问题和人际交流问题等。

6. 信息安全技术

随着全球信息化的飞速发展，计算机及信息安全的重要性日益突出。信息安全保障能力是 21 世纪综合国力、经济竞争实力和生存能力的重要组成部分，是新世纪世界各国在奋力攀登的制高点。

1）信息安全的概念

信息安全包括以下内容：

（1）信息的保密性（Confidentiality）——保证信息不泄露给未经授权的人。

（2）信息的可靠性（Reliability）——确保信道、消息源、发信人的真实性以及核对信息获取者的合法性。

（3）信息的完整性（Integrity）——包括操作系统的正确性和可靠性，硬件和软件的逻辑完整性，数据结构和当前值的一致性，即防止信息被未授权者篡改，保证真实的信息从真实的信源无失真地到达真实的信宿。

（4）信息的可用性（Availability）——保证信息及信息系统确实为授权使用者所用，防止由于计算机病毒或其他人为因素造成系统拒绝服务或为敌手可用却对授权者拒用。

（5）信息的可控性（Controllability）——对信息及信息系统实施安全监控管理。

（6）信息的不可否认性（Non-repudiation）——保证发送信息的人不能否认自己的行为。

造成信息不安全的主要威胁是计算机病毒（特别是网络病毒）、非法访问、脆弱口令和黑客入侵。时至今日，对于信息系统的攻击日趋频繁，信息安全的概念已经不局限于信息的保护，而扩展到对整个信息和信息系统的保护和防御，包括对信息的保护、检测、反应和恢复能力。

我国信息安全研究经历了通信保密、计算机数据保护两个发展阶段，正在进入网络信息安全的研究阶段。在学习借鉴国外先进技术的基础上，开发研制了一些防火墙、安全路由器、安全网关、黑客入侵检测、系统脆弱扫描软件等。我国在计算机病毒检测、防护、消除方面,已经形成了一种有特色、有能力的产业,提供了 KILL200、瑞星 2001、KV3000、金山毒霸 2001、VRV2001 等一批病毒防护产品,有效地维护了计算机的安全。

2)信息安全防护技术

计算机信息安全技术是指信息本身安全性的防护技术,以免信息被故意地、偶然地破坏,主要有以下几个安全防护技术:

(1)加强操作系统的安全保护。

操作系统是信息系统最基础、最核心的部分。由于操作系统本身的漏洞和开放性等不足,很容易造成信息的破坏和泄密,操作系统安全是计算机信息安全的基础。因此,操作系统应该从以下几方面加强安全性防范,以保护信息安全。

① 用户的认证:通过口令和核心硬件系统赋予的特权对身份进行验证。

② 存储器保护:拒绝非法用户非法访问存储器区域,加强 I/O 设备访问控制,限制过多的用户通过 I/O 设备进入信息和文件系统。

共享信息不允许完整性和一致性的损害,对于一般用户只给予只读性访问。所有用户应得到公平服务,不应有隐蔽通道。操作系统开发时留下的隐蔽通道应及时封闭,对核心信息采用隔离措施。

目前,由于我国没有自主开发的操作系统,在操作系统方面的安全保护是非常差的,只有克服了这一致命弱点,才能从根本上解决我国的信息安全问题。

(2)数据库的安全保护。

当人们将注意力集中在系统和入侵途径时,往往容易忽视数据库安全的问题。数据库安全是一个广阔的领域,从传统的备份与恢复、认证与访问控制,到数据存储和通信环节的加密,它作为操作系统之上的应用平台,其安全与网络和主机安全息息相关。虽然数据库在安全上有操作系统给予的一定支持和保障,但信息最终是要与外界通信的,由于数据库系统本身的特点,使操作系统无法提供完全的安全保障,因此还需要对其加强安全管理技术防范。

数据库的安全保护要做到:加强数据库系统的功能;构架安全的数据库系统结构,确保逻辑结构机制的安全可靠;强化密码机制;严格鉴别身份和访问控制,加强数据库使用管理和运行维护等。

(3)访问控制。

访问控制指对主体访问客体的权限或能力的限制,以及限制进入物理区域(出入控制)和限制使用计算机系统和计算机存储数据的过程(存取控制),可分为自主访问控制和强制访问控制。

(4)密码技术。

密码技术是对信息直接进行加密的技术,是维护信息安全的有力手段。通常情况下,人们将可看懂的文本称为明文;将明文变换成的不可懂的文本称为密文。从明文到密文的转换过程叫加密。其逆过程,即把密文变换成明文的过程叫解密。明文与密文的相互变换是可逆的变换,并且只存在唯一的、无误差的可逆变换。完成加密和解密的算法称为密码体制。在计算机上实现的数据加密算法,其加密或解密变换是由一个密钥来控制的。密钥是由使用密码体制的用户随机选取的,密钥成为唯一能控制明文与密文之间变换的关键,它通常是一随机字符串。

　　数据加密技术主要分为数据传输、数据存储、数据完整性的鉴别以及密钥管理技术四种。加密技术一般分两类：一类是对称加密；另一类是非对称加密，也称为公开密钥加密。

　　(5) 预防计算机病毒。

　　计算机病毒是指附着在文件上，能进行自我复制，从一个文件传播到另一个文件的程序。病毒能够破坏数据，显示令人讨厌的信息，或者干扰计算机的操作。病毒可以从一台计算机传播到另一台计算机上。可以通过"隔离"来避免计算机遭到许多病毒的侵害。如果计算机感染了病毒，可以使用反病毒软件来杀毒。

　　计算机病毒常常感染的是计算机系统的可执行文件(如带有.exe扩展名的文件)、计算机用于引导系统的系统文件，以及可以在字处理和电子表格应用中自动完成任务的宏文件。当计算机运行一个被感染的程序时，它也运行了病毒指令，从而病毒在其他文件中进行复制或者发出了有效载荷。所谓有效载荷，是指病毒的任务，这个任务也许只是显示无害的信息，也可能是破坏计算机硬盘上的数据。把自己附在应用程序上(如游戏软件)的病毒被称作文件病毒。例如病毒 Chernobyl 被设计在计算机日期 4 月 26 日发作，它会重写硬盘的扇区，使得你无法访问自己的数据。引导区病毒在每次启动计算机时会感染用到的系统文件。这种病毒会广泛地传播，并造成严重的问题。例如病毒 Stoned 就会感染软盘和硬盘的引导区，这种病毒可能显示一条信息"Your Computer is now stoned!"，或者破坏计算机硬盘上的某些数据。所谓宏病毒，是指会感染宏的指令集。宏实质上是一个微型的程序，所包含的合法指令通常用来自动完成文档和工作表的操作。宏病毒就是创建的破坏性的宏，把它附加到文档或者工作表中，然后通过网络或者磁盘进行传播(如电子邮件附件)。如果某个人阅读这个文档，宏病毒就会自己复制到通用宏库中，从此处再传染别的文档。如 Melissa 病毒寄存在 Word 文档中。

　　计算机病毒和其他有害程序通常寄存包含共享软件或者盗版软件的磁盘上、从 Internet 下载的文件中以及电子邮件的附件中。但是，病毒不可能隐藏在电子邮件的正文信息中。因此，不使用来源比较危险的文件，或者不从没有测试和保护所下载文件的网站下载软件。防止打开具有包含宏的文档。如果计算机被病毒感染了，则可以使用反病毒软件来杀毒。

7. 信息社会与信息素养

　　在信息社会中，信息技术的应用已遍及人们工作、学习和生活等的各个角落，它对人们传统的交往方式、思维方式、工作方式、生活方式以及学习方式等带来了猛烈的冲击和震撼，人类的生活正在经历前所未有的巨大变化。信息技术的发展及其对社会各个领域的广泛渗透，一方面已经成为新世纪人类不断前进的巨大推动力，另一方面也使社会面临着新的挑战。它使各种传统行业知识更新加快，而对各种高新技术产业(包括信息产业)的从业人员的知识结构提出更高的要求。因此，信息素质已成为 21 世纪人才素质的基本要素之一。

　　信息素养最早由美国信息产业协会主席 Panl Zurkow Ski 于 1974 年提出。它指在各种信息交叉渗透、技术高度发展的社会中，人们所应具备的信息处理实际技能和对信息进行筛选、鉴别和使用的能力。包括信息的敏锐意识，即对信息的内容、性质的分辨和对信息的选择达到高度自觉的程度；信息能力，即运用现代信息技术获取信息、传输信息、处理信息和应用信息的能力获取、处理、传递信息的能力；崇高的信息道德，即在获取、处理和传递信息时,采取与社会整体目标一致的行为,承担相应的社会责任和义务,遵循法规,抵制各种反动信息,尊重知识产权和个人隐私等。

随着信息技术的快速发展和全球社会信息化的到来,信息素养成为人们应具备的一种基本能力,世界先进国家纷纷开展起信息素养教育。信息素养也自然成为我国信息技术课程的核心。信息素养的概念从其产生至今对其的诠释可谓多种多样,因此全面清晰地理解信息素养的内涵与外延是掌握信息技术课程教育的前提。信息素养是信息时代公民必备的素养,公民是否具有应具有的信息素养是构建和谐社会的一个重要的基础与标志。信息焦虑、数字鸿沟、网络犯罪等很多当今社会问题产生的重要原因都与公民的信息素养具有密不可分的联系。

我国的信息技术教育工作从 1982 年开始,教育部决定首先在清华大学、北京大学、北京师范大学、复旦大学和华东师范大学 5 所大学的附中试点开设 BASIC 语言选修课。目前,我国已经形成了在中小学中完成信息技术教育初级的信息技术学习,在大学中进一步深入信息技术教育,这样的信息技术教育体系可以初步达到信息化社会对人的需求。

思考与练习

一、单选题

1. 世界上首先实现存储程序的电子数字计算机是_____。
   A. ENIAC　　　　B. UNIVAC　　　　C. EDVAC　　　　D. EDSAC

2. 计算机所具有的存储程序和程序原理是_____提出的。
   A. 图灵　　　　B. 布尔　　　　C. 冯·诺依曼　　　D. 爱因斯坦

3. 1946 年第一台计算机问世以来,计算机的发展经历了 4 个时代,它们是_____。
   A. 低档计算机、中档计算机、高档计算机、手提计算机
   B. 微型计算机、小型计算机、中型计算机、大型计算机
   C. 组装机、兼容机、品牌机、原装机
   D. 电子管计算机、晶体管计算机、小规模集成电路计算机、大规模及超大规模集成电路计算机

4. 计算机工作最重要的特征是_____。
   A. 高速度　　　　　　　　　　B. 高精度
   C. 存储程序和程序控制　　　　D. 记忆力强

5. CAD 是计算机的主要应用领域,它的含义是_____。
   A. 计算机辅助教育　　　　　　B. 计算机辅助测试
   C. 计算机辅助设计　　　　　　D. 计算机辅助管理

6. "计算机辅助_____"的英文缩写为 CAM。
   A. 制造　　　　B. 设计　　　　C. 测试　　　　D. 教学

7. 将高级语言程序设计语言源程序翻译成计算机可执行代码的软件称为_____。
   A. 汇编程序　　　　B. 编译程序　　　　C. 管理程序　　　　D. 服务程序

8. 某单位自行开发的工资管理系统,按计算机应用的类型划分,它属于_____。

　A. 科学计算　　　　B. 辅助设计　　　　C. 数据处理　　　　D. 实时控制

9. 用计算机进行资料检索工作,是属于计算机应用中的_____。

　A. 科学计算　　　　B. 数据处理　　　　C. 实时控制　　　　D. 人工智能

10. 下面是有关计算机病毒的说法,其中_____不正确。

　A. 计算机病毒有引导型病毒、文件型病毒、复合型病毒等

　B. 计算机病毒中也有良性病毒

　C. 计算机病毒实际上是一种计算机程序

　D. 计算机病毒是由于程序的错误编制而产生的

11. 计算机能直接执行的指令包括两部分,它们是_____。

　A. 源操作数与目标操作数　　　　　　B. 操作码与操作数

　C. ASCII 码与汉字代码　　　　　　　 D. 数字与字符

12. 计算机用于解决科学研究与工程计算中的数学问题,称为_____。

　A. 数值计算　　　　B. 数学建模　　　　C. 数据处理　　　　D. 自动控制

13. _____的特点是处理的信息数据量比较大而数值计算并不十分复杂。

　A. 工程计算　　　　B. 数据处理　　　　C. 自动控制　　　　D. 实时控制

14. 计算机中的所有信息都是以_____的形式存储在机器内部的。

　A. 字符　　　　　　B. 二进制编码　　　C. BCD 码　　　　　D. ASCII 码

15. 在计算机内,多媒体数据最终是以_____形式存在的。

　A. 二进制代码　　　　　　　　　　　　B. 特殊的压缩码

　C. 模拟数据　　　　　　　　　　　　　D. 图形

16. 在微机中,bit 的中文含义是_____。

　A. 二进制位　　　　B. 双字　　　　　　C. 字节　　　　　　D. 字

17. 用一个字节最多能编出_____不同的码。

　A. 8 个　　　　　　B. 16 个　　　　　　C. 128 个　　　　　D. 256 个

18. 计算机中字节是常用单位,它的英文名字是_____。

　A. Bit　　　　　　 B. byte　　　　　　　C. bout　　　　　　 D. baut

19. 计算机存储和处理数据的基本单位是_____。

　A. bit　　　　　　 B. Byte　　　　　　　C. GB　　　　　　　 D. KB

20. 1 字节表示_____位。

　A. 1　　　　　　　 B. 4　　　　　　　　 C. 8　　　　　　　　 D. 10

21. 在描述信息传输中 bps 表示的是_____。

　A. 每秒传输的字节　　　　　　　　　　B. 每秒传输的指令数

　C. 每秒传输的字数　　　　　　　　　　D. 每秒传输的位数

22. "32 位微型计算机"中的 32 是指_____。

　A. 微机型号　　　　B. 内存容量　　　　C. 存储单位　　　　D. 机器字长

23. 微处理器处理的数据基本单位为字。一个字的长度通常是_____。

　A. 16 个二进制位　　　　　　　　　　　B. 32 个二进制位

　C. 64 个二进制位　　　　　　　　　　　D. 与微处理器芯片的型号有关

24. "冯·诺依曼计算机"的体系结构主要分为_____5 大组成部分。

　　A. 外部存储器、内部存储器、CPU、显示、打印机

　　B. 输入设备、输出设备、运算器、控制器、存储器

　　C. 输入设备、输出设备、控制器、存储、外设

　　D. 都不是

25. 对 PC 来说,人们常提到的 Pentium、Pentium 4 指的是＿＿＿＿＿。

　　A. 存储器　　　　　B. 内存品牌　　　　　C. 主板型号　　　　　D. CPU 类型

26. 人们通常说的计算机的内存,指的是＿＿＿＿＿。

　　A. ROM　　　　　B. CMOS　　　　　C. CPU　　　　　D. RAM

二、简答题

1. 计算机的发展经历了哪几个时代? 各时代的特点是什么?

2. 计算机是如何进行分类的?

3. 简述电子计算机的发展的 5 个阶段及每个阶段的特点。

4. 系统软件分为哪几类? 分别说明各包括哪些软件。

5. 简述微型计算机由哪几个部分组成。分别说明各部件的作用。

6. 将$(61)_{10}$分别转换成对应的二进制数、八进制数和十六进制数。

7. 将$(0.6875)_{10}$分别转换成对应的二进制数、八进制数和十六进制数。

8. 如何计算汉字在内存中占用的空间数,一个 16×24 点阵的汉字占多少个字节?

9. 如何使用 ASCII 表? 已知字母"B"的 ASCII 码为 66,那么"K"的 ASCII 码是多少?

10. 什么是信息? 什么是数据? 数据和信息有什么不同?

11. 什么是信息处理? 什么是信息系统?

12. 信息的性质和功能是什么?

13. 什么是信息技术? 信息技术的社会作用是什么?

14. 简述信息社会的特点及信息技术对当今社会的影响。

15. 什么是信息素养? 请谈谈当今社会人的信息素质的重要性。

第 2 章

操作系统Windows 7

操作系统是最重要的系统软件,是整个计算机系统的管理与指挥机构,管理着计算机的所有资源,在操作系统的支持下,计算机才能运行其他的软件。Windows 自出现以来经过不断的升级和更新,逐渐成为全球最流行的操作系统。本章将介绍操作系统的基本概念、Windows 7 的相关知识及使用。

2.1 操作系统概述

2.1.1 操作系统的概念及主要功能

操作系统是指可以直接运行在裸机上,并对计算机系统中所有软、硬件资源进行有效的管理和控制的一组程序。操作系统的主要功能是对系统的软、硬件资源进行管理和调度,合理组织计算机工作流程,为用户提供一个使用计算机的工作环境,担任用户和计算机之间的接口工作。操作系统对程序的执行进行控制,还能使用户方便地使用硬件提供的功能,也使硬件的功能发挥得更好。

操作系统管理计算机系统的所有资源,这些资源包括硬件资源(中央处理器、主存储器和各种外围设备)和软件资源(程序、数据)。它的主要功能分为处理机管理、存储管理、设备管理及文件管理等。

1. 处理机管理

中央处理器是计算机系统中最宝贵的硬件资源,任何程序只有占有了处理器才能运行,因此也是竞争最激烈的资源,应尽可能提高它的利用率。在早期的操作系统中,一旦某个程序开始运行,它就占用了整个系统的所有资源,直到该程序运行结束,这就是所谓的单道程序系统。在单道程序系统中,任何时刻只允许一个程序在系统中运行,大量的资源在多数时间内处于闲置状态。为了提高系统资源的利用率,后来的操作系统都允许有多个程序被加载到内存中运行,这样的操作系统被称为多道程序系统。采用多道程序设计技术可以提高处理器的使用效率。其管理原则是:有多个程序要占用处理器时,则让其中一个程序先占用处理器,一段时间后使用权交给其他程序;如果一个程序运行结束或因等待某个事件而暂时不运行时,则把处理器的使用权交给另一个程序;当出现了一个比当前占用处理器更主要、更紧迫的可运行程序时,则强行剥夺正在占用处理器的程序使用处理器的权力,把处理器让给有紧迫任务的程序。这些工作都是由操作系统安排的,这就是操作系统的处理器的管理功能。

2．存储管理

存储器是计算机系统中存放各种信息的主要场所，是系统的关键资源之一。如何对存储器进行管理，不仅影响它们的利率，而且还影响用整个系统的性能。

操作系统的存储管理主要是内存的管理，要根据用户对程序的需要给它们分配内存，同时要保护存放在内存中的用户程序和数据不被破坏，还要解决内存扩充问题，即将外存和内存结合起来管理，为用户提供一个容量比内存大得多的虚拟存储器。

3．文件管理

文件管理是指对数据信息的存取管理，包括对用户和系统信息的存储、检索、更新、共享及保护，并为用户提供一套方便有效的文件使用和操作方法等。

用户可以把逻辑上有完整意义的信息集合冠以一个名字作为一个文件。操作系统提供了按名存取功能来实现用户信息存储和检索，用户无须记住信息存放在存储器中的物理，也无须考虑如何将信息存放到存储介质上，只需知道文件名和有关操作规程便可存取信息，使用户操作方便。由于用户要通过操作系统才能实现对文件的访问，文件管理还提供各种安全、保密和保护措施，防止对文件信息有意和无意的破坏或窃用。另外，文件管理系统还提供了文件共享功能，不同的用户可以使用同名或异名的同一文件。这样，既节省了文件存放时间，又减少了传送文件的时间，进一步提高了文件及存储空间的利用率。

4．设备管理

设备管理负责管理除中央处理器和主存储器以外的其他硬件资源，这些资源统称为计算机的外围设备。外围设备可以分为存储型设备（如磁带机、磁盘机、CD-ROM 等）和输入/输出型设备（显示器、键盘、打印机等）。要把文件信息保存或显示、打印等都需要启动相应的设备才能完成。同样，要将存储设备上的信息读出到系统中也要启动相应的设备。设备管理实现设备的启动，以配合文件管理为用户提供按名存取功能。此外，当多用户同时使用计算机系统时，会有竞争使用外围设备的现象，这时必须合理分配，保证安全使用。

2.1.2　操作系统的分类

计算机硬件的迅速发展促进了操作系统的发展，操作系统种类繁多，功能差异也很大，分类标准也有多种。

按照与用户对话的界面分类，可分为字符界面操作系统和图形界面操作系统。例如MS-DOS 是行界面操作系统，Windows 是图形界面操作系统。

按照支持用户的数量分类，可分为单用户操作系统和多用户操作系统。例如 MS-DOS和 Windows 2000/XP 是单用户操作系统，而 Windows 7、UNIX、Xenix 是多用户操作系统。

按照运行任务的数量分类，可分为单任务操作系统和多任务操作系统。例如 MS-DOS是单任务操作系统，而 Windows、UNIX、Novell Netware 等为多任务操作系统。

按照系统的功能分类，可以分为批处理系统、分时操作系统、实时操作系统、网络操作系统等。

1．批处理系统

将若干用户作业按一定的顺序排列，统一交给计算机系统，由计算机自动、顺序地完成这些作业，这样的系统称为批处理系统。

在批处理系统中，用户可以把作业一批批输入系统。它的主要特点是允许用户将由程序、数据以及说明如何运行该作业的操作说明书组成的作业一批批地提交系统，然后不再与作业发生交互作用，直到作业运行完毕，才会根据输出结果分析作业运行情况，确定是否需要适当修改再次上机。这样的操作系统已经很少见了。

2．分时操作系统

分时操作系统的主要特点是将 CPU 的时间划分成时间片，轮流接收和处理各个用户从终端输入的命令。如果用户的某个处理要求时间较长，分配的一个时间片不够用，它只能暂时停下来，等待下一次轮到时再继续运行。由于计算机运行的高速性能和并行工作的特点，使得每个用户感觉不到别人也在使用这台计算机，就好像他独占了这台计算机。典型的分时操作系统有 UNIX、Linux 等。

3．实时操作系统

实时操作系统是对来自外界的信息在规定的时间内及时响应并进行处理的系统。在这样的操作系统中，计算机对输入信息要以足够快的速度进行处理，并在规定的时间内做出反应或进行控制，超出时间范围就失去控制的时机，控制也就失去了意义。

实时操作系统分为两类：一类是硬实时系统，也称实时控制系统，主要用于过程控制，例如工业生产、航天系统、机器人、核电厂等控制领域；另一类是软实时系统，也称实时信息处理系统，主要用于数据处理，例如飞机订票系统、银行管理系统、联机检索系统等。

4．网络操作系统

计算机网络是将地理上分散的独立的计算机通过通信设备和线路互连起来，实现信息交换、资源共享和协作处理的系统。网络操作系统适合多用户、多任务环境，支持网络通信和网络计算，具有很强的文件管理、数据保护、系统容错和系统安全保护等功能。目前常见的有 Novell Netware、Windows NT、Windows Server。

2.1.3　常用的操作系统

1. DOS

MS-DOS 是 Microsoft Disk Operating System 的简称，是由美国微软公司提供的 DOS 操作系统。在 Windows 95 以前，DOS 是 IBM PC 及兼容机中的最基本配备，而 MS-DOS 则是个人电脑中最普遍使用的 DOS 操作系统。MS-DOS 一般使用命令行界面来接收用户的指令，用户必须通过输入命令来操作计算机，比较难于记忆，不利于一般用户操作计算机，进入 20 世纪 90 年代后，DOS 逐步被 Windows 系统所代替。

2．Windows

Windows 是微软公司开发的基于图形用户界面的操作系统。该系统具有直观、生动、友好的用户界面,操作方法简便,使其很快成为个人计算机操作系统的主流。1995 年微软公司推出了具有划时代意义的全新 Windows 操作系统,掀开了个人计算机操作系统的新的一页。随着时间的推移,微软公司又陆续发布了 Windows 95 OS/2、Windows 98、Windows 2000、Windows XP、Windows Vista、Windows 7 等新版本,把计算机操作系统的技术水平推向了一个新的高度。

3．UNIX

UNIX 是一个通用的、交互式的分时操作系统,是一个发展比较早的操作系统。自 UNIX 系统运行以来,由于它的简单、通用、有效和使用方便,得到了越来越广泛的应用。UNIX 具有较好的可移植性,可运行于多种不同类型的计算机上,具有较好的可靠性和安全性,支持多任务、多处理、多用户、网络管理和网络应用。缺点是缺乏统一的标准,应用程序不够丰富,并且不易学习,从而限制了 UNIX 的普及应用。

4．Linux

Linux 是一个开放源代码的、包含内核、系统工具、完整的开发环境和应用的操作系统。它是从 UNIX 发展而来的,与 UNIX 兼容,能够运行大多数的 UNIX 工具软件、应用程序和网络协议。Linux 继承了 UNIX 以网络为核心的设计思想,是一个性能稳定的多用户网络操作系统。

Linux 除了具有 UNIX 操作系统的基本特征外,还具有其独有的特色:

(1) 支持硬盘的动态 Cache。这一功能与 MS-DOS 中的 Smartdrive 相似。所不同的是,Linux 能动态调整所用的 Cache 的大小,以适合当前存储器的使用情况,当某一时刻没有更多的存储空间可用时,Cache 将被减少,以增加空闲的存储空间,一旦存储空间不再紧张,Cache 的大小又将增加。

(2) 支持不同格式的可执行文件。Linux 具有多种模拟器,这使它能运行不同格式的目标文件。其中 DOS(DOSEMU)和 Windows(WINE)、iBCS2 模拟器能运行 SCO UNIX 的目的。

Linux 可以与 MS-DOS、OS/2、Windows 等其他操作系统共存于同一台机器上。它们均为操作系统,具有一些共性;但是互相之间各有特色,有所区别。

5．Mac OS

Mac OS 是一套运行于苹果 Macintosh 系列电脑上的操作系统,是首个在商用领域成功的图形用户界面。它具有较强的图形处理能力,广泛用于桌面排版和多媒体应用等领域,但由于 Macintosh 与 Windows 不兼容,使 Mac OS 的普及受到了影响。

6．Novell NetWare

NetWare 是 Novell 公司推出的网络操作系统。NetWare 最重要的特征是基于基本模块设计思想的开放式系统结构。Netware 是一个开放的网络服务器平台,可以方便地对其进行扩充。Netware 系统对不同的工作平台(如 DOS、OS/2、Macintosh 等),不同的网络协议环境如 TCP/IP 以及各种工作站操作系统提供了一致的服务。该系统内可以增加自选的扩充服务(如替补备份、数据库、电子邮件以及记账等),这些服务可以取自 Netware 本身,也可取自第三方开发者;支持所有的重要台式操作系统(DOS、Windows、OS/2、UNIX 和 Macintosh)以及 IBM SAA 环境,为需要在多厂商产品环境下进行复杂的网络计算的企事业单位提供了高性能的综合平台。NetWare 是具有多任务、多用户的网络操作系统,它的较高版本提供系统容错能力(SFT);使用开放协议技术(OPT),各种协议的结合使不同类型的工作站可与公共服务器通信。这种技术满足了广大用户在不同种类网络间实现互相通信的需要,实现了各种不同网络的无缝通信,即把各种网络协议紧密地连接起来,可以方便地与各种小型机、中大型机连接通信。NetWare 可以不用专用服务器,任何一种 PC 均可作为服务器。NetWare 服务器对无盘站和游戏的支持较好,常用于教学网和游戏厅。

2.2　Windows 7 概述

美国微软公司开发的 Windows 操作系统是一种基于用户图形界面的操作系统,它为用户提供了一种图形化操作方法,使计算机变得简单易用。

自 1995 年 5 月推出第一个 Windows 的成熟版本 Windows 2.0 以来,Windows 就逐渐成为全球最流行的操作系统。随着时间的推移,微软公司又陆续发布了 Windows 95、Windows 98、Windows NT、Windows 2000、WindowsVista、Windows 7 等版本,把计算机操作系统的技术水平推向了一个新的高度。2009 年 10 月,微软公司推出了 Windows 7,这一版本的操作系统在功能上更加完善,使用户体验更为舒适。

2.2.1　Windows 7 的版本

(1) Windows 7 Starter 初级版,是面向普通家庭的版本,可以加入家庭组(Home Group),也有 JumpLists 菜单。由于功能较少,所以对硬件的要求比较低。忽略后台应用,比如文件备份实用程序。

(2) Windows 7 Home Basic 家庭基础版,主要新特性有增强视觉体验(没有完整的 Aero 透明毛玻璃效果)、高级网络支持(ad-hoc 无线网络和互联网连接支持 ICS)、移动中心(Mobility Center)等。

(3) Windows 7 Home Premium 家庭高级版,在普通版上新增 Aero Glass 高级玻璃界面、高级窗口导航、改进的媒体格式支持、媒体中心和媒体流增强(包括 Play To)、多点触摸、更好的手写识别等。

(4) Windows 7 Professional 专业版,支持加入管理网络(Domain Join)、高级网络备份等数据保护功能、位置感知打印技术等。

(5) Windows 7 Enterprise 企业版,提供一系列企业级增强功能,如内置和外置驱动器数据保护(BitLocker)、锁定非授权软件运行(AppLocker)、无缝连接基于的企业网络(DirectAccess)等。

(6) Windows 7 Ultimate 旗舰版,结合了 Windows 7 家庭高级版和 Windows 7 专业版

的所有功能,它对硬件的要求也是最高的。

2.2.2　Windows 7 的特点

Windows 7 的设计主要围绕 5 个重点——针对笔记本电脑的特有设计;基于应用服务的设计;用户的个性化;视听娱乐的优化;用户易用性的新引擎。跳跃列表、系统故障快速修复等,这些新功能令 Windows 7 成为最易用的 Windows。从总体上来看,Windows 7 具有以下几个有代表性的新特性。

1. 系统更易用

Windows 7 简化了许多设计,如快速最大化、窗口半屏显示、跳转列表(Jump List)、系统故障快速修复等,使用户使用 Windows 7 更容易。

2. 使用更简单

Windows 7 将会让搜索和使用信息更加简单,包括本地、网络和互联网搜索功能,直观的用户体验将更加高级,还会整合自动化应用程序提交和交叉程序数据透明性。

3. 搜索效率更高

Windows 7 中,系统集成的搜索功能非常强大,只要用户打开"开始"菜单并开始输入搜索内容,无论要查找应用程序、文本文档等,搜索功能都能自动运行,给用户的操作带来极大的便利。

4. 启动更快速

Windows 7 在性能上做了重大改进,占用内存更少,后台服务只在需要时才运行,使开机启动、程序运行、硬件响应的速度更快。

5. 更安全可靠

Windows 7 采用了多层防护方案,在保证易于使用的同时,确保了安全性能的提升,使之成为目前最安全的 Windows 操作系统。

6. 更个性化

Windows 7 提供了更多个性化设置,尤其是 Aero 桌面特效和小工具的使用,使用户能根据自己的喜好来装饰桌面。

2.2.3　Windows 7 的运行环境

Windows 7 操作系统的安装对硬件有一定的要求,在安装之前必须了解计算机的基本配置是否达到安装的最低要求。Windows 7 对计算机硬件的最低要求如下:

(1) CPU,1MHz 的 32 位或 64 位处理器。

(2) 内存,32 位系统需要 1GB,64 位系统需要 2GB。

(3) 硬盘,32 位需要 25GB 的可用空间,64 位需要 50GB 的可用空间。

（4）显示器与显示卡，支持 DirectX 9，显示缓存 256MB 以上，显示器分辨率在 1024×768 像素以上。

（5）磁盘分区格式：NTFS。

2.2.4　Windows 7 的启动和退出

1．Windows 7 的启动

安装了 Windows 7 的计算机一经打开电源，系统将会自动启动，启动后进入 Windows 7 的登录界面，在登录界面中，列出已经建立的所有账户，单击相应的账户并输入密码即可进入 Windows 7 的桌面，如图 2-1 所示。

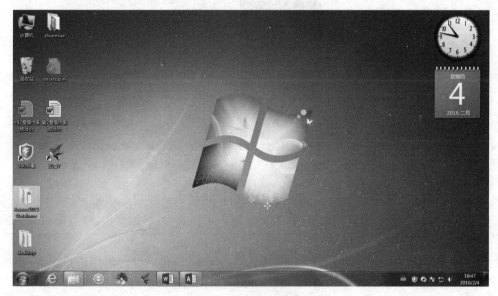

图 2-1　Windows 7 的桌面

2．Windows 7 的退出

当不再使用计算机时，需要退出 Windows 7 并关机，不能直接关闭电源。在退出 Windows 7 之前，应先关闭所有正在运行的程序，否则可能会造成数据丢失。

正确的关机步骤如下：

（1）保存所有应用程序中处理的结果，关闭所有运行着的应用程序；

（2）单击桌面左下角的“开始”按钮，弹出如图 2-2 所示的“开始”菜单，单击“关机”按钮，系统即可自动保存相关信息，并关闭主机电源。

当计算机在使用过程中突然出现了“死机”“花屏”“黑屏”等情况时，就不能通过“开始”菜单关闭计算机了。此时，用户只能持续地按主机上的电源开关按钮几秒钟，片刻后主机会关闭，然后关闭显示器的电源开关就可以了。

在“关机”快捷菜单中，还提供了几种节能模式。用户只需单击“关机”按钮右侧的 ▶ 按钮，在弹出的菜单中任选一项执行操作，如图 2-3 所示，其主要功能如下。

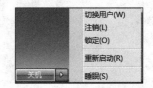

图 2-2　"开始"菜单　　　　　图 2-3　"关机"菜单

（1）切换用户：这是 Windows 提供的多用户操作模式。使用此功能，可以切换到另一用户工作，而前一用户的工作转为后台，当另一用户工作完成后，再次切换时，即可回到前一用户工作状态。

（2）注销：是指向操作系统请求退出当前用户登录，退出后可选其他用户登录，系统清空当前用户的缓存空间和注册表信息，并强制关闭正在运行的所有程序。

（3）锁定：当用户需要暂时离开计算机时，为防止其他人对计算机操作，可直接锁定当前用户，并且保留当前用户的当前状态，只是将系统切换到进入系统时的登录界面，需输入登录密码才可恢复。

（4）重新启动：计算机出现某些故障需要重新启动计算机恢复，或是由于计算机运行时间过长导致运行速度变慢等情况，可用此模式重新启动计算机。

（5）睡眠：是 Windows 提供的一种节能模式。启动睡眠模式后，计算机将当前打开状态的程序和文档保存到内存中，仅给内存部分供电，其他部件此时处于最低能耗状态。当用户单击时，系统可以快速恢复睡眠模式前的状态。

2.3　Windows 7 的基本操作

Windows 7 是一个图形界面操作系统，用户主要通过 Windows 的桌面和窗口来进行操作，进行操作的工具主要有鼠标和键盘。

2.3.1　鼠标和键盘操作

1. 鼠标操作

用户使用鼠标可以完成 Windows 7 下的绝大多数操作。常用的鼠标操作主要有以下几种：

（1）单击。是指按下鼠标左键一次。"单击"用于项目的选取，在 Web 桌面操作风格下，单击可以用来打开项目。

（2）双击。是指连续按下鼠标左键两次。"双击"主要用于打开项目，在使用"双击"时一定要注意，两次按下鼠标左键的动作是连续的，中间间隔不宜过长，以免被计算机识别成两次单击操作。

（3）右击。是指按下鼠标右键一次。"右击"主要用于打开快捷菜单。

（4）拖曳。是指在选取目标后，按住左键或右键拖动目标，"拖曳"主要完成目标的移动。通过拖曳，可以把目标由一个位置移动到另一个位置。

2. 键盘操作

键盘通常用于输入各种字符，除此之外，还可以输入各种命令，这些命令通常使用快捷键的方式来完成。快捷键都是一些组合键，一般情况下使用 Ctrl、Shift、Alt 这 3 个键与字母键组合。例如：Ctrl＋N 表示同按下 Ctrl 和 N 键。下面介绍一些常用快捷键及其功能。

Alt：激活菜单栏，即显示"计算机"隐藏的菜单栏；

Alt＋Tab：在最近打开的应用程序窗口之间进行切换；

Alt＋Esc：按照打开的时间顺序在窗口之间进行切换；

Ctrl＋Esc：打开"开始"菜单；

Ctrl＋X：将当前选择的对象剪切到剪贴板中；

Ctrl＋C：将当前选择的对象复制到剪贴板中；

Ctrl＋V：将剪贴板中的内容粘贴到指定位置；

Ctrl＋S：保存当前文件；

Ctrl＋P：打印当前文件；

Alt＋F4：关闭当前打开的窗口；

Ctrl＋Space：打开或关闭输入法；

Ctrl＋Shift：切换输入法；

Shift＋Space：字符全角和半角方式转换；

Ctrl＋Alt＋Shift：启动 Windows 任务管理器。

2.3.2　Windows 7 的用户界面及使用

Windows 7 的用户界面有以下几种形式：桌面、窗口、对话框及菜单。

1. 桌面

Windows 7 启动后呈现在用户面前的是"桌面"，如图 2-4 所示。

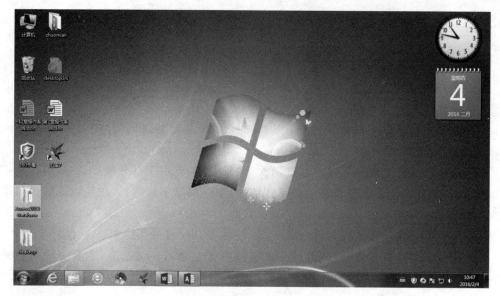

图 2-4　Windows 7 的桌面

桌面是指 Windows 7 所占据的屏幕空间,即整个屏幕背景。桌面的大部分区域用来放置常用程序、文档和文件夹的快捷方式,以各种形式的图标显示,底部为任务栏,任务栏由"开始"菜单按钮及任务栏组成。

1)桌面图标

桌面图标由一些图形和文字组成,这些图标包括系统自带桌面图标、程序、文件、文件夹和其他快捷方式图标等。双击这些图标可以打开文件夹,或启动某一应用程序。不同的桌面可以有不同的图标,用户可以自行设置。

用户可根据自己的喜好排列图标位置、更改桌面图标大小、隐藏显示桌面图标,以及设置桌面小工具等。

(1)设置"排序方式"。

右击桌面空白区域,在弹出的快捷菜单中单击"排序方式"命令,在展开的下一级联菜单中可选择不同的图标排列方式,其中可按"名称""大小""类型"或"修改日期"等方式排序,选择后桌面图标将以对应方式排列。

(2)设置"查看"。

右击桌面空白区域,在弹出的快捷菜单中单击"查看"命令,在展开的下一级联菜单中可设置"大图标""中等图标""小图标""自动排列图标""显示桌面图标""显示桌面小工具"等命令。

① 设置图标大小。通过选取"大图标""中等图标""小图标"命令,可根据不同要求设置图标的大小。

② 自动排列图标。单击"自动排列图标"命令,桌面图标会自动整齐排列。取消自动排列图标,可单击取消前面的复选标记。

③ 暂时显示/隐藏图标。如果用户需要暂时隐藏桌面图标,可单击取消"显示桌面图标"复选标记。

④ 显示/隐藏桌面小工具。桌面小工具是 Windows 7 提供的一个小组件,内含一些小程序,既可查看即时信息,又可调用常用的一些工具。

2)"开始"菜单

单击任务栏最左边的按钮即为"开始"菜单按钮,单击该按钮弹出"开始"菜单,如图 2-5 所示,菜单分为左右两部分,左侧列出的主要是用户近期执行的应用软件列表,在左半部分的下侧,有"所有程序"菜单项,此菜单项用于存储和管理本操作系统下的所有应用程序,用户可以通过访问"所有程序"中相应的程序快捷方式来启动相应的应用程序。右半部分列出了"文档""计算机""控制面板"等 Windows 常用组件,用户可以通过这些组件来达到快速浏览常用文档、对计算机工作的软硬件环境进行设置的目的。

3)任务栏

任务栏位于桌面的下端,如图 2-4 所示。Windows 7 是一种多任务的操作系统,允许并行执行多个任务,任务栏显示当前正在执行的所有任务,用户可以通过任务栏来查看和管理正在运行的程序,任务栏的使用,使用户可以更加方便地实现任务切换、任务终止等操作。

任务栏分为 3 个部分:左侧的快速启动栏、中部的应用程序栏及右侧的通知区域和"显示桌面"按钮。

图 2-5　Windows 7 的"开始"菜单

快速启动区中主要集成了 Windows 7 中常用的程序,如 Internet Explore、"资源管理器"等,方便用户选择这些操作。用户也可以将自己经常使用的应用程序快捷方式放到快速启动区。

应用程序栏放置系统当前运行的应用程序的按钮,如果要切换到某一个应用程序,只需单击此栏中代表应用程序的按钮,这时该应用程序窗口就被激活。

通知区域主要用于显示时间指示器、输入法指示器、音量控制指示器和系统运行时常驻内存的应用程序图标。其中时间指示器显示系统当前的时间;输入法指示器用来帮助用户快速选择输入法;音量控制指示器用于调整扬声器的音量大小。

"显示桌面"按钮位于任务栏的最右端,如果想临时或快速查看桌面,且不希望最小化所有打开窗口,可以单击"显示桌面"按钮,以显示桌面内容。

任务栏的默认位置是在屏幕底部,用户可以根据自己的喜好,单击任务栏并把它拖到屏幕的顶部或两侧,来设定新的位置。

2. 窗口

窗口是应用程序运行的界面。当启动某个应用程序时,就会打开相应的窗口。例如,当打开 Microsoft Word 时,显示的窗口如图 2-6 所示。

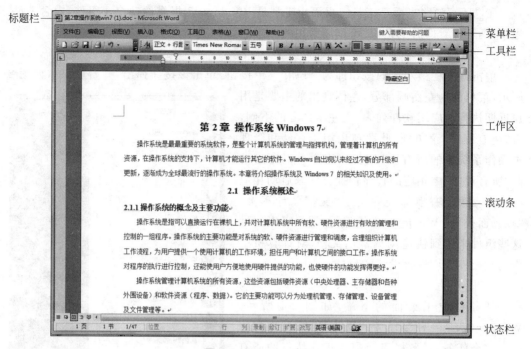

图 2-6　Windows 窗口

Windows 的窗口主要由以下几部分组成：

（1）标题栏。标题栏位于窗口的最顶部，其主要作用是显示本窗口运行程序的名称或所处理文档的文件名。

（2）菜单栏。负责向用户提供系统主要功能。单击菜单中的某个项目时会打开相应的菜单条，选择某个菜单相然后单击，即可选择相应的功能。

（3）工具栏。是一组或多组图形按钮，用于提供获得各种功能和命令。工具栏提供了非常便捷的操作方式。

（4）工作区。可以显示资源列表、文件列表或文档内容。用户通过工作区可以打开相应的资源、运行程序、打开文档以及进行文档的编辑。

（5）状态栏。位于窗口的最下部，很多应用程序使用工具栏向用户提供程序运行的中间状态或最终结果，状态栏上经常存在对用户下一步操作非常有用的提示，也是一种辅助的人机对话工具。

（6）功能按钮。位于标题栏的右侧，用于调整窗口的不同状态。功能按钮主要包括4 种：最小化按钮、最大化按钮、还原按钮和关闭按钮。最小化按钮的功能是在不结束程序运行的前提下将窗口缩小为图标到任务栏上使程序在后台运行，当单击该图标时，窗口会自动恢复到最小化以前的状态；最大化按钮的作用是使窗口充满整个屏幕；当窗口处于最大化状态下时显示还原按钮，还原按钮可以把窗口还原为最大化以前的尺寸，关闭按钮的功能是关闭窗口并结束程序的运行。

（7）滚动条。当窗口内容不能完整地显示时会出现滚动条，位于工作区的底部和右侧，分别称为水平滚动条和垂直滚动条。通过单击或拖动滚动条可以将隐藏的内容显示出来。

常见的窗口操作包括调整窗口尺寸、调整窗口位置、调整窗口布局。

① 调整窗口尺寸。

调整窗口尺寸有两种方法。

第一，单击最大化按钮、最小化按钮和还原按钮来调整窗口的尺寸。

第二，通过以下方法进行窗口尺寸的调整：将鼠标指针移动到窗口的边框上，当鼠标指针变成双向箭头时，拖动鼠标到窗口所需尺寸的位置后释放鼠标，即可完成窗口尺寸的调整。

② 调整窗口位置。

当窗口处于非最大化状态时，用户可以调整窗口在桌面上的位置。操作方法是：将鼠标指针移到窗口的标题栏并拖曳到所需位置即可完成窗口的移动。

③ 调整窗口布局。

Windows 窗口布局及排列方式有 3 种：层叠排列、横向平铺和纵向平铺。当打开多个窗口时，可以调整窗口的布局。操作步骤如下：在任务栏的空白处右击，弹出快捷菜单，选择所需的布局即可。

④ 切换窗口。

当桌面上同时打开了多个窗口时，只能有一个窗口为当前活动窗口。因此需要通过切换窗口来指定当前窗口。窗口的切换有以下几种实现方式。

方法 1：用 Alt＋Tab 键进行切换。

具体方法是：按住 Alt 键，再按 Tab 键，在桌面上将出现一个任务框，它显示桌面上所有窗口的小图标，如图 2-7 所示。此时，再按 Tab 键，可选择下一个图标。选中哪个程序的图标，在释放 Alt 键时，相应的程序窗口就会成为当前工作窗口。

图 2-7　窗口小图标

方法 2：鼠标单击任务栏上的程序按钮。

在 Windows 中，当用户打开多个窗口或程序时，系统会自动将相同类型的程序窗口编为一组，此时，切换窗口就需要进行如下操作：将鼠标指针移到任务栏上，单击程序组图标，将弹出一个菜单，如图 2-8 所示，然后在菜单上选择要切换的程序选项即可。

3．对话框

对话框是 Windows 7 系统与用户进行信息交换的一个界面，用户通过它来为程序执行提供信息，同时也通过它控制程序的运行方式。

对话框是一种特殊的窗口，对话框的外形与窗口类似，顶部为标题栏，对话框可以移动，但是大小固定，不像窗口那样可以随便改变。

对话框的形式很多，每一个都是根据当时的工作任务而定义的，如图 2-9 所示为"字体"对话框，对话框主要包括以下对象。

（1）命令按钮：单击命令按钮可以直接执行命令。

图 2-8　在程序组中切换窗口

图 2-9　对话框

（2）文本框：用于输入程序所需要的各种文本内容，如文件名、磁盘目录等。

（3）列表框：用于显示供用户选择的选项，可以用鼠标从列表中选择所需要的项目。列表框可以通过滚动或下拉方式查看其中的内容。

（4）下拉列表框：是一个单行列表框。单击其右侧的下拉按钮，将弹出一个下拉列表，其中列出了不同的信息以供用户选择。

（5）选项卡：代表一个对话框由多个部分组成，用户选择不同的选项卡将显示不同的信息。

（6）滑块：拖曳滑块可改变数值大小。

4．菜单

菜单是提供一组相关命令的操作清单，Windows 7 的大部分命令都是通过菜单来提供的。

1）菜单的分类

Windows 7 的菜单主要有 4 种，除了前面已经提到的"开始"菜单外，还有下拉菜单、快捷菜单和控制菜单。

- 下拉菜单：下拉菜单一般位于窗口标题栏的下面，由主菜单和菜单项组成。当单击主菜单中的某个菜单项时，会弹出相应的下拉菜单，下拉菜单由多个子菜单项组成，单击某个子菜单即可选择该菜单的功能。

- 快捷菜单：右击即可弹出快捷菜单，单击不同的对象弹出的快捷菜单也不同，在快捷菜单中单击菜单项可选择相应的功能。

- 控制菜单：单击窗口左上角的控制按钮,或右击标题栏均可打开控制菜单。

2) 菜单项的表示及功能含义

菜单项通常用汉字或英文单词表示,但是有些菜单项的表示字符中,会出现一些其他的字符,如含有带有下画线的字母、……、▶等。

(1) 带有下画线的字母,表示该菜单项具有热键命令,组合键为 Alt＋字母,例如,文件(F̲),表示打开文件菜单的热键为 Alt＋F。

(2) 菜单名后面有"…"符号,表示选择该菜单会打开下一级对话框。

(3) 菜单中含有符号▶,表示该菜单有下一级子菜单。

(4) 菜单项为灰色,表示该菜单目前不可用。

(5) 菜单名前面有"√",表示该菜单为复选按钮,有"√"则表示选中此功能。

2.4　Windows 的程序管理

程序管理是 Windows 7 的功能之一,通过 Windows 7 可以安装或卸载程序、启动和退出应用程序、创建应用程序的快捷方式。

程序是为实现特定任务或解决特定问题而用计算机语言编写的命令序列的集合,通常以文件的形式存储在外存储器上。在 Windows 中,绝大多数程序文件的扩展名是.EXE,少数具有命令行提示符界面的程序文件的扩展名是.COM。

2.4.1　应用程序的启动和退出

对用户来说,在计算机上做的几乎所有事情都需要使用程序。当需要使用应用程序时要打开或启动应用程序,当使用结束后要退出应用程序。

1. 启动应用程序

启动应用程序的方式有以下几种。

1) 使用"开始"菜单

单击"开始"菜单,指向"所有程序",然后通过菜单定位到要启动的程序并单击。当打开该程序时,Windows 会自动在"开始"菜单上显示它。

2) 使用应用程序图标

桌面上的每个图标都对应一个应用程序,双击应用程序的图标可以启动该应用程序。用户可以将常用的应用程序在桌面创建一个快捷方式,桌面上就会添加与该程序相关联的图标。

3) 使用"资源管理器"

"资源管理器"是 Windows 管理文件的重要工具之一,在"资源管理器"中可以查询所有的文件,包括应用程序文件,启动应用程序的步骤是：打开需要启动的应用程序的文件夹,找到该文件,双击该文件的文件名或图标即可启动该应用程序。

4) 使用文件关联

这种方式常用于打开各种文档及对应的应用程序,某些类型的文档已经与其生成该文档的应用程序建立了关联,打开这些文档的同时也启动了关联的应用程序。具体操作方法是:双击文档的文件名或图标。

2. 关闭应用程序

关闭应用程序意味着使应用程序退出执行且关闭应用程序窗口。操作方法有以下几种:

(1) 利用"文件"→"关闭(退出)"菜单。在打开的窗口中,单击"文件"→"关闭(退出)"命令。

(2) 使用"关闭"按钮。单击窗口标题栏中右边的"关闭"按钮 ❌ ,或直接按 Alt+F4 键。

(3) 使用控制菜单。单击窗口标题栏左边的图标,可弹出控制菜单,选择"关闭"即可关闭程序。

(4) 使用"Windows 任务管理器"。这种方法可用于强行关闭程序,同时按下 Ctrl+Alt+Del 键,出现"Windows 任务管理器"窗口,在"应用程序"选项卡中,选择"结束程序"。

2.4.2　创建和使用应用程序的快捷方式

快捷方式提供了一种快速打开程序或文件的方法。一个快捷方式是一种特殊的文件,它与用户界面中的某个对象相连。每个快捷方式用特定的图标表示,称为快捷图标,快捷图标是一个连接对象的指针。Windows 系统可以为任何一个对象创建快捷方式,并可以将快捷方式放置于系统的任何位置。用户可以将自己常用的应用程序的快捷图标放置于桌面或"开始"菜单中。打开快捷方式便意味着打开了相应的对象,而删除快捷方式却不会删除相应的对象。

创建快捷方式有以下几种方法。

1. 在桌面创建快捷方式

在桌面创建快捷方式的操作方法有以下几种。

方法 1:右击要创建快捷方式的文件对象,在弹出的快捷菜单中选择"发送到"→"桌面快捷方式"命令,即可在桌面上创建一个所选对象的快捷方式。

方法 2:右击文件对象,在弹出的快捷菜单中选择"创建快捷方式"命令,然后将新建的快捷方式图标移动至桌面。

方法 3:右击桌面空白处,弹出快捷菜单,选择"新建"→"快捷方式"命令,在弹出的"创建快捷方式"对话框中,单击"浏览"按钮,选择想要创建快捷方式的文件对象。

方法 4:打开文件对象所在文件夹,选定文件,然后单击菜单命令"文件"→"发送到"→"桌面快捷方式"即可。

2. 在其他位置创建快捷方式

在桌面以外的位置创建快捷方式,其操作方法有以下几种。

方法 1:选中要创建快捷方式的文件对象,选择"编辑"→"复制"命令,然后在目标位置选择"编辑"→"粘贴快捷方式"命令。

方法 2：右击所选对象图标并拖动该图标到目标文件夹的空白区域，在出现的快捷菜单中选择"在当前位置创建快捷方式"，也可实现在任意位置创建对象的快捷方式。

2.4.3　任务管理器

在 Windows 中，同时按下 Ctrl＋Alt＋Delete 键或 Ctrl＋Shift＋Esc 键，或者用右击任务栏的空白处，在弹出的快捷菜单中选择"任务管理器"命令，便会出现如图 2-10 所示的"Windows 任务管理器"窗口，在"Windows 任务管理器"中，可以管理当前正在运行的应用程序和进程，并查看有关计算机性能、联网及用户的信息。

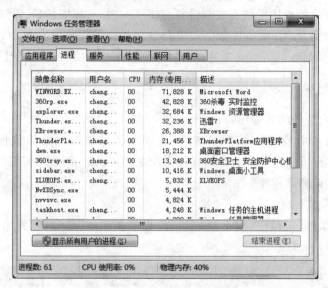

图 2-10　"Windows 任务管理器"窗口

任务管理器的使用：

- 任务管理器被激活时，只在通知区域显示为一个绿色图标，而不是像其他程序那样当最小化时显示在任务栏中。
- 在"Windows 任务管理器"中也可以结束程序的运行。
- 终止未响应的应用程序：系统出现"死机"，往往是因为存在未响应的程序。此时，通过任务管理终止这些未响应的应用程序后，系统就可以恢复正常了。
- 终止进程的运行：当 CPU 的使用率长时间达到或接近 100％，或者系统提供的内存长时间处于几乎耗尽的状态时，通常是系统感染了蠕虫病毒的缘故。利用任务管理器，找到 CPU 使用率高或内存占用率高的进程，然后终止它。需要注意的是，系统进程无法终止。

2.4.4　应用程序的安装与卸载

用户在使用计算机解决某些实际问题时，需要使用专门的软件或应用程序，在使用前需要将这些软件或应用程序安装在 Windows 系统中，而对于那些不再需要的应用程序，可以将其及时删除。

1．安装应用程序

1）自动安装

将含有自启动安装程序的光盘放入光盘驱动器中，安装程序就会自动运行。只需按照屏幕提示进行操作即可完成安装。这类程序安装完毕后，通常在"开始"菜单中会自动添加相应的程序选项。

2）手工安装

Windows 7 中，应用程序一般都包含自己的安装程序（Setup．exe 文件），因此只要执行该程序就可以把相应的应用系统安装到计算机上。同时，程序安装后，系统还往往生成一个卸载本系统的卸载命令（Uninstall 命令），该命令在相应的程序组菜单中，执行该命令将把该系统从计算机中卸载，包括系统文件、有关库、临时文件及文件夹、注册信息等。

2．卸载应用程序

1）使用软件自带的卸载程序

有的应用软件在计算机中成功安装后，会同时添加该软件的卸载程序命令（通常是Unlnstall 命令，运行该应用程序的自卸载程序命令即可从计算机中卸载该程序。

2）利用"添加或删除程序"

具体操作步骤如下：

（1）在"控制面板"窗口中，单击"程序"→"程序和功能"超链接，弹出"程序和功能"窗口，如图 2-11 所示。

图 2-11　"程序和功能"窗口

（2）在"卸载或更改程序"列表框中选中需要删除的应用程序，此时该程序的名称及其相关信息将高亮显示。

（3）单击"组织"按钮右侧的"卸载/更改"按钮，Windows 将开始自动进行卸载操作。

2.5　Windows 7 的文件及文件夹管理

Windows 7 的文件系统为用户提供了一种简便、统一的存取和管理信息的方法。在 Windows 7 中采用文件的概念组织管理计算机系统信息资源和用户数据资源，用户只需要给出文件的名称，使用文件系统提供的操作命令，就可以调用、编辑和管理文件。

2.5.1　文件和文件夹

1．文件的概念

文件是计算机系统中信息存放的一种组织形式，是磁盘上最小的信息组织单位，文件是有关联的信息单位的集合，由基本信息单位组成，包括文档、程序、声音、图像等。文件根据类型的不同，使用不同的图标显示，如图 2-12 所示。

图 2-12　文件窗口

2．文件名与扩展名

文件名是存取文件的依据，文件系统实行"按名存取"。Windows 7 系统对文件的命名遵循"文件名.扩展名"的规则。一般情况下，文件名与扩展名中间用符号"."分隔，其格式为："文件名.扩展名"。

文件的命名应遵循如下规则。

（1）文件名可使用汉字、西文字符、数字、部分符号。

（2）文件名字符可以使用大小写，但不能通过大小写进行文件的区别。

（3）文件名可以使用的最多字符数量为：255 个英文字符或 127 个汉字。

（4）文件名中不能使用"|""""！"","""?""、""＊"符号。

（5）当搜索和列表文件时，可以使用文件通配符"?"和"＊"。

（6）在同一个文件下不能出现同名文件。

3．文件通配符

文件通配符是用来表示多个文件使用的符号。通配符有两种，分别为"＊"和"?"，"＊"为多位通配符，代表文件名中从该位置起任意多个任意字符，如"A＊"代表以 A 开头的所有文之件。"?"为单位通配符，代表该位置上的一个任意字符，如"B?"代表文件名只有两个字符且第一个字符为 B 的所有文件。

4．文件类型

文件类型是根据它们所包含信息的类型确定的，不同类型的文件具有不同的用途。文件类型可以通过扩展名来区别，常用类型的文件起扩展名是有约定的，对于有约定的扩展名，用户不应该随意更换，以免造成混乱。在 Windows 中，文件类型主要有以下几类。

（1）程序文件：是由计算机代码组成的、可以启动或执行的程序。文件扩展名为.EXE 和.COM 等。

（2）支持文件：用于存储一些程序的辅助支持信息，用户不能启动或执行这些文件。文件扩展名有.OVL、.SYS、.DRV、.DLL。

（3）文本文件：由文字处理软件生成的信息记录文件，用户可以访问阅读文本文件。文件扩展名有.TXT、.DOC、.INF、.RTF。

（4）图像文件：由图像处理文件生成的可视信息文件。主要的文件扩展名有.BMP、.GIF、.PCX、.JPG、.ICO 等。

（5）多媒体文件：用于存储数字形式的声频和视频信息。普通的文件扩展名有.WAV、.MID、.AVI、.DAT 等。

（6）字体文件：支持文本记录的字符形式文件。主要有.FON 文件（系统字体文件）和.TTF 文件（高分辨率字体）两种。

（7）其他数据文件：包含数字、名字、地址和其他数据信息，例如电子表格文件.XLS 等。

5．文件及文件夹的概念

文件夹是用来组织和管理磁盘文件的一种数据结构，是存储文件的容器，该容器中还可以包含文件夹（通常称为子文件夹）或文件。

文件夹图标采用更直观的透明图标显示，用户一看文件夹就可以知道其中是否有文件与子文件夹，如图 2-13 所示，左图文件夹中包含文件，右图为空文件夹。

在 Windows 中文件夹是按树形结构来组织和管理的，如图 2-14 所示。

FileZilla-3.14.1

kcdown

图 2-13　文件夹图标

文件夹树的最高层称为根文件夹，在根文件下创建的文件夹称为子文件夹，子文件夹下还可以包含子文件夹。文件夹的从属关系构成一种层次关系，从数据结构上来看，就像一棵倒置的树，因此称为树形结构。

图 2-14　树形文件夹结构

除根文件夹外的所有文件夹都必须有文件夹名,文件夹的命名规则与文件命名规则相同,但一般不需要扩展名。

2.5.2　文件和文件夹的操作

文件的操作主要包括复制、移动、删除、重命名、文件属性设置以及创建文件、打开文件等。

1. 选取文件

在进行文件操作前,首先要选定操作对象,绝大多数的操作都需要先选定对象,然后才可以对它们执行下一步的操作。选定文件和文件夹的方法如下:

(1) 选定单个文件或文件夹。只需单击要选定的对象。

(2) 选定连续的文件或文件夹。可以单击第一个项目,然后在按住 Shift 键的同时单击最后一个项目。

(3) 选定不连续的文件或文件夹。可以在按住 Ctrl 键的同时单击每个项目。

(4) 选定所有的文件或文件夹。执行"编辑"菜单的"全选"命令,选定当前文件夹的所有内容。也可以使用 Ctrl+A 快捷键选定所有文件,若要放弃选择直接按 Esc 键。

(5) 反向选择。选择选中文件之外的文件或文件夹,单击菜单"编辑"→"反向选择"命令即可。

2. 文件和文件夹的复制和移动

复制文件或文件夹是指常见文件或文件夹的副本,执行复制命令后,原位置和目标位置均有该文件或文件夹。移动文件或文件夹就是将文件或文件夹移动至其他位置,执行移动命令后，原位置的文件或文件夹消失，出现在目标位置。

1）使用菜单操作

操作步骤如下。

（1）选定要进行移动或复制的文件夹。

（2）用鼠标左键单击"编辑"菜单或工具栏中的"剪切"或"复制命令"；或者在文件夹上右击，在弹出的快捷菜单中选择"剪切"或"复制"命令。

（3）选择目标位置。

（4）单击"编辑"菜单或工具栏中的"粘贴"命令；或者在目标位置的空白处右击，在弹出的快捷菜单中选择"粘贴"命令。

2）使用鼠标拖动

复制文件，首先打开源文件和目标文件的文件夹窗口，选定要进行要移动或复制的文件或文件夹，按下 Ctrl 键和鼠标左键，将选定的拖动到目标文件夹。若被复制的文件或文件夹与目标位置不在同一驱动器，则直接拖动到目标位置即可实现复制操作。

移动文件，首先打开源文件和目标文件的文件夹窗口，选定要进行要移动或复制的文件或文件夹，按下 Shift 键和鼠标左键，将选定的拖动到目标文件夹。若被复制的文件或文件夹与目标位置在同一驱动器，则直接拖动到目标位置即可实现复制操作。

3）使用鼠标右键操作

右击选定的文件和文件夹，弹出快捷菜单，在菜单选择"复制"或"剪切"命令，然后打开目标文件夹，在快捷菜单中选择"粘贴"即可。

3. 重命名文件和文件夹

重命名文件或文件夹就是给文件或文件夹重新命名一个新的名称，其操作步骤如下。

（1）选定要更名的文件或文件夹。

（2）单击"组织"菜单或"文件"菜单中的"重命名"命令；或者在文件夹上右击，在弹出的快捷菜单中选择"重命名"命令。

（3）在该文件夹的名称框内输入新的文件名称。

4. 删除和还原文件夹

删除文件或文件夹，有以下方法。

（1）选定要删除的文件或文件夹，然后选择"组织"菜单或"文件"片菜单中的"删除"命令。

（2）选定要删除的文件或文件夹，然后右击，选择快捷菜单中的"删除"命令。

（3）选定要删除的文件或文件夹，然后按 Delete 键。若按住 Shift 键的同时再按 Delete 键，系统将给出删除确认提示，确认后，系统将选定的文件或文件夹直接从磁盘上彻底删除而不放到回收站中。

（4）直接用鼠标将选定的对象拖到"回收站"实现删除操作。如果在拖动的同时，按住 Shift 键，则文件或文件夹将从计算机中删除，而不保存到回收站中。

如果想恢复被删除的文件，则应该使用"回收站"的"还原"功能。在清空回收站之前，被删除的文件一直保存在那里。

软盘、U 盘等移动存储器和网络上的文件、文件夹删除时不放入回收站,而直接从存储器上删除掉,因此一旦被删除了就不能再恢复。

5．查看或设置文件属性

文件的属性包括文件或文件夹的名称、位置、大小、创建时间,只读、隐藏和存档属性等。在 Windows 中可以查看文件或修改文件或文件夹的属性,具体操作步骤如下。

（1）选定要查看属性的文件或文件夹。

（2）选择"文件"→"属性"命令或右击选定的对象,在弹出的快捷菜单中选择"属性"命令,系统弹出属性对话框,如图 2-15 所示。

在属性对话框中,选择"常规"选项卡,系统将显示文件的位置、大小、类型等。用户可对文件的属性进行修改,如果选中"只读"复选框,文件将设置为"只读"属性。在"只读"状态下,文件不能随意修改。如果选中"隐藏"复选框,文件将设置为"隐藏"属性,可以使文件隐藏起来不再显示。

6．隐藏和显示文件或文件夹

将文件或文件夹的属性设置为"隐藏"后,可以将这些文件或文件夹进行隐藏,从而可以保护这些文件,当需要时可以将这些文件再次进行显示。具体操作方法如下。

单击"开始"菜单,在"附件"中单击"资源管理器"按钮📁,或者直接单击任务栏"快速启动区"中的"资源管理器"按钮,打开资源管理器窗口,选择菜单命令"工具"→"文件夹选项",打开"文件夹选项"对话框,如图 2-16 所示。

图 2-15　文件属性对话框

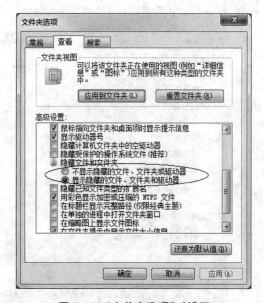

图 2-16　"文件夹选项"对话框

（1）隐藏文件或文件夹。首先将需要隐藏的文件或文件夹的文件属性设置"隐藏"。然后在"文件夹选项"对话框中,选择"查看"选项卡,在"高级设置"列表中选择"隐藏文件和文件夹"→"不显示隐藏的文件、文件夹和驱动器"选项。完成设置后,设置了"隐藏"属性的文件或文件夹将被隐藏。需要说明的是,隐藏的文件或文件夹并非在驱动器中真正删除,只是不可见,仍占有存储空间。

（2）显示隐藏的文件或文件夹。操作步骤与上面的操作类似。

① 打开要显示内容的窗口或文件夹。

② 在该对话框中选择"查看"选项卡,在"高级设置"列表中选择"隐藏文件和文件夹"→"显示隐藏的文件、文件夹和驱动器"选项。

③ 单击"确定"按钮,即可将被隐藏的文件显示出来。

7. 搜索文件

当用户忘记文件名或文件的存放位置时,可以使用 Windows 7 提供的搜索功能查找文件。Windows 7 的搜索功能非常强大,使用户操作方便快捷。操作方法有以下两种。

（1）单击"开始"按钮,在开始"搜索程序或文件"文本框中输入查找内容。

（2）打开资源管理器,在窗口的右上角"搜索"文本框中输入查找的内容。

查找内容包括文件的名称和文件内容,文件名称可以使用文件通配符 * 或?,文件内容包括文件中所含的文字或词组。

在搜索文件时可以对搜索内容和搜索方式进行设置,操作方法如下:打开"文件夹选项"对话框,选中"搜索"选项卡,显示窗口如图 2-17 所示。

在该窗口中可以根据需要选择相应的选项对搜索内容和搜索方式进行设置。

在搜索文件时,还可以选择不同的搜索方式,可按文件修改时间、文件名以及文件类型进行查找。具体操作方法是:打开"资源管理器"窗口,单击右上角搜索文本框的"搜索"按钮 🔍,打开"添加搜索筛选器"列表框,如图 2-18 所示。

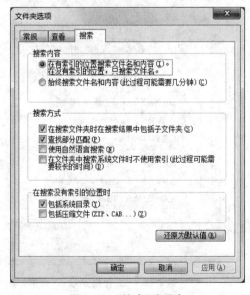

图 2-17 "搜索"选项卡

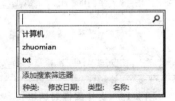

图 2-18 "添加搜索筛选器"列表框

在该列表框中,列出了近期输入的搜索信息以及搜索筛选器选项,用户可以根据需要选择所要搜索文件的种类。

2.5.3 资源管理器

资源管理器是 Windows 7 是用于管理计算机资源的应用程序。使用资源管理器可以进行所有应用程序和文档的管理。在资源管理器中,可以实现文件的所有操作、启动应用程序、映射或断开网络驱动器等。

1. 资源管理器的打开

打开资源管理器有以下方法。

(1) 双击桌面上的"计算机"图标 ,这是启动资源管理器最简单的方法之一。

(2) 单击任务栏上的"资源管理器"图标 。

(3) 使用"开始"按钮,单击"开始"→"所有程序"→"附件"→"资源管理器"图标。

(4) 右击"开始"按钮,在弹出的快捷菜单选择"打开资源管理器"命令。

资源管理器窗口如图 2-19 所示,窗口左边是导航窗格,用于切换系统任务或切换不同的文件夹,窗口右边显示系统的部分资源,包括磁盘驱动器及文件夹,双击相应的图标可以打开下一级窗口,也可以在地址栏中输入或选择驱动器(文件夹)名称打开窗口。

图 2-19　资源管理器窗口

2. 浏览文件夹

在 Windows 资源管理器中,通过导航窗格可以清楚地看到磁盘上的文件组织结构以及所有文件或文件夹的名称,在某些文件夹名称前面标有"▷"符号或"◢"符号,这些标识显示了文件夹的状态。标有"▷"符号的文件夹处于折叠状态,单击"▷"符号可以展开文件夹;标有"◢"符号的文件夹处于展开状态,单击"◢"符号可以折叠文件夹。用户可以使用展开按钮▷或折叠按钮◢来浏览文件或文件夹。

3. 文件的显示方式

在 Windows 资源管理器中文件可以不同的方式显示:图标、列表、平铺、详细信息和内容等,使用工具栏中的"查看"图标■▾或"查看"菜单可以选择文件的显示方式。

4. 修改其他查看选项

"工具"菜单中的"文件夹选项"用来设置其他的查看方式,打开"文件夹选项"对话框,其中的"常规"选项卡如图 2-20 所示,"查看"选项卡如图 2-21 所示。

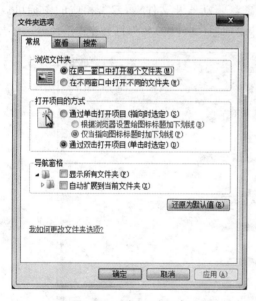

图 2-20　"常规"选项卡

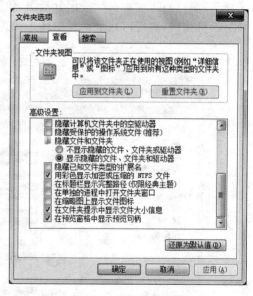

图 2-21　"查看"选项卡

通过这两个选项卡,可以进行如下设置。

(1) 浏览文件夹的方式。

(2) 打开项目的方式。

(3) 是否隐藏受保护的操作系统文件。

(4) 是否隐藏文件的扩展名。

(5) 鼠标指针指向文件夹和桌面项目时是否显示提示信息。

2.6　Windows 7 控制面板

控制面板是用来对系统环境的软硬件进行管理的工具，通过"控制面板"，用户可以对系统的设置进行查看和调整。"控制面板"中包含了一系列的工具程序，例如，"系统和安全""外观和个性化""程序""硬件和声音"等，用户利用这些程序可以对计算机的硬件和软件进行更新设置或进行自定义设置，还可以用它们安装或删除硬件和软件。

打开控制面板有以下方法。

(1) 单击"开始"→"控制面板"按钮。

(2) 直接单击桌面上的"计算机"快捷图标，单击菜单命令"打开控制面板"。

控制面板窗口有 3 种视图：类别、大图标和小图标。可以在控制面板窗口中使用"查看方式"列表框进行切换，分类视图把相关的控制面板项目和常用的任务组合在一起以组的形式显示，如图 2-22 所示，"图标"视图是传统的窗口方式，在这个视图下，可以看到所有的项目。如图 2-23 所示为大图标显示模式。

图 2-22　类别显示模式

用户可以根据自己的需要和喜好来设置显示、键盘、鼠标、桌面等对象的属性，还可以添加和删除程序、添加硬件以便更有效地使用。

2.6.1　外观和个性化

Windows 7 提供了全新的、灵活的、更人性化的交互界面，可以满足用户的个性化需求，用户可以根据个人习惯方便地设置它的外观，包括改变桌面的图标、背景以及设置屏幕保护程序、窗口外观分辨率等，使用户的计算机更有个性、更符合自己的操作习惯。

图 2-23　大图标显示模式

1. 主题

主题是成套的桌面设计方案,决定桌面上各种可视元素的外观,一旦选择了一个新的主题,桌面背景、屏幕保护程序、颜色、外观、显示选项卡中的设置也随之改变。

单击"开始"→"控制面板"→"外观和个性化"→"个性化"→"更改主题"命令,即可打开"个性化"窗口,如图 2-24 所示。

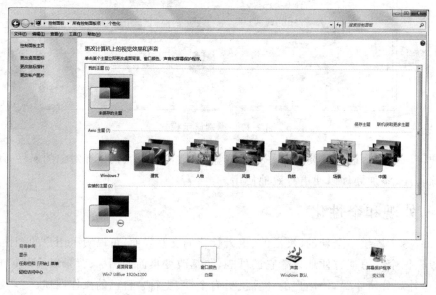

图 2-24　"个性化"窗口

在"个性化"窗口中,列出了系统自带的一些预设主题项,在"更改计算机上的视觉效果

和声音"列表框中单击选择主题。也可从网上下载主题,单击"联机获取更多主题"超链接,
可从网上下载其他主题。另外,用户也可以进行个性化修改后,保存为自己的主题。

2.更改桌面背景

单击"开始"→"控制面板"→"外观和个性化"→"个性化"→"更改桌面背景"命令,即可
打开"桌面背景"窗口,如图 2-25 所示。用户可以需要选择一张或多张图片作为桌面背景,
如果选择多张背景图片,还可以设置切换图片的时间间隔。选择背景图片时可以选择系统
提供的图片,也可以使用"浏览"按钮选择其他图片,设置完成后单击"保存修改"按钮进行
保存。

图 2-25　"桌面背景"窗口

3.屏幕保护程序

屏幕保护程序是指在一定时间内没有计算机使用时,屏幕上出现的移动的图片或图案。
使用屏幕保护程序可以减少屏幕的损耗并保障系统安全。另外,屏幕保护程序还可以设置
密码保护,从而保证防止离开时他人未经许可使用计算机。

在"个性化"窗口中,单击"更改屏幕保护程序"图标,即可打开"屏幕保护程序设置"对话
框,如图 2-26 所示。通过此窗口可以设置屏幕保护程序,设置等待时间。

当计算机的闲置时间达到指定的值时,屏幕保护程序将自动启动。要清除屏幕保护程
序的画面,只需移动鼠标或按任意键。如果选定了"在恢复时显示登录屏幕",则退出屏幕保
护程序时,重新登录。

4.设置窗口颜色和外观

设置窗口颜色和外观包括更改窗口边框、"开始"菜单和任务栏的颜色。在"个性化"窗

图 2-26　"屏幕保护程序设置"对话框

口中，单击"窗口颜色"图标，即可打开"窗口颜色和外观"窗口，如图 2-27 所示。可以在该窗口中选择任一颜色，或是使用"显示颜色混合器"自定义颜色。另外，还可以通过选定"启用透明效果"复选框来设定显示透明效果，并使用"颜色浓度"滑块调节颜色浓度。

图 2-27　"窗口颜色和外观"窗口

5. 设置屏幕分辨率

"设置"选项用于设置显示器的适配器、屏幕分辨率以及方向等，如图 2-28 所示。在"分辨率"下拉列表框中拖动滑块设置屏幕分辨率,在"方向"列表框中可以选择显示器的显示方向。

图 2-28　"设置"选项窗口

2.6.2　任务栏设置

桌面底部是"任务栏",主要包括"开始"按钮、快速启动区、系统通知区和"显示桌面"按钮,如图 2-29 所示。

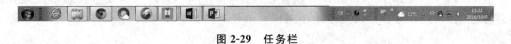

图 2-29　任务栏

其中,

- "开始"按钮:用于打开「开始」菜单。
- 快速启动区:用于显示正在运行的应用程序和文件。
- 系统通知区:用于显示时钟、音量及一些告知特定程序和计算机设置状态的图标。
- "显示桌面"按钮:可以在当前打开窗口与桌面之间进行切换。

任务栏的各部分可以根据用户需要,自行组织和管理。

1. 设置任务栏按钮

任务栏中的"快速启动区"用于显示正在运行的程序和文件,以图标按钮形式表示,使用这些图标按钮可以进行窗口切换、关闭窗口以及还原窗口等操作。

1）排列还原按钮

任务栏按钮的排列方式通常为内容相关的窗口彼此靠近。用户可以根据需要将图标进行重新排列,操作时只需将需要调整位置的按钮拖动到任务栏的其他位置即可。

2）设置按钮的显示方式

任务栏按钮的显示和组织方式较多，包括是否显示按钮标签、是否合并按钮等，用户可以根据自己的喜好进行自定义。操作步骤为：在任务栏的空白处右击，在弹出的快捷菜单中选择"属性"命令，打开"任务栏和「开始」菜单属性"对话框，如图 2-30 所示。在对话框中部的"屏幕上的任务栏位置"下拉列表框中选择所需选项。

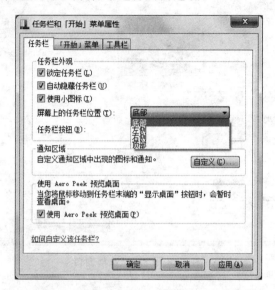

图 2-30　"任务栏和「开始」菜单属性"对话框

2. 设置任务栏外观

在如图 2-30 所示的对话框中，可以设置任务栏的外观，通过一组复选按钮可以设置锁定任务栏、自动隐藏任务栏以及使用小图标显示任务按钮等操作。

3. 自定义任务栏系统通知区

任务栏的"系统通知区"用于显示应用程序的图标。这些图标提供有关接收电子邮件、更新、网络连接等事项的状态和通知。初始时，"系统通知区"已经有一些图标，安装新程序时，有时会自动将此程序的图标添加到通知区域。用户可以根据自己的需要决定哪些图标可见、哪些图标隐藏等。操作方法如下：

（1）打开如图 2-30 所示的"任务栏和「开始」菜单属性"对话框，在"通知区域"单击"自定义"按钮，打开自定义通知图标窗口，如图 2-31 所示。

（2）在窗口中部的下拉列表框中，可以设置图标的显示及隐藏方式。在窗口左下角单击"打开或关闭系统图标"链接，可以打开"系统图标"窗口，在此窗口中可以设置"时钟""音量"等系统图标是打开还是关闭，如图 2-32 所示。

也可使用鼠标拖曳的方法显示或隐藏图标。操作方法是：单击通知区域旁边的箭头，然后将要隐藏的图标拖动到溢出区，如图 2-33 所示。也可以将任意多个隐藏图标从溢出区拖动到通知区域。

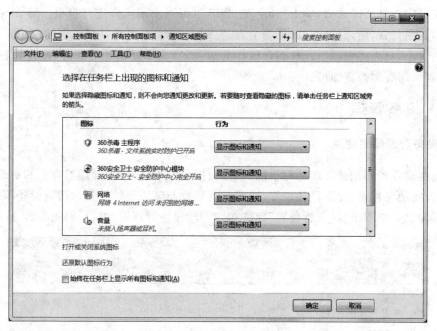

图 2-31 自定义通知图标窗口

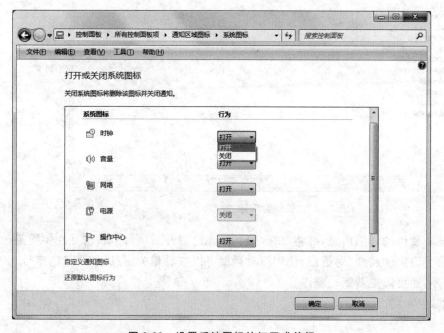

图 2-32 设置系统图标的打开或关闭

图 2-33 溢出区域

4.调整任务栏

任务栏的大小、位置等并不是固定不变的,可以通过菜单设置或鼠标拖曳的方法进行改变,操作方法如下:

打开如图 2-30 所示的"任务栏和「开始」菜单属性"对话框,在"屏幕上的任务栏位置"

下拉列表框中选择所需选项,单击"确定"按钮。也可以使用鼠标进行拖曳。将光标移动到任务栏的空白位置,拖动鼠标到屏幕的上方、左侧或右侧,即可将其移动到相应位置,要改变任务栏的大小,只需将鼠标指针移到任务栏的边线,当光标变成↕形状时,按住鼠标左键不放,拖动到所需要的位置即可。

2.6.3 设备管理

1. 设备管理器的使用

设备管理器的作用是管理计算机的所有硬件。可以使用设备管理器查看和更改设备属性、更新设备驱动程序、配置设备设置,以及执行启动与禁用硬件设备和卸载设备等操作。

在控制面板中双击"设备管理器"超链接,打开"设备管理器"窗口,如图 2-34 所示。

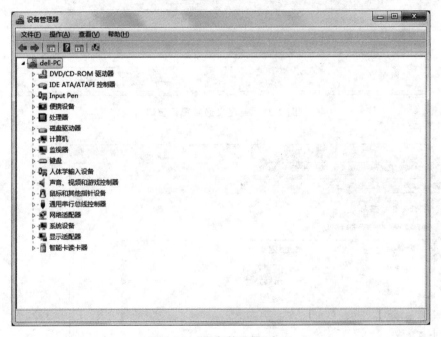

图 2-34 "设备管理器"窗口

如果想查看某一硬件的详细信息,可将该选项展开,在已展开的项目上右击并在快捷菜单中选择"属性"命令,打开"属性"对话框,使用该对话框可以查看相关信息,如设备的型号、生产厂商、驱动程序,还可以更新驱动程序。

2. 添加设备

设备可分为即插即用和非即插即用两种类型。即插即用型设备可以被 Windows 7 自动检测并安装适当的设备驱动程序,无须手工配置。对于非即插即用型设备,则需要使用"控制面板"中的"添加硬件向导"进行配置。

操作步骤如下:

(1) 打开"设备管理器"窗口,如图 2-34 所示,右击计算机名称(dell-pc),在快捷菜单中选择"添加过时硬件",打开"添加硬件"向导对话框,如图 2-35 所示。

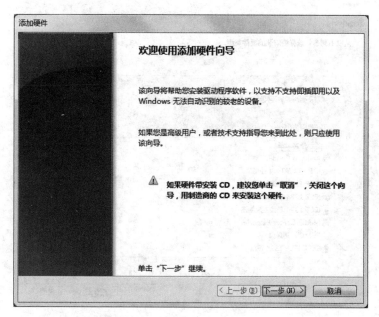

图 2-35　"添加硬件"对话框（一）

（2）利用该向导可以帮助用户安装驱动程序，单击"下一步"按钮，打开如图 2-36 所示的对话框。

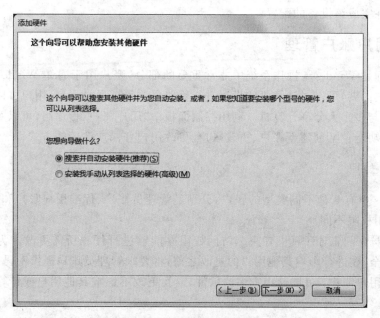

图 2-36　"添加硬件"对话框（二）

（3）在该对话框中，可以选择自动安装硬件或手动选择要安装的硬件，如果所安装的硬件 Windows 能自动识别，则选择让 Windows 搜索并自动安装，如果所安装的硬件不能由 Windows 自动识别，则选择手动安装，然后单击"下一步"按钮，打开如图 2-37 所示的对话框。

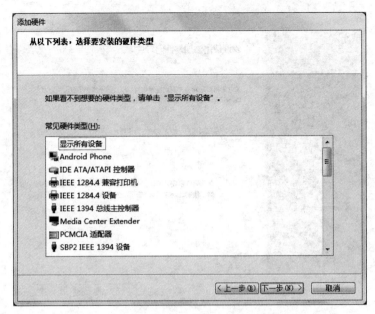

图 2-37　选择硬件类型对话框

（4）选择所需要安装的硬件类型，例如"调制解调器"，然后将安装光盘放入驱动器中，并按照系统的提示完成安装过程，驱动程序安装完成后，当下一次开机时，Windows 自动加载驱动程序并完成该设备的配置。

2.6.4　用户账户管理

账户管理是 Windows 操作系统中非常重要的部分，账户用于通知 Windows 可以访问哪些文件和文件夹，可以对计算机的设置进行哪些更改等。通过账户，用户可以管理自己的文件夹，可以与多个人分享计算机。利用控制面板中"用户账户"程序组，可以对用户账户进行管理，主要功能包括创建新账户、更改账户、更改用户登录或注销的方式。

1. 用户账户

Windows 中有 3 种不同类型的账户，分别是管理员账户、标准用户账户和来宾账户，不同的账户使用权限不同。

- 管理员账户：对计算机有完全访问权限并能够进行任意所需更改。为了使计算机更安全，在进行影响其他用户的更改之前，将要求管理员账户提供密码或进行确认。
- 标准用户账户：可以使用大多数软件，以及更改不影响其他用户或计算机安全系统设置。
- 来宾账户：如果开启来宾账户，可以让没有账户的人员以来宾身份登录到计算机。来宾账户无法访问个人文件夹或受保护的文件夹或文件夹，也无法安装软件或硬件、更改设置或者创建密码。

2. 创建新账户

创建账户的步骤如下。

（1）打开"控制面板"窗口，单击"用户账户"图标，打开"用户账户"窗口，如图 2-38 所示。

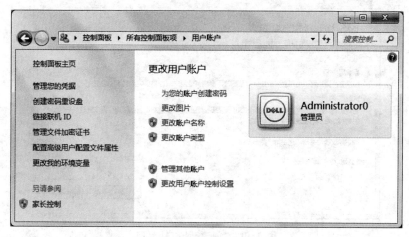

图 2-38 "用户账户"窗口

（2）单击"管理其他账户"选项，打开新的"管理账户"窗口，如图 2-39 所示。

图 2-39 "管理账户"窗口

（3）单击"创建一个新账户"链接，打开"创建新账户"窗口，如图 2-40 所示。

（4）在"命名账户并选择账户类型"下面的文本框中输入账户的名称，例如 Computer_1，选择账户类型为"标准用户"或"管理员"，然后单击"创建账户"按钮，在该窗口中可以看到新账户的信息。

3. 更改账户

对于已有账户可以进行更改，包括更改账户名称、类型、图片、设置用户密码和删除账户等。操作步骤如下。

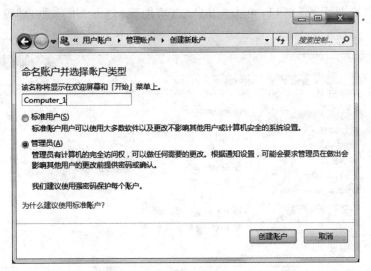

图 2-40　"创建新账户"窗口

（1）在"管理账户"窗口中，选中需要更改的账户单击，打开"更改账户"窗口，如图 2-41 所示。

图 2-41　"更改账户"窗口

（2）根据系统引导设置相应的参数或者输入相关信息，完成所需要的设置。

2.7　Windows 7 系统维护及优化

Windows 7 提供了系统维护和优化的功能比，如磁盘碎片整理、内存优化、查看系统运行状况或结束不正常的进程等。

2.7.1　使用任务管理器

利用 Windows 7 提供的任务管理器，可以查看或管理系统中正在运行的程序、进程、服务和性能等。

打开任务管理器有以下方法：

（1）按下组合键 Ctrl＋Shift＋Esc，打开"Windows 任务管理器"。

（2）在任务栏空白处右击，在快捷菜单中选择命令"启动任务管理器"。

（3）在搜索文本框中输入"任务管理器"，在打开的菜单中选择"使用任务管理运行进程"。

任务管理器窗口如图 2-42 所示，该窗口由多个选项卡构成，打开"应用程序"选项卡，可以查看正在运行的应用程序，单击窗口下方的命令按钮可以结束任务、切换任务或执行新任务。打开"进程"选项卡，可以查看系统所有的进程；打开"性能"选项卡可以查看 CPU 和内存的使用情况。

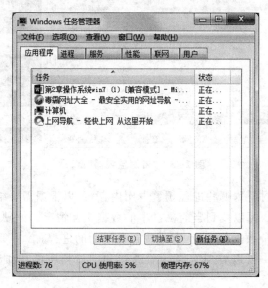

图 2-42　任务管理器窗口

2.7.2　使用资源监视器

Windows 7 在运行过程中，会消耗计算机的各种资源，监控计算机系统资源的使用情况，可以随时了解计算机当前的运行状况。

Windows 资源监视器是一个系统工具，用于实时查看有关硬件（CPU、内存、磁盘和网络）和软件资源使用情况的信息。可以使用资源监视器启动、停止、挂起和恢复进程和服务，并在应用程序没有按预期效果响应时进行故障排除。

启动资源监视器的方法如下：

（1）单击"开始"按钮，在"开始搜索"框中输入 resmon.exe，然后按 Enter 键。

（2）单击"控制面板"→"管理工具"→"性能监视器"，打开"性能监视器"窗口，在"性能监视器"窗口，单击"资源监视器"，打开"资源监视器"窗口，如图 2-43 所示。

在"资源监视器"窗口中，使用不同的选项卡可以查看和监控计算机系统资源的使用情况。

- CPU 选项卡。可以查看 CPU 当前的使用情况，可以清晰地看到哪些进程大量占用 CPU，进而进行具体的情况分析与问题解决。
- "内存"选项卡。可以查看当前物理内存的使用情况，可以查看每个进程分配的内存

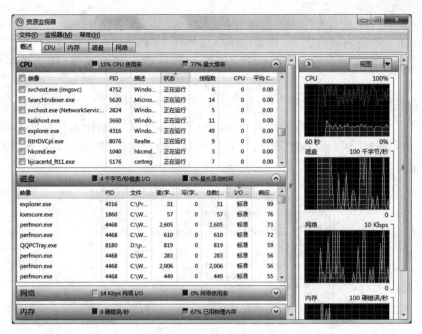

图 2-43　"资源监视器"窗口

空间,提交的数据量,哪些进程频繁占用内存,可以根据需要结束进程或挂起进程。

- "磁盘"选项卡。可以找到当前磁盘中的数据交互情况。如硬盘、U 盘或移动硬盘当前实时的总 I/O 数据传输量,有哪些磁盘活动的进程。
- "网络"选项卡。可以看到网络活动进程和端口侦听的详细情况,如图 2-44 所示。

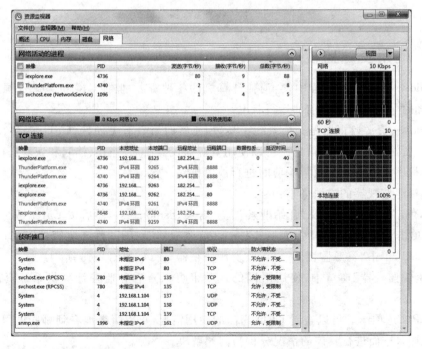

图 2-44　"资源监视器"窗口—"网络"选项卡

通过显示的数据可以了解到网络活动进程发送数据的速度和数据量,可以看到网络采用的协议以及 IP 地址的端口号等,从而判断是否有非法进程侵入。

2.7.3 磁盘管理

磁盘是计算机的重要设备,可以永久存储信息,在对磁盘的频繁操作中,会出现数据丢失、磁盘错误和损坏等,应对磁盘定期进行检查和维护。

Windows 7 提供了磁盘检查程序,使用该程序可以及时发现、修复磁盘错误,确保磁盘安全可靠地使用,进而有效解决某些计算机问题以及改善计算机的性能。

操作方法如下:

(1) 在"计算机"窗口,右击需要检查的磁盘,选择"属性"命令,打开本地磁盘属性对话框,如图 2-45 所示。

(2) 单击"工具"选项卡,在"查错"选项组中,单击"开始检查"按钮,打开"检查磁盘"对话框,如图 2-46 所示。可以设置磁盘检查选项,设置"自动修复文件系统错误"或"扫描并尝试恢复坏扇区",单击"开始"按钮,系统开始检查磁盘,并打开"正在检查磁盘"对话框,如图 2-47 所示。

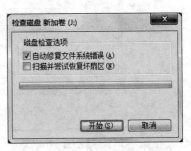

图 2-46 "检查磁盘"对话框

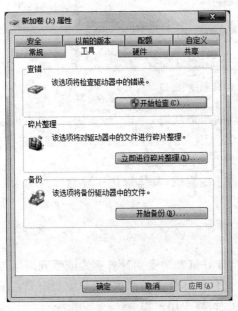

图 2-45 磁盘属性对话框

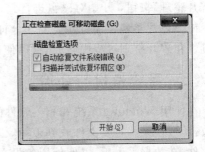

图 2-47 "正在检查磁盘"对话框

2.7.4 磁盘碎片整理

在使用磁盘的过程中,随着对磁盘文件进行频繁的修改、删除和保存等操作,致使许多文件分段存储在磁盘的不同位置,磁盘空白区域变得不连续,形成了所谓的磁盘"碎片",这直接影响了文件的存取速度,使计算机的整体运行速度下降。

Windows 7 提供了磁盘碎片整理程序,磁盘碎片整理程序可以重新排列碎片数据,以便磁盘和驱动器能够更有效地工作。磁盘碎片整理程序可以按计划自动运行,但也可以手动分析磁盘和驱动器以及对其进行碎片整理。

具体操作方法如下：

（1）顺序单击"开始"按钮→"所有程序"→"附件"→"系统工具"→"磁盘碎片整理程序"，打开"磁盘碎片整理程序"窗口，如图 2-48 所示。

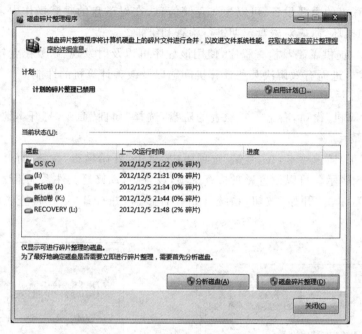

图 2-48　"磁盘碎片整理程序"窗口

（2）在该窗口中显示了可以进行检查的磁盘的当前状态，单击"分析磁盘"按钮可以对需要进行检查的磁盘分析，如果文件碎片高于 10％，则应该对磁盘进行碎片整理。单击"磁盘碎片整理"按钮，开始对磁盘进行整理并显示碎片整理的进度。

磁盘碎片整理程序可能需要几分钟到几小时才能完成，具体取决于硬盘碎片的大小和程度。在碎片整理过程中，仍然可以使用计算机。

2.7.5　系统备份与还原

在使用 Windows 系统和相关软件的过程中，计算机经常受到计算病毒或受到网络黑客的攻击，致使某些重要文件收到破坏。为了减少文件损坏带来的损失，用户应当定期备份重要文件，在数据丢失后，以便使用备份文件进行还原，减少用户损失。

1. 备份文件

在 Windows 7 系统中，用户可以手动备份文件，也可以通过设置让系统自动备份文件。具体操作步骤如下。

（1）在"控制面板"窗口中，单击"备份和还原"超链接，打开"备份和还原"窗口，单击"设置备份"按钮，打开"设置备份"对话框，如图 2-49 所示。

（2）选择要备份文件所在的位置，然后单击"下一步"按钮，打开"您希望备份哪些内容？"对话框，如图 2-50 所示。可以选择"让 Windows 选择"或"让我选择"，例如选择"让我选择"，然后单击"下一步"按钮，打开新的"您希望备份哪些内容？"对话框。

图 2-49　"设置备份"对话框

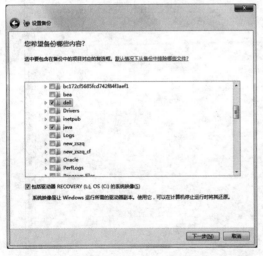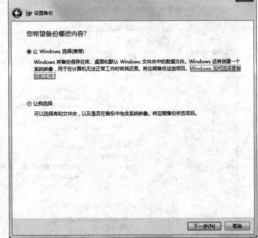

图 2-50　"您希望备份哪些内容？"对话框

（3）选择要备份的文件或文件夹，然后单击"下一步"按钮，打开"查看备份设置"对话框，如图 2-51 所示。

（4）在"备份摘要"列表框中能够显示已经选择的文件夹列表。单击"保存设置并运行备份"按钮，系统将保存备份计划并对选择的文件进行备份，并显示备份操作的相关信息，如图 2-52 所示。

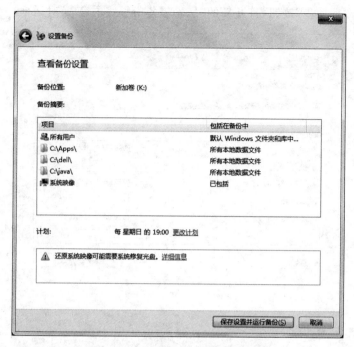

图 2-51   "查看备份设置"对话框

图 2-52   "备份或还原文件"窗口

2．还原文件

对文件进行备份后，如果计算机中的系统或文件遭到损坏、意外丢失或改变，可以进行文件还原。具体操作步骤如下：

（1）在"控制面板"窗口中，单击"备份和还原"超链接，打开"备份或还原文件"窗口，如

图 2-52 所示。单击"还原我的文件"按钮,打开"还原文件"对话框,单击"搜索""浏览文件"
或"浏览文件夹"按钮选择需要还原的文件,选中的文件将出现在文件列表框中,如图 2-53
所示。

图 2-53　"还原文件"对话框(一)

(2) 单击"下一步"按钮,出现如图 2-54 所示对话框。

图 2-54　"还原文件"对话框(二)

（3）在该对话框中，选择文件还原的位置，然后单击"还原"按钮，系统将自动完成文件还原。

思考与练习

一、选择题

1. 下面有关计算机操作系统的叙述中，_____是正确的。
   A. 操作系统是计算机的操作规范
   B. 操作系统是使计算机便于操作的硬件
   C. 操作系统是便于操作的计算机系统
   D. 操作系统是管理系统资源的软件

2. 下面有关 Windows 系统的叙述中，正确的是_____。
   A. Windows 文件夹与 DOS 目录的功能完全相同
   B. 在 Windows 环境中，安装一个设备驱动程序，必须重新启动后才起作用
   C. 在 Windows 环境中，一个程序没有运行结束就不能启动另外的程序
   D. Windows 是一种多任务操作系统

3. 在操作系统中，文件管理程序的主要功能是（　　　）。
   A. 实现文件的显示和打印　　　　　　B. 实现对文件的按内容存取
   C. 实现对文件按名存取　　　　　　　D. 实现文件压缩

4. 关于查找文件或文件夹，说法正确的是_____。
   A. 只能利用资源管理器打开查找窗口
   B. 只能按名称、修改日期或文件类型查找
   C. 找到的文件或文件夹由资源管理器窗口列出
   D. 有多种方法打开查找窗口

5. 关于 Windows 快捷方式的说法正确的是_____。
   A. 一个快捷方式可指向多个目标对象
   B. 一个对象可有多个快捷方式
   C. 只有文件和文件夹对象可建立快捷方式
   D. 不允许为快捷方式建立快捷方式

6. 对话框和窗口的区别是：对话框_____。
   A. 标题栏下面有菜单　　　　　　　　B. 标题栏上无最小化按钮
   C. 可以缩小　　　　　　　　　　　　D. 单击最大化按钮可放大到整个屏幕

7. Windows 操作具有_____的特点。
   A. 先选择操作对象，再选择操作项　　B. 先选择操作项，再选择操作对象
   C. 同时选择操作对象和操作项　　　　D. 把操作项拖到操作对象上

8. 按_____键可以在已打开的几个应用程序之间切换。
   A. Alt＋Esc　　　　　B. Alt＋Shift　　　　C. Ctrl＋Esc　　　　D. Ctrl＋Tab

9. "资源管理器"中"文件"菜单的"复制"选项可以用来复制_____。

　　　　A. 菜单项　　　　　　　B. 文件夹　　　　　　C. 窗口　　　　　　D. 对话框

10. 在 Windows 中,欲同时对几个不连续的文件进行相同的操作,首先要选择这几个不连续的文件。在选择时,可先单击其中的一个文件,然后按_____键,再用鼠标单击其他几个要进行操作的文件,则这些文件被选中。

　　　　A. Ctrl　　　　　　　B. Shift　　　　　　C. Alt　　　　　　D. Tab

11. 在 Windows 7 中,经常使用快捷键,表示复制的快捷键是_____。

　　　　A. Ctrl+X　　　　　B. Ctrl+C　　　　　C. Ctrl+V　　　　　D. Ctrl+E

12. 在 Windows 7 中,很多操作都是通过菜单完成,有关菜单的叙述不正确的是_____。

　　　　A. 灰色字符显示的菜单命令表示当前情形下用户不能选择

　　　　B. 菜单后带"…"号的菜单命令表示选择后,会弹出一个相应的对话框

　　　　C. 菜单后带右指黑三角的菜单命令表示选择之后会弹出下一级子菜单

　　　　D. 菜单名字前带有"·"记号的菜单命令表示该项禁止用户选择

13. 在 Windows 资源管理器窗口中,左部显示的内容是_____。

　　　　A. 所有未打开的文件夹　　　　　　　B. 系统的树形文件夹

　　　　C. 打开的文件夹下的子文件夹及文件　　D. 所有已打开的文件

14. 在 Windows 资源管理器中,剪切一个文件后,该文件被_____。

　　　　A. 删除　　　　　　　　　　　　　B. 放到"回收站"

　　　　C. 临时存放在桌面上　　　　　　　D. 临时存放在"剪贴板"上

15. 在 Windows 中,为了启动一个应用程序,下列操作中正确的是_____。

　　　　A. 键盘输入该应用程序图标下的标识

　　　　B. 双击该应用程序图标

　　　　C. 将应用程序图标拖曳到窗口最上方

　　　　D. 应用程序图标最大化成窗口

16. 文件夹中不可存放_____。

　　　　A. 文件　　　　　　B. 多个文件　　　　　C. 文件夹　　　　　D. 字符

17. 为了正常退出 Windows,用户采取的安全操作是_____。

　　　　A. 在任意时刻关掉计算机电源

　　　　B. 选择开始菜单中的"关闭系统"并进行人机对话

　　　　C. 在没有任何程序执行的情况下关掉计算机的电源

　　　　D. 在没有任何程序执行的情况下按 Alt+Ctrl+Del 键

18. 在 Windows 的"回收站"中,存放的_____。

　　　　A. 只能是硬盘上被删除的文件或文件夹

　　　　B. 只能是软盘上被删除的文件或文件夹

　　　　C. 可以是硬盘或软盘上被删除的文件或文件夹

　　　　D. 可以是所有外存储器中被删除的文件或文件夹

二、问答题

1. 什么是操作系统? 操作系统有哪些主要功能?

2．常用的操作系统有哪些？

3．Windows 有哪些主要操作？如何实现这些操作？

4．如何为一个应用程序设置快捷方式？

5．如何实现文件的复制、移动和删除？

6．设置屏幕保护程序的步骤是什么？

7．如何查看所使用计算机的配置？

8．资源管理器有何功能？

9．如何添加和删除应用程序？

10．Windows 7 的账户管理功能有哪些？

第 3 章

Word 2013文字处理软件

Word 是一款文字处理软件,Word 文档编辑器是 Office 办公软件套装中的重要成员之一。它除了可以用来编排文档,如处理文字的录入、修改、排版和输出,还可以创建表格、处理图形、美化文档和创建艺术字等,升级后的功能可通过浏览器在线分享文档,与他人协同工作并可在任何地点访问文件,能方便高效地组织和编写文档。新一代 Office 具备 Metro界面,简洁的界面和触摸模式也更加适合平板电脑。

3.1 Word 2013 的基本操作

3.1.1 Word 2013 的启动与退出

1. Word 2013 的启动

Word 2013 的启动可以通过以下 4 种方式之一完成。

(1)用快捷方式快速启动。在桌面上直接双击 Microsoft Office Word 2013 快捷图标。

(2)单击桌面上的"开始"菜单,在"所有程序"中选中 Microsoft Office Word 2013 菜单命令单击,即可启动 Word 2013 程序,如图 3-1 所示。

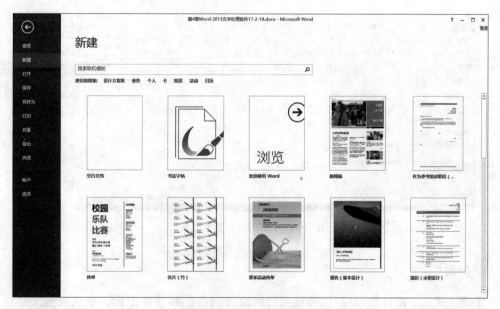

图 3-1　Word 2013 启动界面

（3）选择"开始"→"所有程序"→"附件"→"运行"命令，打开"运行"对话框，输入启动程序名：Winword.exe，启动 Word 2013 程序。

（4）通过用户文件启动，双击 Word 文档启动相应 Word 程序。

启动后 Word 如图 3-1 所示。

2．Word 2013 的退出

退出 Word 2013 可以用以下方法。

（1）选择菜单命令"文件"→"关闭"。

（2）右击任务栏中的程序图标，在弹出的菜单中选择"关闭"命令。

（3）单击窗口右上角的关闭按钮。

（4）使用系统提供的快捷键（即热键），按 Alt＋F4 键。

退出 Word 2013 时，如果更改的文档没有保存，系统会自动弹出保存文档对话框，让用户确定是否保存该文件，如图 3-2 所示，用户输入所需要的文件名即可保存当前文件。

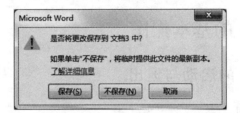

图 3-2　提示是否保存

3.1.2　Word 2013 的窗口操作

启动 Word 2013 文档编辑器后，可以打开 Word 2013 工作界面，如图 3-3 所示。

图 3-3　Word 2013 工作界面

1．标题栏

"标题栏"位于窗口的顶端，用来显示当前窗口的名称和程序图标。如果当前文档尚未被命名，则 Word 会自动以"文档 1""文档 2"等临时文件名来为当前文件命名。右侧包括

"最小化""最大化"和"关闭"3 个按钮。

2．命令选项卡

命令选项卡包括"文件""开始""插入""设计""页面布局""引用""邮件""审阅""视图"，涵盖了用于 Word 文件管理和正文编辑的所有命令。单击任意一个命令选项卡可以进入相应的功能区。

（1）文件：执行与文件有关的操作，包括文件的打开、保存、打印等，如图 3-4 所示。

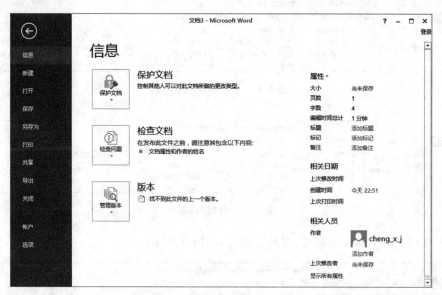

图 3-4　"文件"选项卡窗格

（2）开始：实现对已有文本的编辑、查找、替代和连接，如图 3-5 所示。

图 3-5　"开始"选项卡

（3）插入：在 Word 文档中插入各种类型的元素，如图 3-6 所示。

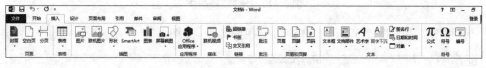

图 3-6　"插入"选项卡

（4）设计：对文档格式、页面背景等进行定义，如图 3-7 所示。

（5）页面布局：提供在制作文档过程中的一些实用工具，如页面的设置、段落、排列，如图 3-8 所示。

（6）引用：对 Word 中插入目录、索引、脚注、题注等元素的编辑，如图 3-9 所示。

图 3-7 "设计"选项卡

图 3-8 "页面布局"选项卡

图 3-9 "引用"选项卡

（7）邮件：用于邮件的创建、合并等操作，如图 3-10 所示。

图 3-10 "邮件"选项卡

（8）审阅：可实现对文档的校对、批注、修改等操作，如图 3-11 所示。

图 3-11 "审阅"选项卡

（9）视图：用于设置 Word 操作窗口的视图类型，如图 3-12 所示。

图 3-12 "视图"选项卡

3. 标尺

"标尺"位于文档窗口的左边和上边,分别为"水平标尺"和"垂直标尺",其作用是:查看正文宽度,设定左右界限、首行缩进位置和制表符的位置,实现一些段落格式化的功能。

4. 滚动条

如果文本过大,无法完全显示在文档中,则可利用水平和垂直滚动条来查看整个文本。垂直滚动条用于上下滚动文档,水平滚动条用于左右滚动文档。

5. 工作区

"工作区"是 Word 2013 窗口中的主要组成部分,位于窗口的中间位置,用于编辑和处理文本的区域。在工作区中有一个闪烁的光标,在光标处可以输入文本信息。

6. 对话框启动器

"对话框启动器"是各选项面板中的一些小图标 ,单击它们可以打开相关的对话框或任务窗格,提供与该组相关的更多选项。

7. 导航窗格

"导航窗格"是一种浮动的对话框,可以拖放到窗口的任意位置。默认情况下,导航窗格位于窗口的左侧,借助于浏览文档中的标题或页面,用户始终都可以知道自己在文档中的位置,并且查找字词、表格和图形等,有利于提高工作效率。

8. 状态栏

"状态栏"位于窗口的底部,用于显示当前文档的编辑状态和位置信息,如页数、节数、光标所在页的行列数等。也显示了一些特定命令的工作状态,如录制宏、修订、扩展、改写以及当前所使用的语言。提供文档视图切换按钮、显示比例按钮和调节显示比例控件等。

9. 库

Word 的库提供了一些用于编辑文档的模板,用户只需根据自己的需要选取并单击确认即可。例如,在"插入"选项面板中选择 SmartArt 功能,可见如图 3-13 所示的一组模板,通过模板可以快速定义用户所使用的对象,简化了编辑操作。

10. 实时预览

实时预览是一项新技术,用户在库呈现的模板上移动指针时,应用编辑或格式更改的结果便会实时呈现出来。

3.1.3 Word 2013 帮助的使用

用户在使用 Word 时,如遇到困难,可以打开帮助。按 F1 键,可以打开帮助任务窗格,如图 3-14 所示。

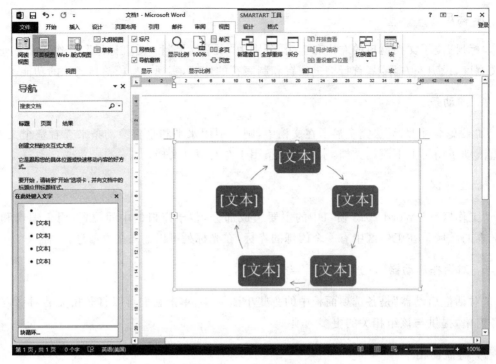

图 3-13 Word 库的模板

图 3-14 "帮助"窗口

3.2　文档编辑

3.2.1　Word 2013 的建立、打开、保存

创建文档,通常遵循:"建立文档→页面设置→输入编辑→格式化→打印预览→打印→保存文档→关闭"的步骤。其中,"页面设置"可根据实际情况,在输入前或输入后均可以使用。为防止意外(如突然断电)造成信息丢失,"保存文档"可以在文档的编辑过程中任何时候进行,并且要养成随时对修改编辑的文档进行保存的习惯。

1. 文档的建立

启动 Word 2013 时,首先进入如图 3-1 的界面。用户可以选择已安装的模板,或单击"空白文档",在编辑区输入文本即可。在编辑过程中,若希望再建新的文档,可单击"文件"→"新建",打开如图 3-15 所示的窗口。

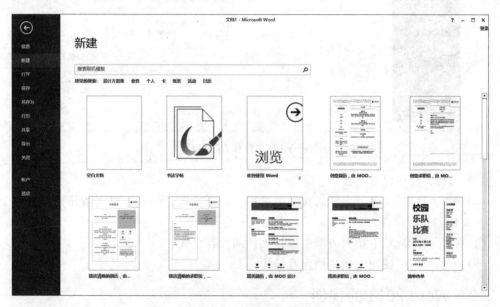

图 3-15　"新建文件"窗口

2. 文档的打开

文档的打开有多种方式,常用的有以下几种。

(1) 启动 Word 2013 后,选择窗口左侧"最近使用的文档"列表中的文件并单击进入。

(2) 启动 Word 2013 后,单击窗口左侧下面"打开其他文档"。

(3) 在编辑状态下,单击"文件"→"打开"命令。

3. 文档的保存

在文档编辑过程中,要注意每隔一段时间对文档保存一次。默认 Word 文档的文件类

型是.docx。保存文档的操作步骤：

（1）选择"文件"→"保存"命令，或单击常用工具栏中的"保存"按钮 ，也可以使用快捷键Ctrl+S。首次保存文件时，需单击"文件"→"另存为"命令，如图3-16所示。

图 3-16　"另存为"窗口

（2）选择文件的保存位置。

（3）在"文件名"文本框中输入文档的名称。若不输入，Word会以文档开头的第一个句子作为文件名进行保存。

（4）在"保存类型"下拉列表框中选择文件的保存格式。

（5）单击"保存"按钮完成文档保存操作。

3.2.2　Word 2013 的视图

1. 视图的模式

在 Word 2013 中，视图方式可以分为页面视图、阅读版式、大纲视图、Web 版式和草稿视图 5 种方式。

（1）页面视图。页面视图是 Word 2013 中的默认视图模式。除了能够显示普通视图方式所能显示的所有内容之外，还可以查看、编排页码，也可以设置页眉和页脚，看到图、文的排列格式，其显示效果与最终打印出来的效果相同，适合进行绘图、插入图表和一些排版操作。

（2）阅读版式。阅读版式的最大特点是便于用户阅读操作。模拟书本阅读方式，让用户感觉是在翻阅书籍，能将相连的两页显示在一个版面上。与其他视图相比，阅读视图字号变大,行长度变短,页面适合屏幕,使视图看上去更加明了,字迹更加清晰。

（3）大纲视图。大纲视图将所有的标题分级显示出来,层次分明,适用于较多层次的文档,如报告文体和章节排版等,包括正文文本和大纲文本两种。

（4）Web 版式。文档在 Web 版式视图中的显示与在浏览器中的显示完全一致,用户可以编辑用于网站发布的文档。

（5）草稿视图。草稿视图取消了页面边距、分栏、页眉和图片等,仅显示文档中的标题和正文,便于快速编辑。

2．视图的设置

1）网格线、标尺和导航窗格的设置

单击"视图"选项卡,选择"显示"分组的相应功能,实现网格线、标尺和导航窗格的隐藏或显示,如图 3-17 所示。

图 3-17　网格线、标尺和导航窗格的设置

2）文档显示比例的设置

单击"视图"选项卡,选择"显示比例"分组的相应功能,实现文档显示比例的设置,如图 3-18 所示。

3）并排查看设置

单击"视图"选项卡,选择"窗口"分组的相应功能,实现并排查看的设置,如图 3-19 所示。

图 3-18　显示比例的设置

图 3-19　并排查看的设置

3.2.3　快速访问工具栏添加常用命令

1. 添加常用命令按钮

在标题栏,单击 ₸ 按钮,可以添加常用命令按钮,如图 3-20 所示。

2. 添加选项面板中功能按钮

打开需要添加功能按钮的选项面板,选择空白处右击,选择"添加到快速访问工具栏"命令,如图 3-21 所示。

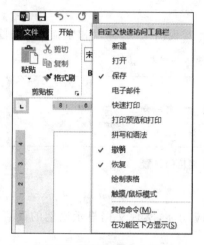

图 3-20　添加常用命令按钮

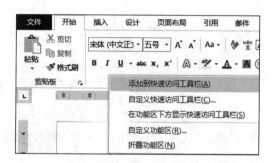

图 3-21　添加选项面板中功能按钮

3. 自定义功能区的设置

选择"文件"→"选项"→"自定义功能区"命令,通过 添加(A)>> 、 << 删除(R) 按钮,实现自定义功能区的设置,如图 3-22 所示。

3.2.4　文档的基本输入操作

1. 定位操作

文档编辑前,首先要定位光标,可以采用以下方法:
(1) 用光标控制键定位光标。
(2) 用鼠标定位光标。
(3) 利用"导航"窗格中的"标题"和"页面"选项卡定位光标。
(4) 在"开始"选项卡中,选择"编辑"→"查找"→"转到"功能实现光标的定位。

2. 中、英文的输入

Word 2013 支持输入常见字母、汉字、数字、符号,以及分隔符、页码、日期和时间、图片、公式等。打开 Word 后,所有针对文档的输入均在文档窗口中操作。用户可以将光标定位

图 3-22　自定义功能区的设置

到文档中的任意位置,利用键盘和各种中、英文输入法,以及通过中、英文切换功能实现文字录入。在录入的过程中可遵循如下原则:

(1) 输入中、英文进行纯录入的操作,不用考虑文档的排版效果。

(2) 所有格式一律用排版命令实现,只有在必要时(如英文单词之间)加入空格符。

(3) 正文编辑不用 Enter 键,满行系统自动换行,只有当一个段落结束时,才需要按 Enter 键。

3.2.5　文档的基本编辑操作

1. 文本的选定

输入文字后,要想对输入的内容进行编辑操作,如删除、复制、移动文本,首先要对这段文字进行选定操作。在 Word 中,可以通过鼠标拖动来选定文本,也可以通过键盘来选定文本;可以选定一个字、一个词、一句话,也可以选定整行、一个段落、一块不规则区域中的文本。在工作区中,有一个"Ⅰ"形光标。在 Word 中,用户可以通过这个光标来选定文本。操作步骤如下:

(1) 将光标移到待选定文本的起始位置。

(2) 将鼠标左键按住不放并水平拖动鼠标,在光标经过的地方将会出现一片黑色的阴影,其中的文本将以高亮显示。如用键盘操作,则按住 Shift 键,然后按 ↑、↓、←、→ 方向键移动光标。

(3) 当光标移动到选定文本的结束位置时,释放鼠标键(或松开 Shift 键)即可。选中的文本将反白显示。

此外,还可以用如下方法选定文本。

(1) 选择单个词语:将光标定位在词的中间,双击鼠标。

(2) 选择一行文本:将光标移动到要选中行的左侧,当鼠标指针变成指向右上方的箭头"⁂"形状时,单击鼠标即可选定。

(3) 选择一句话:按下 Ctrl 键,然后单击该句中的任何位置。

(4) 选择一个段落:将鼠标指针移动到该段落的左侧,直到指针变成指向右上方的箭头"⁂"形状时双击。或者在该段落中的任意位置三击。

(5) 选择多个段落:将鼠标指针移动到该段落的左侧,直到指针变成指向右上方的箭头"⁂"形状时双击,并向上或向下拖动鼠标。

(6) 选择一大块文本:单击要选定内容的起始处,然后滚动到要选定内容的结尾处,在按下 Shift 键的同时单击。

(7) 选择不连续文本:选中一段文本后,按下 Ctrl 键,再选择其他文本。

(8) 选择垂直文本:将鼠标指针移动到要选定内容的起始处按下鼠标,然后按住 Alt 键不放并拖动鼠标选取即可。

(9) 选择全文:将鼠标指针移动到文档中任意正文的左侧,直到指针变成指向右上方的箭头"⁂"形状时三击。也可以按下 Ctrl+A 组合键。

2. 文本的插入、删除和修改

在编辑文本过程中,经常需要对文本中的内容进行修改,例如改写、插入等。

(1) 插入文本:将光标定位在准备插入文本的位置,直接输入准备插入的文本即可。

(2) 删除文本:将光标移动到准备删除的文字的右侧,按下 Backspace 键即可。

(3) 改写文本:将光标移动到准备修改的文本左侧,按下 Delete 键,可以将光标右侧的字符删除,再输入正确的文字。也可以选定准备修改的文本,在反白显示的状态下直接修改。

3. 文本的移动和复制

在输入文本时,经常会输入重复性的内容,为简便起见,可以利用复制粘贴的功能;同时还会遇到将已输入的文本移动至另一个地方的情况,即移动文本。二者的区别在于移动文本是移动文本存储的位置,原位置将不再显示被移动的文本的内容;而复制文本是原文内容在进行复制操作后仍然显示。

1) 复制粘贴文本

在文档中选择准备复制的文本,右击,选择"复制"命令;或者选择"开始"→"复制"命令;或者使用 Ctrl+C 快捷键完成复制。

再将光标定位在目标位置上,右击,选择"粘贴"命令;或者选择"开始"→"粘贴"命令;或者使用 Ctrl+V 快捷键完成粘贴。

2) 移动文本

在文档中选择准备移动的文本,右击,选择"剪切"命令;或者选择"开始"→"剪切"命令;或者使用 Ctrl+X 快捷键完成剪切。再利用上述方法粘贴完成文本的移动。

4．查找与替换

在编辑文档时，经常需要对内容进行成批修改，通过查找与替换功能可以将文档中的某个字、词或特殊字符（如段落标记、任意字母、短划线、换行字符、空格等）、格式、样式等替换成另外一种对象，使用这种功能精确地找到并替换所有对象，极大地提高了文档的编辑效率、准确度并保证无遗漏。查找和替换操作步骤如下：

（1）选择"开始"→"查找"，打开"查找和替换"对话框。

（2）在"查找内容"文本框中输入要查找的字符，然后在"替换为"文本框中输入要替换的字符。

（3）单击"替换"按钮或"全部替换"按钮。

在使用查找功能时，可以设置搜索方向，指定区分大小写、全字匹配或区分全/半角等选项；也可以使用通配符帮助查找。常用通配符的含义如表 3-1 所示。

表 3-1　常用通配符的含义

通　配　符	含　　义
？	任意单个字符
*	任意字符串
@	前面出现一次或一次以上的字符
<	单词的起始
>	单词的结尾
[]	指定的字符之一

对于一些特殊字符或标记，就需要使用高级的查找和替换。在"查找和替换"对话框的高级形式中，单击"特殊字符"按钮，在弹出的菜单中单击如段落标记、任意数字、任意字母、分栏符、分节符等，以进行查找。

对于文本格式替换的需求，可以在"查找和替换"对话框的高级形式中，单击"格式"按钮，在弹出的菜单中单击"字体"或"段落"等，再在相应的对话框中指定格式。

5．撤销、恢复与重复

在进行文档编辑时，难免会出现输入错误，或对文档的某一部分内容不太满意，或在排版过程中出现误操作的情况。Word 2013 提供了撤销、恢复与重复功能。撤销和恢复是相对应的，撤销是取消上一步的操作，而恢复就是将撤销的操作再重新进行。

（1）若要撤销前面的移动或复制操作，需要单击快速工具栏"撤销" ↶ 按钮或按 Ctrl＋Z 键，即可恢复到移动或复制前的状态。

如果要重复前一次操作，可以单击快速工具栏"重复键入" ↻ 按钮或按 Ctrl＋Y 键。

（2）执行了"撤销"命令后，"恢复"按钮将被变为可用状态。此时用户若要恢复本次撤销操作，可单击"恢复"按钮或按 Ctrl＋Y 键。

6. 拼写和语法

在输入文本时,会经常出现一些拼写或语法的错误。使用"拼写和语法"的方法是:选择"审阅"选项面板,单击"校对"分组中的"拼写和语法"按钮,按窗口提示操作,系统会从当前位置开始进行拼写和语法检查。

7. 字数统计

利用字数统计功能,可以统计选择区域或当前文档的字数。方法是:首先选择需要统计的区域,单击"审阅"选项面板中的"字数统计"按钮,将显示出"字数""字符数"等统计信息。

8. 批注与修订

1) 批注

利用批注功能,可以在文本中添加文字注解,说明对文档内容的建议、观点。方法是:选定插入批注的对象,单击"审阅"选择面板,在"批注"功能组中单击"新建批注"按钮,并按提示操作。

2) 修订

修订是将文档中每次修改的记录标注出来,让文档初始内容得以保存,同时,标记由多位审阅者对文档所做的修改,方便跟踪多人修改的情况。

单击"审阅"选择面板,选择"修订"功能组。可以通过"显示标记"按钮,显示标记属性;通过"对话框启动器"按钮 ⌐,设置修订的显示属性。

使用"修订"的方法是:在"审阅"选择面板中,选择"修订"功能组,单击 按钮,激活修订状态,进行编辑操作,可显示修订标记。

在 Word 文档中为了区别不同用户加入的批注,系统会自动在批注左侧加入作者姓名,可以通过"对话框启动器"按钮 ⌐ 弹出的对话框,更改用户名。

单击"审阅"选择面板,选择"更改"功能组,利用 和 按钮,确定接受或删除修订的结果。

3.3　文档格式设置

3.3.1　字符外观的设置

一篇编排赏心悦目的文章,通常会根据内容不同而使用不同字体、字形、字号、颜色等,从而增加其层次感。Word 2013 提供了"格式"工具栏,设置一些简单的字符格式。设置格式可使用"开始"选项卡。

1. 设置字符格式

在 Word 2013 中,默认的中文字体为"宋体",可以根据排版需要改变字体格式。方法是:选中文本,单击"开始"选项卡,选择"字体"功能组,根据需要进行字体、字号的设置,如

图 3-23 所示。

　　将光标移到"字体"功能组的各功能按钮上,可以看到该按钮功能的注释。单击"字体"功能组右下方的"对话框启动器"按钮 ▣ ,可以对文字进行更多的设置。通过"字体"选项卡的选项可以设置默认字体,如图 3-24 所示。通过"高级"选项卡的选项可以设置字符间距、缩放、位置等,如图 3-25 所示。

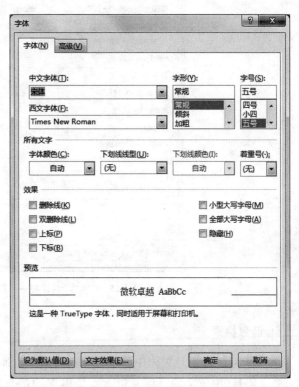

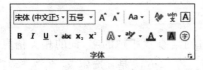

图 3-23　设置字符格式　　　　　　　图 3-24　"字体"对话框—"字体"选项卡

2. 设置上、下标

　　在字符需要输入上下标时,先单击"上标"x^2(或"下标"x_2)按钮,然后输入上(下)标字符,再次单击该按钮,即恢复到正常输入状态。

3. 设置字符颜色

　　选择要设置颜色的字符,单击"字体色彩"按钮 **A** ▾ ,选择需要的颜色即可。

4. 设置带圈文字

　　带圈文字是指给文字外围加一个圆圈。操作方法是:选定文字,选择"开始"→"带圈字符"按钮 ⊜ ,根据需要选择对话框功能,单击"确定"按钮。

5. 给文字添加拼音

　　选定文字,选择"开始"→"拼音指南"按钮 ᵂᵉₙ,单击"确定"按钮。

图 3-25　"字体"对话框—"高级"选项卡

6.信息检索

该功能可以实现对文档中的字、词等进行检索,通过网络查找所选的字、词的相关信息,如:概念解释、中英文翻译以及包含次关键字的信息等。操作方法是:选定文字,选择"审阅"→"语言"→"翻译"按钮 ,再根据需要实现检索功能。

3.3.2　段落格式的设置

在 Word 2013 中,段落是一个文档的基本组成单位,是指文本、图形、对象或其他项目等的集合,以按 Enter 键为结束标记。Word 2013 可以快速方便地设定或改变每段落的格式,其中包括段落对齐方式、缩进设置、分页、段落与段落的间距以及段落中各行的间距等,段落格式设置使用"段落"功能组。

操作方法是:选中文本,单击"开始"选择卡,选择"段落"功能组,根据需要进行格式设置,如图 3-26 所示。

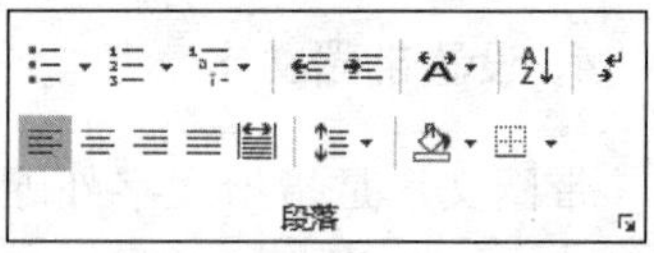

将光标移到"段落"功能组各功能按钮上,可以看到该按钮功能的注释。单击"段落"功能组右下方的"对话框启动器"按钮 ,通过"缩进和间距"(见图 3-27)、"换行和分页"(见图 3-28)和"中文版式"(见图 3-29)3 个选项卡,可以对段落进行更多的设置。

图 3-26　"段落"功能组

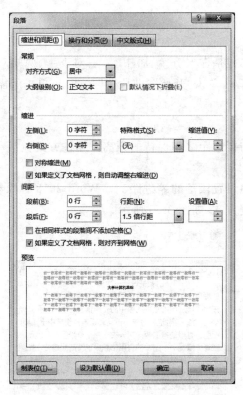

图 3-27　"缩进和间距"选项卡

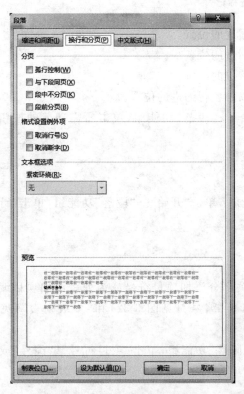

图 3-28　"换行和分页"选项卡

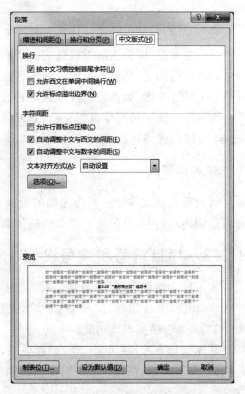

图 3-29　"中文版式"选项卡

1.设置对齐方式

段落文本的对齐方式包括左对齐▤、居中▤、右对齐▤、两端对齐▤和分散对齐▤等。具体操作方法是：选择文本，单击"开始"→"段落"功能组，单击所需功能的按钮。

2.缩进方式

段落缩进是指文本与页边距之间保持的距离。缩进方式包括左缩进、右缩进、首行缩进和悬挂缩进 4 种方式。

通过标尺可以直观地设置段落的缩进距离。Word 2013 标尺栏上有 4 个小滑块，它们分别对应着 4 种段落缩进方式，如图 3-30 所示。

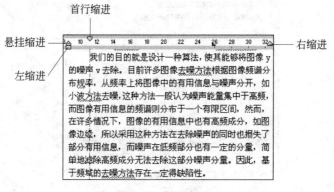

图 3-30　缩进标记

（1）左缩进，调整当前段或选定各段左边界缩进的位置。
（2）右缩进，调整当前段或选定各段右边界缩进的位置。
（3）首行缩进，调整当前段或选定各段首行缩进的位置。
（4）悬挂缩进，调整当前段或选定各段首行以外各行缩进的位置。

方法是：用标尺直接设置；也可以单击"开始"→"段落"功能组，单击所需功能的按钮 ⮜ ⮞ 实现段落缩进。

3.行间距

行间距是指文本中行与行之间的距离。方法是：单击"开始"→"段落"功能组，单击"行和段落间距"按钮 ⇕·，在弹出菜单中选择需要的参数。

3.3.3　项目符号和编号设置

为了便于阅读和理解，通常需要为文档的相关部分添加项目符号或为列表添加项目编号。Word 2013 可以通过"项目符号"（见图 3-31）、"编号"（见图 3-32）和"多级列表"（见图 3-33）3 个选项实现该功能。

具体操作方法是：单击"开始"选项卡，选择"段落"功能组，单击"项目符号"（"编号"或"多级列表"）按钮，在弹出的窗格中选择需要的选项。

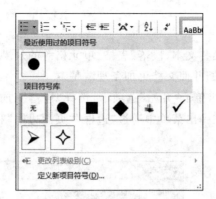

图 3-31 "项目符号"列表

图 3-32 "编号"列表

图 3-33 "多级列表"列表

3.3.4 首字符下沉

　　首字下沉是在报刊或杂志中所经常见到的,起到了使文档醒目的作用,从而达到强化的特殊效果。具体操作方法是:定位光标,单击"插入"选项卡,选择"文本"功能组,单击"首字下沉"按钮A▤,如图 3-34 所示。用户可以通过"首字下沉选项"设置首字下沉的位置、下沉行数等选项。

3.3.5　边框和底纹

边框和底纹可以突出某些文本、段落、表格、单元格等的效果,增加对文档不同部分的兴趣和注意程度,用来美化文档并使文档更加条理清楚。

操作方法是:选中文本,单击"开始"选项卡,选择"段落"功能组,单击"边框"按钮 ▦ ▾,选择"边框和底纹"功能。在弹出菜单中通过"边框""页面边框"和"底纹"3 个选项卡完成设置,如图 3-35 所示。

图 3-34　"首字下沉"对话框

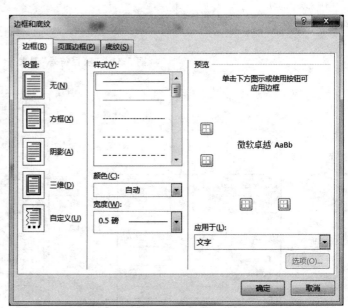

图 3-35　"边框和底纹"对话框

3.3.6　页面格式

每篇文档都必须进行页面设置,包括文字的方向、文档的页边距、纸张方向、纸张大小等。在 Word 2013 中可以通过"页面布局"选项卡进行设置,如图 3-36 所示。

图 3-36　"页面设置"功能组

1. 设置文字方向

文字方向是指页面中文字是横向或纵向的排版格式。方法是:单击"页面布局"选项卡,选择"页面设置"功能组,单击"文字方向"按钮 ⫴,在弹出的选项菜单中选择相应功能;还可以选择"文字方向选项"进行高级设置。

2．设置页边距

页边距是指文档打印时内容与纸张边界之间的距离。方法是：单击"页面布局"选项卡，选择"页面设置"功能组，单击"页边距"按钮 ▥，在弹出的选项菜单中选择相应功能；还可以选择"自定义页边距"进行高级设置。

3．设置纸张方向

纸张方向是指文档打印时纸张是横向打印还是纵向打印。方法是：单击"页面布局"选项卡，选择"页面设置"功能组，单击"纸张方向"按钮 ▤，在弹出的选项菜单中选择相应功能。

4．设置纸张大小

纸张大小是指文档页面的大小。方法是：单击"页面布局"选项卡，选择"页面设置"功能组，单击"纸张大小"按钮 ▯，在弹出的选项菜单中选择相应功能；还可以选择"其他面积大小"进行高级设置。

3.4　图文混排

在 Word 文档中，为了增加说服力和表现力，在输入文字的同时，还需要插入图形、图片、文本框、艺术字、表格、公式、流程图等对象，这些对象在插入后，一般都可以设置其在文本中的相对位置，实现图文混排。

3.4.1　插入形状

Word 2013 提供了一套绘制图形的工具，还提供了大量可以调整形状的自选图形，绘图列表框如图 3-37 所示。

插入形状（绘制图形）是指在文档当前位置插入 Word 系统的自选图形。操作方法是：将光标定位于要绘制图形的位置，单击"插入"选项卡，选择"插图"功能组，单击"形状"按钮，在"绘图"列表框选择需要的形状，鼠标指针变为十字形，然后由绘图起始点位置按住鼠标左键，拖动到结束位置释放即可。

在插入的图形中可以实现添加文字、选择艺术字式样、排列、大小等功能。操作方法是：选择所需图形，功能区自动显示"绘制工具"→"格式"选项卡，可以利用该选项卡进行相应操作。

3.4.2　插入艺术字

在文档中所插入的艺术字其实是一种图片化了的文字。艺术字可以产生一种特殊的视觉效果，在优化版面方面起到了非常重要的作用。Office 2013 通过艺术字编辑器来完成对艺术字的处理。插入艺术字的方法是：将光标定位在准备插入艺术字的位置，选择"插入"选项卡，单击"艺术字"按钮，选择艺术字效果，在文本框中输入相应文字，如图 3-38 所示。

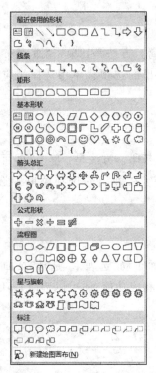

图 3-37 "绘图"列表框

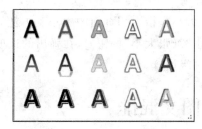

图 3-38 "艺术效果"列表框

可以给艺术字添加更多的效果。具体操作方法如下：

（1）选择已插入的艺术字。

（2）单击"绘图工具"选项卡。

（3）设置艺术字效果，使用"形状样式"功能组的按钮可以设置艺术字的形状填充、轮廓和效果，使用"艺术字样式"功能组的按钮可以设置艺术字的文本效果，使用"文本"功能组的按钮可以设置艺术字的文字方向、对齐格式等。使用"大小"功能组中的按钮，可以设置艺术字的位置、文字环绕效果与尺寸。

3.4.3　文本框

1. 插入文本框

在 Word 2013 中，文本框是一个输入显示文字的矩形方框，可以像图形对象一样使用。文本框可以放在任意位置并调整其大小，还可以随时移动。

操作步骤如下：

（1）选择插入文本框的位置。

（2）选择"插入"选项卡，在"文本"功能组中单击"文本框"按钮，在文本框列表框中选择所需样式的文本框。

（3）在文本框中输入内容。

根据需要，可以在列表中选择绘制文本框或绘制竖排文本框等功能。

2．文本框的设置

选择文本框，选择"绘图工具-格式"选项卡，通过"形状样式"功能组或"艺术字样式"功能组或"大小"功能组对文本框形状、形状样式以及文本格式、文本框及其文本的排列、文本框大小进行设置，如图 3-39 所示。

图 3-39　"绘图工具-格式"选项卡

3.4.4　组合图形对象

组合图形对象是指将多个图形对象组合在一起，以便在进行文档的编辑过程中，对它们作整体的移动或更改，减少工作量。

具体操作方法如下：

方法一，选中需要组合的图形，选择"图片工具-格式"选项卡，单击"排列"功能组中"组合"按钮。

方法二，选中需要组合的图形并且右击，在快捷菜单中选择"组合"命令。

3.4.5　图片操作

1．插入图片

插入图片是指将文件图片插入到文本中。在 Word 2013 中，还可以在保持网络正常的情况下，不用将互联网中的图片下载到本地，就直接将之插入到文档中。操作方法是：单击"插入"选项卡，选择"插图"功能组，单击"图片"（"联机图片"）按钮，选择所需图片，如图 3-40 所示。

图 3-40　"插入"选项卡—"插图"功能组

2．设置图片格式

在文档中插入图片和剪切画后，还需要对图片的格式做必要的设置。操作方法是：选择设置的图片，单击"图片工具-格式"选项卡。使用"调整"功能组中的按钮可以调整图片的颜色和艺术效果；使用"图片样式"功能组的按钮可以调整图片的边框、效果和版式；使用"排列"功能组中的按钮设置图片的位置、旋转、对齐格式；使用"大小"功能组中的按钮可以对图片进行剪裁和调整图片的尺寸等。"图片工具-格式"选项按钮如图 3-41 所示。

图 3-41　"图片工具-格式"选项按钮

3.4.6　表格处理

在使用 Word 2013 时，会遇到表格数据输入或要对一些文本有规则地排版等问题。Word 具有功能强大的表格制作功能，其所见即所得的工作方式使表格制作更加方便、快捷、安全，可以满足制作复杂表格的要求，并且能对表格中的数据进行较为复杂的计算，大大简化了排版操作。

1. 创建表格

创建表格有多种方式：直接插入表格，绘制表格，将文本转换为表格，插入 Excel 电子表格等。

操作步骤如下：

（1）单击"插入"选项卡，选择"表格"功能组中的"表格"按钮，打开"插入表格"网格，如图 3-42 所示。

（2）选中表格区域，可以直接插入表格；单击"插入表格"命令，则打开"插入表格"对话框，如图 3-43 所示。

图 3-42　"插入表格"网格

图 3-43　"插入表格"对话框

（3）在对话框中选择列数、行数以及设置列宽，然后单击"确定"按钮，即可完成表格的创建。

（4）在表格中输入所需要的信息。

单击"绘制表格"命令可以手工绘制表格；单击"Excel 电子表格"命令可以插入 Excel 电子表格等。

2．编辑表格

用户可以对制作的表格进行格式化操作及修改，比如在表格中增加、删除表格的行、列及单元格，改变行高和列宽等。创建表格后（或选中已建立表格），功能区弹出"表格工具"选项卡，运用该选项卡提供的功能可以对表格进行相关操作。

1）表格的选定

要对表格进行操作，首先将光标定位于单元格，可以选中单个单元格、多个单元格或整个表格。

- 选中单个单元格。只需在单元格中单击，然后拖动鼠标选中表格中的文字。
- 选中多个单元格。用鼠标直接拖动，拖过的区域被选中。
- 选中整个表格。将鼠标指针移动到表格中，在表格的左上角出现⊞符号，单击该符号直接选中整个表格。或者单击"表格工具-布局"选项卡，选择"表"功能组，单击"选择"按钮，然后选择相应的命令进行单元格、行、列或表的选择。

2）插入/删除单元格

插入单元格的操作步骤如下：

（1）将光标定位于要插入单元格的位置；

（2）单击"表格工具-布局"选项卡，选择"行和列"功能组，如图 3-44 所示，单击▦按钮可以在当前位置的上方插入一行，单击▦按钮可以在当前位置的下方插入一行，单击▦按钮可以在当前位置的左侧插入一列，单击▦按钮可以在当前位置的右侧插入一列。如果需要插入单元格，则单击选项面板右下角的"对话框启动器"按钮▫，打开"插入单元格"对话框，如图 3-45 所示。单击"活动单元格右移"单选按钮可以在当前位置的左侧插入一个单元格；单击"活动单元格下移"单选按钮可以在当前位置的上方插入一个单元格。由此看出，在插入单元格之前需要准确定位。

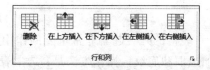

图 3-44　"表格工具-布局"选项卡—"行和列"功能组

删除单元格的操作步骤如下：

（1）选中要删除的单元格。

（2）单击"表格工具-布局"选项卡，选择"行和列"功能组，单击"删除"按钮▨即可，或者在选中的单元上右击，在快捷菜单中单击"删除单元格"命令，打开"删除单元格"对话框，如图 3-46 所示。

图 3-45　"插入单元格"对话框

图 3-46　"删除单元格"对话框

（3）选择相应的命令即可删除相应的单元格。

也可以移动鼠标至需要操作的单元格相关区域，通过拖动鼠标或单击，或运用"绘图"功能组的"绘制表格"或"橡皮擦"功能进行插入或删除的相关操作。

3）合并或拆分单元格以及拆分表格

合并单元格的操作步骤：选定要合并的单元格并且右击，在快捷菜单中单击"合并单元格"按钮▦。

拆分单元格的操作步骤：选定要拆分的单元格并且右击，在快捷菜单中单击"拆分单元格"按钮▦。

拆分表格的操作步骤：将光标定位于表格要拆分的所在行，单击"表格工具-布局"选项卡，选择"合并"功能组，单击"拆分表格"按钮▦。

4）设置表格的行高和列宽

在对 Word 表格进行编辑时，可以根据需要设置表格的行高和列宽。调整行高和列宽的方法是：选择需要设置的单元格，单击"表格工具-布局"选项卡，选择"单元格大小"功能组，使用"高度"和"宽度"微调按钮设置单元格高度和宽度。

也可以通过移动鼠标至需要调整的单元格相关区域，右击，使用"表格属性"功能实现设置。

3．表格中的文本排版

在 Word 2013 中，可以根据排版的需要，设置单元格中文字的对齐方式。单元格中文字的对齐方式分为垂直对齐和水平对齐。操作方法是：选中表格中需要处理的文字所在的单元格，单击"表格工具-布局"选项卡，选择"对齐方式"功能组，使用相应的命令进行对齐格式的设置。

4．边框和底纹

表格边框和底纹的设置对表格的外观起着非常重要的作用。在 Word 2013 中，可以根据需要，为表格及单元格添加边框和底纹。操作方法是：选中表格中需要处理的单元格，单击"表格工具-设计"选项卡，选择"边框"功能组，单击选项卡右下角的"对话框启动器"按钮�，打开"边框和底纹"对话框，在"边框"对话框中可以设置表格或单元的边框样式，在"底纹"对话框中可以设置表格或单元格的底纹样式，如图 3-47 和图 3-48 所示。

5．设置表格的对齐方式和文字环绕

在 Word 2013 中，表格可以像图像一样处理，可以使用不同的对齐方式，也可以设置文字环绕方式。设置表格的对齐方式和文字环绕需要在表格属性窗口中完成。

操作步骤如下：

（1）选中表格右击，在快捷菜单中选择"表格属性"命令，打开"表格属性"对话框，如图 3-49 所示。

（2）选择"表格"选项卡，在"对齐方式"选项组中，可以设置表格的对齐方式：左对齐、居中和右对齐，在"文字环绕"选项组中，可以设置表格的文字环绕方式。

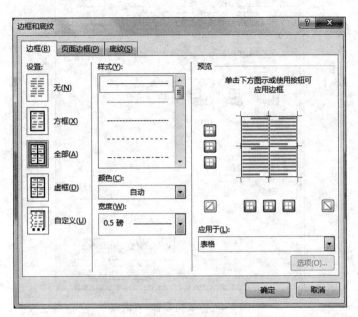

图 3-47　"边框"选项卡

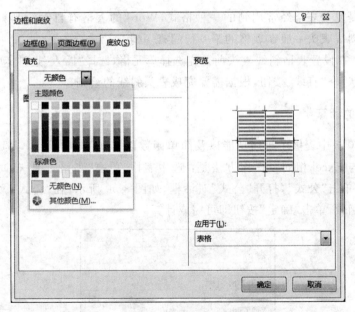

图 3-48　"底纹"选项卡

图 3-49　"表格属性"对话框

6．绘制表格斜线表头

斜线表头是复杂表格经常用到的一种格式，Word 的表格有自动绘制斜线表头的特殊功能。表格的斜线表头一般在表格的第一行的第一列。

操作方法：在设置表格斜线表头前首先选择单元格，选择"插入"选项卡，选择"插图"功能组，单击"形状"→"直线"按钮，根据需要完成表头斜线的绘制。

7．表格中的计算

在 Word 2013 中提供了排序功能以及简单函数以实现基本的计算，Word 表格中单元格的命名方法与 Excel 相同。操作方法是：选中表格，单击"表格工具-布局"选项卡，选择"数据"功能组，单击"公式"，打开"公式"对话框，如图 3-50 所示，在"公式"文本框中输入或粘贴所需要的函数，单击"确定"按钮即可完成计算。

图 3-50　"公式"对话框

8. 表格中的排序

在 Word 2013 中提供了排序功能以及简单函数以实现基本的计算，Word 表格中单元格的命名方法与 Excel 相同。操作方法是：选中表格，单击"表格工具-布局"选项卡，选择"数据"功能组，单击"排序"，打开"排序"对话框，如图 3-51 所示，选择排序关键字以及排序方式后，单击"确定"按钮即可完成排序。

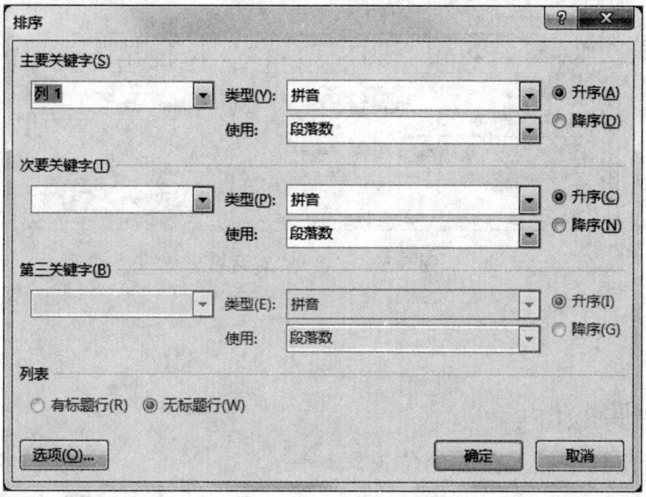

图 3-51　"排序"对话框

3.4.7　插入特殊符号、公式、对象

在进行文档编辑时，经常会遇到一些特殊符号，如数学运算符、广义标点、特殊字符等情况，Word 2013 提供了输入特殊符号和公式的功能。

1. 输入特殊字符

操作步骤如下：

(1) 将光标定位到要插入符号的位置。

(2) 单击"插入"选项卡，选择"符号"功能组，单击"符号"按钮 Ω，打开"符号"列表，列表中列出了最近使用的符号，如图 3-52 所示，单击"其他符号"命令，弹出"符号"对话框，如图 3-53 所示。在列表框中选择所需的字符即可。

图 3-52　"符号"列表

图 3-53　"符号"对话框

2. 输入公式

输入公式操作步骤如下：

（1）将光标定位到要插入公式的位置。

（2）单击"插入"选项卡，选择"符号"功能组，单击"公式"按钮 π，打开内置公式列表，如图 3-54 所示。

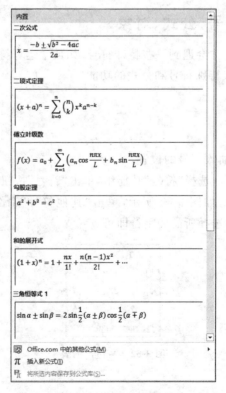

图 3-54　内置公式列表

（3）可以直接选取所需要的公式，也可以单击"插入新公式"命令输入新公式，在编辑公式的过程中，系统自动显示"公式工具-设计"选项卡，如图 3-55 所示。用户可以根据需要插入所需要的公式。

图 3-55　"公式工具-设计"选项卡

3. 插入对象

如果需要在文档中插入图片、声音、视频和 Excel 表格等，则要使用插入对象的功能实现。其操作步骤如下：

（1）将光标定位到要插入对象的位置。

（2）单击"插入"选项卡，选择"文本"功能组，单击"对象"按钮 □，打开"对象"对话框，如图 3-56 所示。

图 3-56　"对象"对话框

（3）可以在文档中新建文档对象，只需直接在列表中选取相应的对象类型，然后进行编辑，或者插入事先创建的其他文件，在"由文件创建"选项卡中，选择文件路径和文件名称即可完成，如图 3-57 所示。

3.4.8　脚注和尾注

脚注和尾注是为文档内容提供注释。脚注通常位于文档页面的底部，尾注位于文档结尾处。操作方法是：将光标定位在要插入注释的位置，单击"引用"选项卡，选择"脚注"功能组，单击"对话框启动器"按钮 ⌐，打开"脚注和尾注"对话框，如图 3-58 所示，可以设置脚注和尾注的位置、布局、格式等。

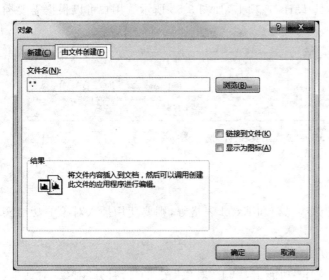

图 3-57　"由文件创建"选项卡

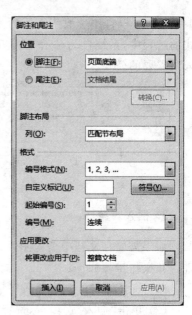

图 3-58　"脚注和尾注"对话框

3.4.9　题注

题注主要用于对插入文档中的图片、表格和公式等对象添加自动编号、注释文字等。操作方法是：选择要添加题注的对象，单击"引用"选项卡，选择"题注"功能组，单击"插入题注"命令，打开"题注"对话框，如图 3-59 所示，设置相关内容即可。

图 3-59　"题注"对话框

3.4.10　超链接

超链接是将文档中的文字、图形与其他位置的相关信息连接起来。建立超链接后，按 Ctrl 键同时单击超链接，可跳转并打开相关信息。超链接的对象包括网站、本机中的某个文件夹、文件、文档中的书签等。

插入超链接的操作步骤如下：

选择超链接的对象，单击"插入"选项卡，选择"链接"功能组，单击"超链接"按钮🌐，打开"插入超链接"对话框，如图 3-60 所示，在"链接到"列表框中设置链接对象的类型，在"查找范围"列表框中选择链接对象的文件夹,然后在"文件夹"列表框中选择链接的对象,在地址栏中会自动显示链接对象。此外,还可以在"要显示的文字"文本框中设置光标指向超链接对象时显示的信息,设置完成后单击"确定"按钮。如果超链接对象为文字,则呈蓝色显示。

图 3-60　"超链接"对话框

对已建立的超链接,可以右击,选择"编辑超链接"和"取消超链接"命令实现编辑和取消的操作。

3.4.11　封面

Word 提供了一个封面库,其中包含了预先设计的各种封面可供选择。Word 2013 总是在文档的开始处插入封面。操作方法是:单击"插入"选项卡,选择"页面"功能组,单击"封面"按钮,弹出"封面"菜单,如图 3-61 所示,可以根据需要选择封面的样式。

图 3-61　"封面"菜单

3.5　文档高级编辑及打印

3.5.1　样式的使用

样式是系统或用户定义并保存的一系列排版格式的总和,是应用于文档中的文本、表格和列表的一套格式特征,包括字体、段落的对齐方式、制表位和边距等。样式实际上是一组排版格式指令,因此,在编辑一篇文档时,为了避免重复性的操作,可以先将文档中要用到的各种样式分别加以定义,使之应用于各个段落。

1. 使用样式

Word 2013 中提供了一些常用样式。样式分为段落样式、字符样式等类型。为已有的内容应用某种样式时,应用段落样式不要求选定内容,应用字符样式时要求选定文字内容。操作方法:选择需要设置样式的段落,单击"开始"选项卡,选择"样式"功能组,在样式列表中选择所需的样式。或者单击右下角的"对话框启动器"按钮,在打开的样式窗格中进行选择,如图 3-62 所示。

在"样式"窗格中,单击右下角"选项"命令,弹出"样式窗格选项"对话框,如图 3-63 所示,可以根据需要进行相关设置。

图 3-62　"样式"窗格

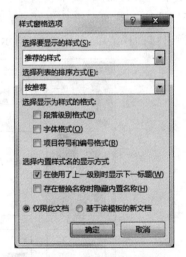

图 3-63　"样式窗格选项"对话框

2. 新建样式

创建新样式的操作方法是:在如图 3-62 所示的"样式"窗格中,单击左下角的新建样式按钮，弹出"根据格式设置创建新样式"对话框,如图 3-64 所示,在该对话框中可以根据需要重建新的样式。

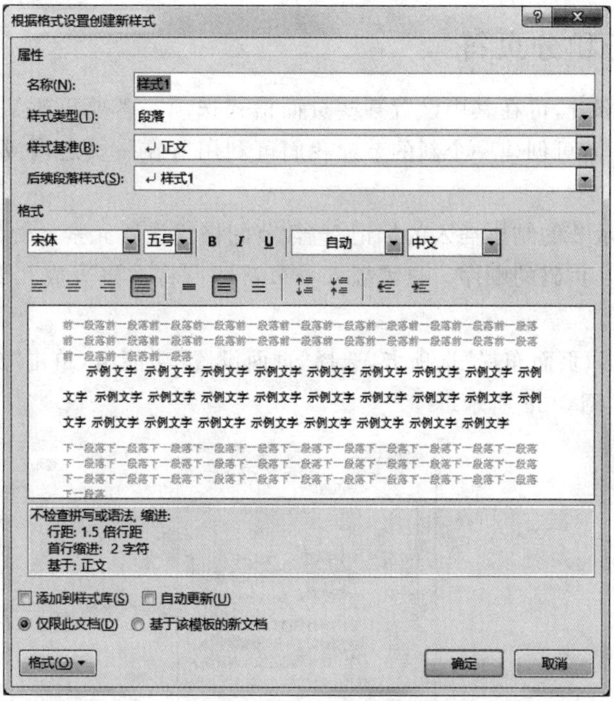

图 3-64　"根据格式设置创建新样式"对话框

3．管理样式

管理样式的操作方法是：在如图 3-62 所示的"样式"窗格中，单击左下角的管理样式按钮，打开"管理样式"对话框，如图 3-65 所示，在该对话框中，可以对已有的样式进行编辑、推荐和限制。

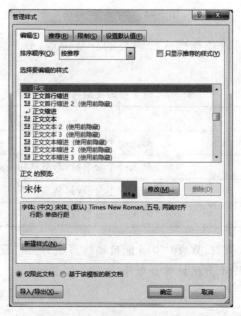

图 3-65　"管理样式"对话框

3.5.2　分节符和分页符

节是文档的一部分,可在其中设置某些页面格式选项。若要更改某些属性,如行编号、列数或页眉和页脚等,可创建一个新的节。我们可利用节在一页之内或两页之间改变文档的布局。

分节符是为表示节的结尾插入的标记,包含节的格式设置元素。例如页边距、页面的方向、页眉和页脚,以及页码的顺序。只需插入分节符即可将文档分成几节,然后根据需要设置每节的格式。

操作方法:单击"页面布局"选项卡,选择"页面设置"功能组,单击"分隔符"按钮 <img>,打开"分页符"菜单,如图 3-66 所示。

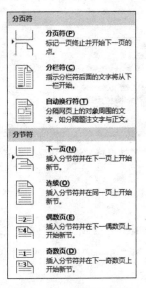

图 3-66　"分页符"菜单

在"分页符"菜单中可以选择插入所需要的分节符等,分节符的类型与作用如表 3-2 所示。

表 3-2　分节符的类型与作用

类　　型	作　　用
下一页	插入一个分节符并分页,新节从下一页开始
连续	插入一个分节符,新节从同一页开始
奇数页	插入一个分节符,新节从下一个奇数页开始
偶数页	插入一个分节符,新节从下一个偶数页开始

当文字或图形填满一页时,Word 2013 能自动计算出分页位置,插入一个自动分页符并开始新的一页,也可以用以上方法设置分页符。

3.5.3　分栏

为了便于阅读,在进行文本输入时,通常会采用分栏编排将版面分成多栏。操作步骤是:单击"页面布局"选项卡,选择"页面设置"功能组,单击"分栏"按钮▤→设置分栏数,或者单击"更多分栏"命令,打开"分栏"对话框,如图 3-67 所示。

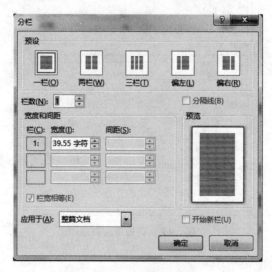

图 3-67　"分栏"对话框

在"分栏"对话框中可以设置栏数、栏宽、栏间距和应用范围等。

3.5.4　插入页眉、页脚和页码

页眉和页脚是指文档中每个页面页边距的顶部和底部区域,页眉打印在顶边上,页脚打印在底边上,可以使用页码、日期或公司徽标等文字或图形。页眉和页脚只会出现在页面视图和打印的文档中。页码可以用来标明某页在整个文档中的相对位置,便于查找。页码通常出现在页面的页眉或页脚区域。

1. 插入页眉/页脚

插入页眉的操作步骤如下:

(1)单击"插入"选项卡,选择"页眉和页脚"功能组,单击"页眉"按钮▢,打开页眉设置,如图 3-68 所示。

(2)在列表中选择所需要的页眉格式并进行编辑。

(3)如果需要修改页眉,则只需在图 3-68 中的单击"编辑页眉"命令;删除页眉则单击"删除页眉"命令。

插入页脚的操作步骤与页眉操作相似。

2. 插入页码

页码可以用来标明某页在整个文档中的相对位置,以便于查找。页码通常置于页面的页眉或页脚区域。

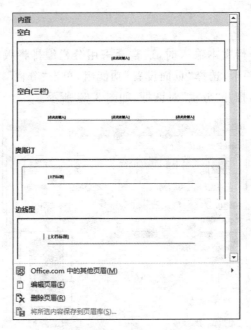

图 3-68   页眉设置列表

插入页码的步骤如下：

单击"插入"选项卡，选择"页眉和页脚"功能组，单击"页码"按钮，打开"页码"下拉菜单，单击相应的命令可以设置页码的格式和位置。

3.5.5   目录的创建

对于长文档而言，目录是通常不可缺少的部分，Word 2013 提供了自动创建目录的功能，使目录的制作变得非常简便，而且在文档发生了改变以后，还可以利用更新目录的功能来适应文档的变化。

创建目录的操作步骤如下：

（1）单击"引入"选项卡，选择"目录"功能组，单击"目录"按钮，打开内置目录列表，如图 3-69 所示。

（2）在该列表框中，单击"手动目录"选项，然后通过手动输入目录各级标题进行设置，如图 3-70 所示。

可以为文档添加自动目录，但需要做好准备工作。首先通过应用样式设定大纲级别（也可以在大纲视图下设置），使其各级标题的格式中必须含有大纲级别（除正文文本外）。设定大纲级别后的标题，可以出现在"导航"窗格中，通过单击"导航"窗格中的各级标题，实现光标在长文档中远距离的快速定位。

3.5.6   索引的创建

索引是根据一定的需要，把书刊中的主要概念或各种题名摘录下来，标明出处、页码，按一定次序分条排列，以便查阅。它是图书中重要内容的地址标记和查阅指南。Word 2013 提供了图书编辑排版的索引功能。

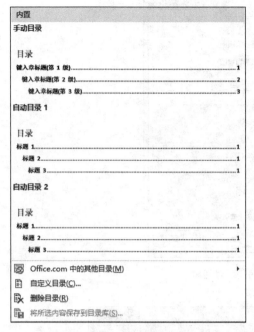

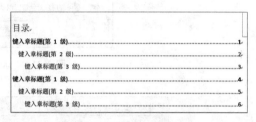

图 3-69　内置目录列表　　　　　图 3-70　手动目录设置菜单

1. 制作索引标记

索引的提出可以是书中的一处,也可以是书中相同内容的全部。如果标记了书中同一内容的所有索引项,可选择一种索引格式并编制完成,此后 Word 将收集索引项,按照字母顺序排序,引用页码,并会自动查找并删除同一页中的相同项,然后在文档中显示索引。因此,要编制索引,应该首先标记文档中的概念名词、短语和符号之类的索引项。

以建立“选择”一词的索引为例,制作索引标记的操作步骤如下:选中“选择”一词,单击“引用”选项卡,选择“索引”功能组,再单击“标记索引项”按钮,打开“标记索引项”对话框,根据需要在对话框中进行设置,如图 3-71 所示。

这时在原文中的“选择”一词后面将会出现“{XE"选择"}”的标志,单击工具栏上的“文件”→“选项”→“显示”选项卡,通过选择或取消“显示所有格式标记”复选框,可把这一标记隐藏或显示出来。如果要把文档中所有的出现“选择”的地方索引出来,则单击“显示所有格式标记”按钮,这样文档中凡出现“选择”的页面都会被标记出来。

2. 提取索引标记

提取索引标记的操作方法是:定位插入索引的位置,单击“引用”选项卡,选择“索引”功能组,单击“插入索引”按钮,打开“索引”对话框,单击“索引”选项卡,根据需要进行所需要的设置,如图 3-72 所示。

索引的格式可自行选择,排序方式有“笔画”和“拼音”两种,默认选项是“笔画”。如果当初选择的是“标记全部”,则索引会标记出你所索引的某个词都出现在哪一页上。一个索引词在同一页中出现多次,索引为节省页面,只会标记一次,并按笔画或拼音进行了排序。这

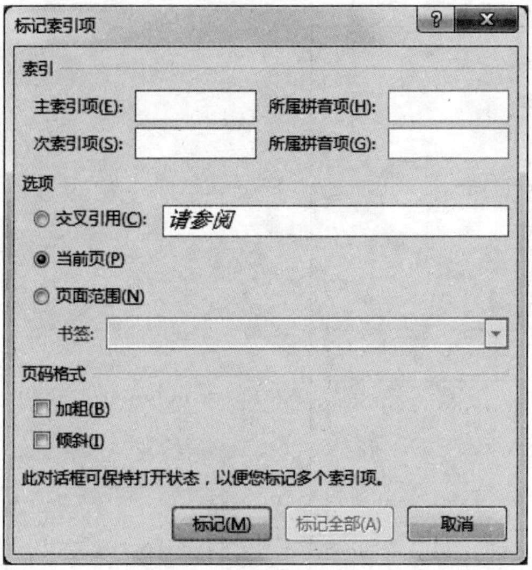

图 3-71 "标记索引项"对话框

图 3-72 "索引"对话框

样就可以按照索引的提示查找有关页面的内容了。

一般情况下,要在输入全部文档内容之后再进行索引工作,如果此后又进行了内容的修改,原索引就不准确了,这时就需要更新索引。

3.5.7　文档的打印

打印是常用的一种文档输出方式，在打印之前通过对页面的设置，或通过"打印预览"发现问题并及时修改，可以得到满意的效果。

打印的操作步骤是：单击"文件"选项卡，单击"打印"命令，打开如图 3-73 所示的窗口。在左边的"打印"窗格中设置相应的参数。

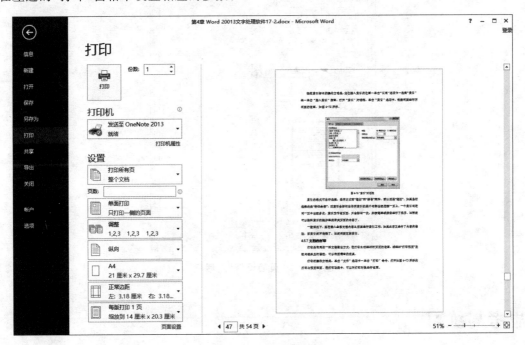

图 3-73　"打印"窗格

打印参数的含义如下。

打印机：可以选择或者添加打印机。

打印所有页：可以打印整个文档。

单面打印：可以完成双面打印。根据打印机是否支持双面打印，可以选择"双面打印"或"手动双面打印"。若手动双面打印，则在打印完一面后，会提示重新加纸打印第二面。

纵向：可以选择打印形式是横向或纵向。

正常边距：可以在模板中选择页的边距，也可以自定义页的边距。

每版打印 1 页：可以设置每版打印的页数，在一页中打印多页文档；在"缩放至纸张大小"命令中，可以选择不同的页面规格。

页面设置：在"页边距"选项卡下可以设置页边距、方向、页码范围等；在"纸张"选项卡下可以设置纸张大小、宽度以及纸张来源等；在"页面设置"中还可以对"版式"和"文档网格"进行设置，如图 3-74 所示。

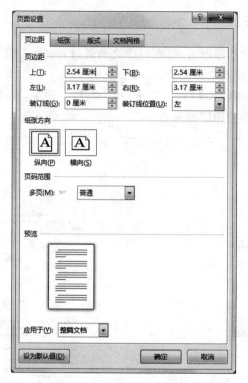

图 3-74 "页面设置"对话框

思考与练习

一、选择题

1. Word 是用来处理_____的软件。

    A. 文字   B. 演示文稿   C. 数据库   D. 电子表格

2. Word 2013 文档的扩展名是_____。

    A. .txt   B. .docx   C. .doc   D. .dot

3. Word 文档格式转换时,应在"文件"→"另存为"命令调出的窗口的_____选项处选择文件保存类型。

    A. 文件名   B. 文件属性   C. 文件类型   D. 保存位置

4. 在 Word 中,视图方式包括_____,文档的显示效果与打印输出效果完全一致的是_____。

    A. 页面视图   B. 阅读视图   C. 大纲视图   D. Web 版式

    E. 草图视图

5. 在编辑 Word 文档时,按组合键_____可以实现汉字编辑方式下的中英文切换,按组合键_____可以复制选定的文本,_____可以剪切选定的文本,_____可以粘贴选定的文本。

    A. Ctrl+C   B. Ctrl+X   C. Ctrl+V   D. Ctrl+A

E. Ctrl＋空格

6. 在文本编辑状态,选择"复制"命令后,_____。

A. 选择的内容复制到插入点处　　　　B. 将剪贴板的内容复制到插入点处

C. 选择的内容复制到剪贴板　　　　　D. 选择的内容的格式复制到剪贴板

7. 在 Word 窗口的工作区中,闪烁的垂直条表示_____。

A. 鼠标位置　　　　B. 插入点　　　　C. 键盘位置　　　　D. 按钮位置

8. 在 Word 文档中打开_____模式后,按键盘上的一个键时,插入点右边的字符会被替代。

A. 编辑　　　　B. 插入　　　　C. 改写　　　　D. 录制宏

9. Word 的替换功能无法实现的操作是_____。

A. 将指定的字符变成蓝色黑体

B. 将所有的字母 A 变成 B,所有的字母 B 变成 A

C. 删除所有的字母 A

D. 将所有的数组自动翻倍

10. 在 Word 2013 的编辑状态下,设置字体前不选择文本,则设置的字体对_____起作用。

A. 任何文本　　　　　　　　　　B. 全部文本

C. 当前文本　　　　　　　　　　D. 插入点新输入的文本

11. 删除一个段落标记后,前后两段文字将合成一段,原段落格式编排_____。

A. 没有变化　　　　　　　　　　B. 后一段将采用前一段的格式

C. 前一段变成无格式　　　　　　D. 前一段采用后一段的格式

12. 在 Word 2013 中,可以利用_____很直观地改变段落的缩进方式,调整左右边界和改变表格的列宽。

A. 开始　　　　B. 插入　　　　C. 页面布局　　　　D. 标尺

13. 为文档添加页眉或者页脚,应该单击_____菜单下的"页眉和页脚"命令。

A. 文件　　　　B. 插入　　　　C. 页面布局　　　　D. 视图

14. 在 Word 2013 文档中,一页未满的情况下需要强制换页,应该采用_____操作。

A. 插入分段符　　　B. 插入分页符　　　C. 插入命令符　　　D. Ctrl＋Shift

15. 如果把一个单元格拆分为两个单元格,那么单元格中的内容将_____。

A. 被平均拆分到两个单元格中　　　B. 不会拆分,都位于左端的单元格中

C. 不会拆分,都位于右端的单元格中　　D. 按一定的要求拆分

16. Word 文档中有关表格的操作,以下说法不正确的是_____。

A. 文本能装换成表格　　　　　　B. 表格能转换成文本

C. 文本和表格可以互相转换　　　D. 文本和表格不能互相转换

17. 在 Word 文档中,如果表格长至跨页,并且每页都需要有表头,最佳选择是_____。

A. 系统能自动生成

B. 选择"表格工具"→"布局"→"标题行重复"命令

C. 每页复制一个表头

D. 选择"表格工具"→"设计"→"标题行"选项

18. Word 将格式划分为_____格式化 3 类。

A. 字体、段落和样式　　　　　　　　B. 字体、句子和页面

C. 句子、页面和段落　　　　　　　　D. 字体、段落和页面

19. 要调整一个图形,应先_____。

A. 删除该图形　　B. 移动该图形　　C. 激活该图形　　D. 缩放该图形

20. Word 文档中插入组织结构图,需要通过_____操作。

A. "插入"→"形状"　　　　　　　　B. "插入"→"剪贴画"

C. "插入"→"艺术字"　　　　　　　D. "插入"→SmartArt

21. 在 Word 文档中选择"插入"→"书签"命令,主要用于_____。

A. 快速定位文档　　　　　　　　　B. 快速复制文档

C. 快速移动文档　　　　　　　　　D. 快速浏览文档

22. 在 Word 文档中输入复杂的数学公式,需要选择_____命令。

A. "插入"→"公式"　　　　　　　　B. "插入"→"对象"

C. "插入"→"符号"　　　　　　　　D. "引用"→"公式"

23. Word 默认的纸型大小及页面方向是_____。

A. A4,横向　　　　B. A4,纵向　　　　C. B5,纵向　　　　D. B5,横向

24. 用户在打印文档之前,可以进行的设置是_____。

A. 设置打印份数　　　　　　　　　B. 选择使用打印机

C. 选择打印机方向　　　　　　　　D. 以上都是

第 4 章

Excel 2013电子表格软件

Excel 2013 是 Microsoft Office 2013 办公系列软件中的一个重要组成部分,是一个用于管理和显示数据的电子表格处理软件,利用它可以方便地制作出各种电子表格,完成科学计算、统计分析和绘制图表和打印,Excel 2013 被广泛地应用于管理、统计财经、金融等众多领域。

4.1　Excel 2013 基本知识

Excel 2013 是目前最新也是最流行的电子表格软件,本节将简要介绍中文 Excel 2013 的一些入门知识,为系统地学习这个软件打下基础。

4.1.1　Excel 2013 概述

Excel 2013 是微软公司办公自动化软件 Office 2013 的重要成员,是微软公司推出的一个功能强大的电子表格应用软件,其主要功能是能够方便地制作出各种电子表格。在其中可使用公式对数据进行复杂的运算、把数据用各种统计图表的形式表现得直观明了,并可以进行一些数据分析和统计工作。由于 Excel 具有十分友好的人机界面和强大的计算功能,它不但可以用于个人、办公等有关的日常事务处理,而且被广泛应用于金融、经济、财会、审计和统计等领域。

微软公司 1987 年推出 Excel 2,随之又先后推出了 Excel 6.0、Excel 7.0、Excel 2003、Excel 2007、Excel 2010,直至 2012 年 7 月推出最新版本中文 Excel 2013,微软公司根据用户的需求和使用意见对它的功能进行了不断的更新和改进,使其在电子表格领域始终领先。

中文 Excel 2013 不仅秉承了 Excel 2007 的众多优秀功能,还增加了许多新的功能,其中界面显示、文件操作管理和剪贴板工具栏在 Word 中已有论述,下面将 Excel 与 Word 不同的窗口组成及操作介绍如下。

4.1.2　Excel 窗口的组成

选择"开始"→"程序"→ Microsoft Office → Microsoft Excel 2013 命令,启动 Excel 2013。启动成功后,出现如图 4-1 所示界面,Excel 窗口的组成与 Word 类似。

1. 工作簿

工作簿窗口位于 Excel 2013 窗口的中央区域,它主要由工作表、工作表标签、行号、列标号等构成,当启动 Excel 2013 时,系统将自动打开一个名为工作簿 1 的工作簿窗口。默

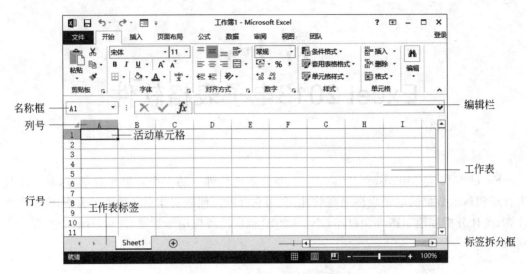

图 4-1　Excel 2013 窗口的组成

认情况下，工作簿窗口处于最大化状态。

2．工作表

工作表是 Excel 窗口的主体，是工作簿重要的组成部分。工作表位于工作簿窗口的中央区域，由单元格组成，每个单元格由行号和列号来定位，其中行号位于工作表的左端，顺序为数字 1、2 和 3 等；列号位于工作表的上端，顺序为字母 A、B 和 C 等。工作表也被称为电子表格，它是 Excel 用来存储和处理数据的最主要的文档。

3．单元格与活动单元格

它是电子表格中最小的组成单位。工作表编辑区中每一个长方形的小格就是一个单元格，每一个单元格都用其所在的单元格地址来标识，并显示在名称框中，例如 B3 单元格表示位于第 B 列第 3 行的单元格。

工作表中被黑色边框包围的单元格被称为当前单元格或活动单元格，用户只能对活动单元格进行操作。

4．编辑栏

编辑栏默认在格式栏的下方，当选择单元格或区域时，相应的地址或区域名称即显示在编辑栏左端的名称框中，名称框主要用于命名和快速定位单元格和区域。在单元格中编辑数据时，其内容同时出现在编辑栏右端的编辑框中。编辑框还可用于编辑当前单元格的常数或公式。由于单元格默认宽度通常显示不下较长的数据，因此在编辑框中编辑数据是非常理想的。

5．工作表标签

工作表标签位于工作簿文档窗口的左下底部，初始为 Sheet1，代表着工作表的名称，单击标签名可切换到相应的工作表中。如果工作表有多个，以致标签栏显示不下所有标签时，可单击标签栏左侧的滚动箭头使标签滚动,从而找到所需的工作表标签。

6. 标签拆分框

标签拆分框是位于标签栏和水平滚动条之间的小竖线,单击小竖线向左右拖曳可增加水平滚动条或标签栏的长度。双击小竖线可恢复其默认的设置。

4.2　工作表的基本操作

4.2.1　工作簿、工作表和单元格

工作簿、工作表和单元格是 Excel 的三个重要概念。工作簿是计算和存储数据的文件,一个工作簿就是一个 Excel 文件,其扩展名为.xlsx。一个工作簿中含有多张工作表。一般来说,一张工作表保存一类相关的信息,这样在一个工作簿中可以管理多种类型的相关信息,用户可以将若干相关工作表组成一个工作簿,操作时不必打开多个文件,而直接在同一文件的不同工作表中方便地切换。默认情况下,新建一个工作簿,Excel 会提供一个工作表,其名字是 Sheet1,在实际工作中,可以根据需要添加更多的工作表。

在 Excel 2013 中,每一个工作表中最多有 1 048 576 行和 16 384 列。每一行列交叉处即为一个单元格,单元格是存储数据的基本单位,对单元格数据的编辑和运算是制作工作表的基础。Excel 用行号、列号来表示某个单元格,例如,A1 代表第 1 行第 A 列处的单元格。

工作表是 Excel 工作簿的基本组成元素,用户对工作簿的操作都是通过工作表完成的。打开任意一个 Excel 工作簿,都能看见在工作簿的左下方默认命名为 Sheet1、Sheet2、Sheet3 的工作表标签,单击任意标签,将切换至相应工作表下,用户就可以开始数据管理工作了。工作表的基础操作包括新建工作表、移动工作表、重命名工作表等,下面依次介绍。

4.2.2　插入工作表

默认的工作簿是由一个工作表组成的,如果用户需要增加工作表,可以根据需要插入新的工作表。新建工作表通常有两种方法。

1. 单击工作表标签按钮插入新工作表

打开一个 Excel 文件,单击工作表标签位置处的"插入工作表"标签按钮⊕,在工作表标签 Sheet1 后可以看到自动插入的新工作表 Sheet2 标签,单击该标签切换到该工作表。

2. 通过"插入"对话框插入工作表

打开一个 Excel 文件,在工作表标签位置处右击,在弹出的快捷菜单中,单击"插入"命令,弹出"插入"对话框,切换到"常用"选项卡中,单击其列表中的"工作表"选项,再单击"确定"按钮,如图 4-2 所示,即可插入工作表。

4.2.3　工作表的重命名与切换

工作簿可以由多张工作表组成,默认的工作表名称是以 Sheet 来命名的,但根据需要,

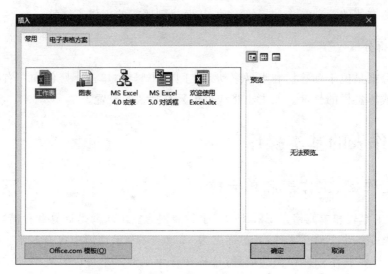

图 4-2 "插入"对话框

用户可以对不同的工作表进行重命名,还可以根据需要在工作表间进行切换。

1. 工作表的重命名

用户可以双击需要重命名的工作表标签,工作表标签呈黑色;再输入新的工作表名,按 Enter 键确定即可。

2. 工作表的切换

在工作簿中,单击需要切换的工作表标签,即可切换到相应的工作表中,用户可以对此工作表进行编辑。

4.2.4 工作表的移动、复制与删除

对于工作簿中的工作表,用户还可以对其进行其他的操作,如移动、复制或删除等。具体操作步骤介绍如下。

1. 移动工作表

单击选定需要移动的工作表标签,例如,单击"职工工资表"标签,然后按下鼠标左键,拖动工作表标签至想要移动到的位置,在标签栏的上方将会出现一个黑色的下三角符号,提示用户工作表将被插入到的目标位置,如图 4-3 所示。

释放鼠标后,可以看到"职工工资表"已经被移动到了指定的目标位置,如图 4-4 所示。

用户也可以通过右击工作表标签,然后在"移动或复制工作表"对话框中选择需要移动到的位置。使用该功能,用户还可以实现在不同工作簿之间工作表的移动。

2. 复制工作表

在需要复制的工作表标签上右击,在弹出的快捷菜单中单击"移动或复制工作表"命令,弹出"移动或复制工作表"对话框,在该对话框中,首先选中"建立副本"复选框,然后在"下列

图 4-3　移动工作表

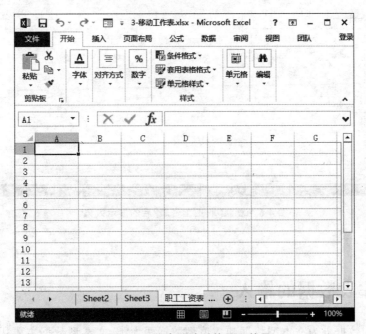

图 4-4　工作表移动后的显示效果

选定工作表之前"列表框中,单击需要移动到其位置之前的选项,如图 4-5 所示。

复制的工作表"职工工资表"被插入到选定的工作表 Sheet2 之前,如图 4-6 所示。

3. 删除工作表

在需要删除的工作表标签上右击,在弹出的快捷菜单中单击"删除"命令,即可将选定的

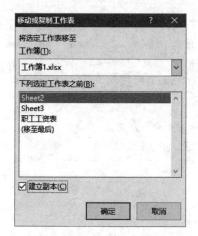

图 4-5 "移动或复制工作表"对话框

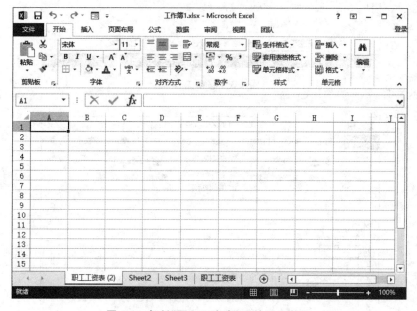

图 4-6 复制"职工工资表"后的显示效果

工作表删除。

4.3 工作表数据的输入

Excel 中的数据分为文本型数据和数值型数据两大类,文本型数据主要用于描述事物,而数值型数据主要用于数学运算。它们的输入方法和格式各不相同。

4.3.1 数据的输入

1. 输入文本型数据

在 Excel 中,系统将汉字、数字、英文字母、空格、连接符等字符的组合统称为文本。一个单元格最多可以输入 32 000 个字符,如果单元格不够宽,则单元格内容就会溢出到右边单元格中,但实际上它只在这个单元格中。如果在它的右边单元格中包含有数据,则此单元格中的数据就不能完全显示出来,但内容还是完整地保存在本单元格中。

当输入纯数字的字符串时,可以在数字前面加上一个撇号"'",这个标志是让 Excel 把这个数字当作文字来处理,例如"'090"。也可以将数字用双引号括起来,然后在数字前面加入一个等号,例如,="090"。

2. 输入数字型数据

在 Excel 中,可以输入以下数值:"0~9"、"+"(加号)、"−"(减号)、"()"(圆括号)、","(逗号)、"/"(斜线)、"$"(货币符号)、"%"(百分号)、"."(英文句点)、"E 和 e"(科学计数符),E 或 e 是乘方符号,En 表示 10 的 n 次方。例如,1.8E−3 表示"1.8×10^{-3}",值为 0.018。

输入数字与输入文字的方法相同。不过输入数字时需要注意下面几点:

(1) 输入分数时,应先输入一个 0 和一个空格,然后再输入分数。否则系统会将其作为日期处理。例如,输入"8/10(十分之八)",应输入"0 8/10",不输入 0,表示 10 月 8 日。

(2) 当输入一个负数时,可以通过两种方法来完成:在数字前面加上一个负号"−"或将数字用圆括号括起来。例如,输入−3,可以在单元格中输入−3 或(3)。

(3) 输入百分数时,先输入数字,再输入百分号即可。

3. 输入日期

Excel 2013 内置了一些日期格式,常用格式为"mm/dd/yy""dd-mm-yy",默认情况下,日期和时间项在单元格中右对齐。如果输入的是 Excel 不能识别的日期或时间格式,则输入的内容将被视为文字,并在单元格中左对齐。

4. 输入时间

在 Excel 中,时间分 12 小时制和 24 小时制,如果要基于 12 小时制输入时间,首先在时间后输入一个空格,然后输入 AM 或 PM(也可 A 或 P),用来表示上午或下午。否则,Excel 将以 24 小时制计算时间。例如,如果输入 11:00 而不是 11:00 PM,将被视为 11:00AM。

如果要输入当天的日期,按"Ctrl+(分号)"键;如果要输入当前的时间,按"Ctrl+Shift+(冒号)"键。

时间和日期还可以相加、相减,并可以包含到其他运算中。如果要在公式中使用日期或时间,可用带引号的文本形式输入日期或时间值。例如,="2016/11/25"−"2016/10/5"的差值为 50 天。

4.3.2　数据的编辑

1. 数据的选定

1) 行、列的选定

单击行标,可选定相应的 1 行;单击列标,可选定相应的 1 列。若在行标或列标上拖曳则可选定相邻的多行或相邻的多列。若要选择非相邻的行或列,则在选择行或列的同时按住 Ctrl 键即可。

2）区域的选定

区域是连续的成为矩形的多个单元格,由区域的两个对角线单元地址表示,如"A2:D5""B2:E5"。可以在地址框中给选定的区域命名,命名后的区域可以根据区域名称来引用和操作。

定位区域的起始单元格,拖曳鼠标到区域对角单元格,可选定一个连续区域。单击表格行列交叉处的"全选"按钮▦,可选定整张表格。

2. 数据修改

数据的修改有两种方法:一是在编辑栏修改,只需先选中要修改的单元格,然后在编辑栏中进行相应修改,单击"√"按钮确认修改,单击"×"按钮放弃修改;二是直接在单元格修改,此时需要双击单元格,然后在单元格内进行编辑修改。

3. 数据清除

数据清除针对的对象是数据,单元格本身并不受影响。选定要删除内容的单元格,打开"开始"选项卡,选择"编辑"功能组中的"清除"图标,单击级联菜单中的"清除内容"命令,或用 Delete、BackSpace 键。此操作仅清除数据,单元格仍在原位置。

4. 单元格、行、列的插入

1）单元格的插入

（1）选定要插入对象的位置。

（2）打开"开始"选项卡,选择"单元格"功能组中的"插入"命令按钮▦,在级联菜单中选择"插入单元格"命令,打开"插入"对话框,如图 4-7 所示。

（3）选择"活动单元格右移"将选中单元格向右移,新单元格出现在选中单元格左边;选择"活动单元格下移"将选中单元格向下移动,新单元格出现在选中单元格上方;单击"确定"按钮插入一个空白单元格。

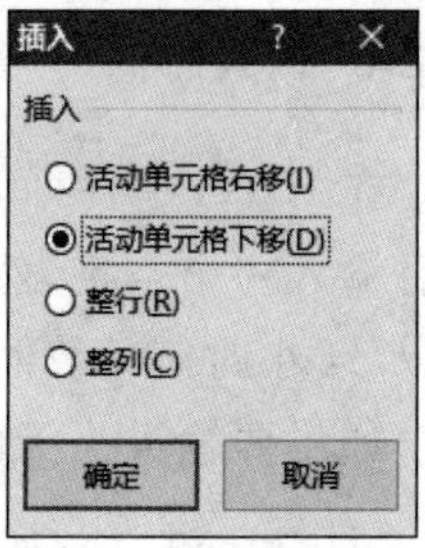

2）插入行、列

（1）选定要插入对象的位置。

（2）打开"开始"选项卡,选择"单元格"功能组中的"插入"命令

图 4-7 "插入"对话框

按钮,在级联菜单中选择"插入工作表行"命令,选中单元格所在行向下移动一行;选择"插入工作表列"命令,选中单元格所在列向右移动一列。此外,在上述"插入"对话框中选择"整行"或"整列"也可插入一个空行或空列。

5. 单元格、行、列的删除

1）单元格的删除

数据删除针对的对象是单元格,删除后选取的单元格连同里面的数据都从工作表中消失。

（1）选定要删除的单元格。

（2）打开"开始"选项卡,选择"单元格"功能组中的"删除"命令按钮,在级联菜单中选择"删除单元格"命令,打开"删除"对话框,如图 4-8 所示。

（3）选择"右侧单元格左移"或"下方单元格上移"来填充被删除掉单元格后留下的空缺。

2）删除行、列

在"删除"对话框中,选择"整行"或"整列"将删除选取区域所在的行或列,其下方行或右侧列自动填充空缺。当选定要删除的区域为整行或整列时,将直接删除而不出现对话框。

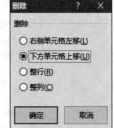

图 4-8　"删除"对话框

6. 设置行高和列宽

选中需要设置高度和宽度的单元格区域,然后使用"开始"选项卡,选择"单元格"功能组中的"格式"的下拉按钮,在级联菜单中选择"单元格大小-行高"命令,在对话框中进行"行高"的设置,"列宽"的设置方法与行高的设置相同。

7. 数据复制和移动

数据的复制或移动一般是指单元格、行、列数据的复制与移动。

1）数据的复制与移动

数据复制操作步骤如下:

（1）选定要复制的操作对象。

（2）打开"开始"选项卡,选择"剪切板"功能组中的"复制"命令按钮,或在选定的操作对象上右击,打开快捷菜单,选择"复制"命令。

（3）选择目标单元格或区域。

（4）打开"开始"选项卡,选择"剪切板"功能组中的"粘贴"命令按钮,或在目标单元格右击,打开快捷菜单,选择"粘贴"命令。

数据移动与复制类似,可以利用剪贴板先"剪切"再"粘贴"方式,也可以用鼠标拖放,但不按 Ctrl 键,完成数据的移动功能。

2）选择性粘贴

一个单元格含有多种特性,如内容、格式、批注等,另外它还可能是一个公式,含有有效规则等,数据复制时往往只需复制它的部分特性。此外复制数据的同时,还可以进行算术运算、行列转置等。这些都可以通过选择性粘贴来实现。

选择性粘贴操作步骤如下。

（1）选定要复制的操作对象。

（2）打开"开始"选项卡,选择"剪切板"功能组中的"复制"命令,或在选定的操作对象上右击,打开快捷菜单,选择"复制"命令。

（3）选择目标单元格或区域。

（4）打开"开始"选项卡,选择"剪切板"功能组中的"粘贴"下拉按钮,在弹出的下拉菜单中选择"选择性粘贴"命令。

（5）弹出"选择性粘贴"对话框。在该对话框中,选择"粘贴"下的"全部"单选按钮,将源单元格所有属性都粘贴到目标单元格中,如图 4-9 所示。

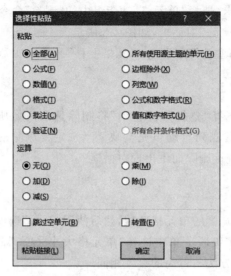

图 4-9　"选择性粘贴"对话框

(6) 单击"确定"按钮,完成选择性粘贴。

4.3.3　自动填充

Excel 为用户提供了强大的自动填充数据功能,通过这一功能,用户可以非常方便地填充数据。

自动填充数据是指在一个单元格内输入数据后,与其相邻的单元格可以自动地输入一定规则的数据。它们可以是相同的数据,也可以是一组等差序列或等比序列。自动填充数据的方法有两种:鼠标拖动填充数据和菜单命令填充数据。

1. 鼠标拖动填充数据

如果只选定一个单元格,可以通过拖动的方法来输入相同的数值,如果选定了多个单元格并且各单元格的值存在等差或等比的规则,则可以输入一组等差或等比数据。

操作步骤如下:

(1) 在第一个单元格中输入数值,若填充的数据是等差或等比数列,需在前两个单元格输入初始数据。

(2) 选定已输入数据的单元格区域。

(3) 将光标放到选定区域右下角的填充句柄位置,光标变成实心十字形状。

(4) 鼠标向下拖曳填充柄到结束位置。

2. 使用命令填充序列

填充序列是指事先定义好的单词或数据序列,输入数据时可以将这类数据自动填充到需要的单元格中。

操作步骤如下:

（1）在第一个单元格中输入初始数值，例如，"星期一"。

（2）选中要填充的单元格区域。

（3）单击"开始"选项卡"编辑"功能组中的"填充"按钮，展开填充列表，选择"序列"选项，打开"序列"对话框，如图 4-10 所示。

（4）选择"列"或"行"，设置填充类型为"自动填充"，然后单击"确定"按钮。

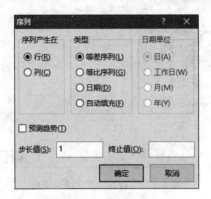

图 4-10　"序列"对话框

3.建立自定义序列

在 Excel 中，有时系统提供的序列不能完全满足用户的需求，这时用户可以添加自己的序列。添加自定义序列的步骤如下：

（1）选择"文件"选项卡，单击"选项"命令，弹出"Excel 选项"对话框，如图 4-11 所示。

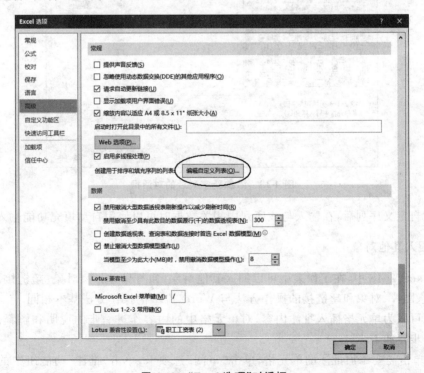

图 4-11　"Excel 选项"对话框

（2）选择"高级"选项卡，在右侧的"常规"选项组中单击"编辑自定义列表"按钮，打开"自定义序列"对话框，如图 4-12 所示。

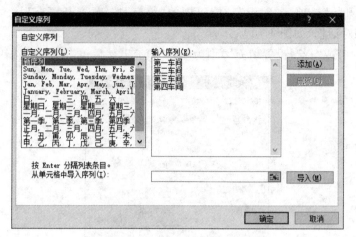

图 4-12　"自定义序列"对话框

（3）在"自定义序列"对话框中的"输入序列"文本框中输入需要定义的序列项，每输入一个需要按一次 Enter 键。

（4）单击"添加"按钮，则新添加的序列出现在"自定义序列"列表框中，如图 4-13 所示。

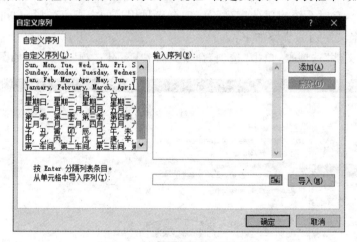

图 4-13　添加新序列后的对话框

创建自定义序列后，在输入与该序列中相关数据时可以使用自动填充功能输入数据。

4. 插入其他对象

在 Excel 2013 中，在工作表中可以插入其他对象，如符号、图片、对象、超链接、批注等，插入符号、图片、对象和超链接的操作方法与 Word 2013 的操作方法基本相同。

用户可以为单元格插入批注内容，对单元格中的内容作进一步的说明和解释。插入批注的操作步骤如下：

（1）单击需要添加批注的单元格，单击"审阅"选项卡，单击"批注"功能组中的"新建批注"按钮。

（2）在选定的单元格右侧弹出批注框，用户可以在此框中输入对单元格作解释和说明的文本内容。

（3）输入完成后，返回工作表中，用户可以看到添加了批注内容的单元格右上角显示一个红色的小三角标记符号。

（4）如果将光标再次放置到该单元格位置处，即可自动弹出插入的批注框并显示批注的内容。

如果用户需要对添加的批注框进行删除，则单击选中该单元格，在"批注"功能组中单击"删除"按钮即可。

4.4　单元格的格式设置

在制作工作表时，用户同样可以对其进行字体、文本对齐等内容的设置。与 Word 2013 相同，用户首先选定需要设置的单元格，在"开始"选项卡中的"字体"和"对齐方式"功能组中单击相应的按钮对单元格的格式进行设置。

除此之外，用户还可以通过"单元格"功能组的"格式/设置单元格格式"下拉按钮，打开对话框，进行更多选项设置。在"设置单元格格式"对话框中，有 6 个选项卡，分别为数字、对齐、字体、边框、填充和保护。用户可以改变单元格中文本的对齐方式、改变数据的字体、增加边框和线条、设置单元格底纹等。

1．设置数字格式

Excel 中的数据类型有常规、数字、货币、会计专用、日期、时间、百分比、分数和文本等。为单元格中的数据设置不同数字格式只是更改它的显示形式，不影响其实际值。

（1）在 Excel 2013 中，若想为单元格中的数据快速设置会计数字格式、百分比样式、千位分隔或增加、减小小数位数等，直接单击"开始"选项卡上"数字"功能组中的相应按钮即可。

（2）若希望选择更多的数字格式，可单击"数字"组中"数字格式"下拉列表框"常规"右侧的三角按钮，在展开的下拉列表中选择数字、货币、会计专用、日期、时间等。

（3）此外，若希望为数字格式设置更多选项，可单击"数字"组右下角的对话框启动器按钮，打开"设置单元格格式"对话框的"数字"选项卡进行设置，如图 4-14 所示。

左边的"分类"列表框分类列出数字格式的类型，右边显示该类型的格式，用户可以直接选择系统已定义好的格式，也可以修改格式，如小数位数等，此处小数位数选 2，假定单元格中输入是数字 126.569，则数字格式示例即显示出 126.57。单击"确定"按钮，这时屏幕上的单元格表现的是格式化后的数字，编辑栏显示的是系统实际存储的数据。

2．设置对齐格式

默认情况下，Excel 根据输入的数据自动调节数据的对齐格式，比如文本为左对齐，数值内容为右对齐等。对于简单的对齐操作，可在选中单元格后直接单击"开始"选项卡"对齐方式"功能组中的相应按钮实现对齐。对于较复杂的对齐操作，则可以利用"设置单元格格式"对话框的"对齐"选项卡来进行，如图 4-15 所示，用户可以自己设置对齐格式，对齐格式

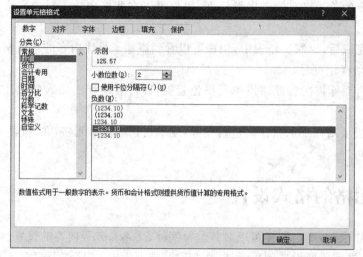

图 4-14 "设置单元格格式"对话框中的"数字"选项卡

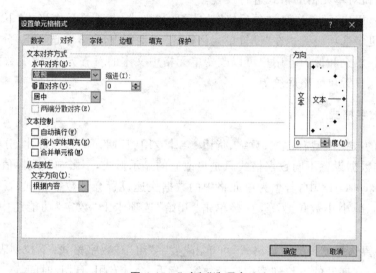

图 4-15 "对齐"选项卡

示例如图 4-16 所示。

单元格数据的对齐方法有两类,分别为水平对齐和垂直对齐。

(1) 水平对齐:包括常规、靠左、居中、靠右、填充、两端对齐、跨列居中、分散对齐。

(2) 垂直对齐:包括靠上、居中、靠下、两端对齐和分散对齐。

单元格中文本的显示控制可以由该选项卡中的复选框来解决,下面介绍各复选框的功能。

(1) 自动换行:输入的文本根据单元格列宽自动换行。

(2) 缩小字体填充:减小单元格中的字符大小,使数据的宽度与单元格列宽相同。

(3) 合并单元格:将多个单元格合并为一个单元格。它通常与"水平对齐"下拉列表框中的"居中"选项结合,用于标题的对齐显示。"对齐方式"功能组中的"合并及居中"按钮 ▦直接提供了此功能。

(4) 文字方向:用来指定单元格中字符的排列顺序。

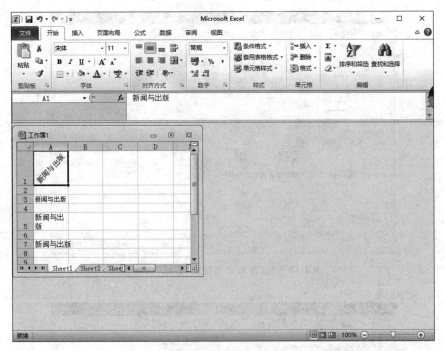

图 4-16　对齐格式示例

（5）方向栏：用来改变单元格文本旋转的角度，角度范围是$-90°\sim 90°$。

3．设置字体格式

默认情况下，在单元格中输入数据时，字体为宋体、字号为 11、颜色为黑色。要重新设置单元格内容的字体、字号、字体颜色和字形等字符格式，可选中要设置格式的单元格，然后单击"开始"选项卡"字体"功能组中的相应按钮即可。

4．设置边框和底纹

在工作表中所看到的单元格都带有浅灰色的边框线，这是 Excel 默认的网格线，不会被打印出来。而在制作报表时，常常需要把报表设计成各种各样表格形式，使数据及其说明文字层次更加分明，这时可以通过设置表格和单元格的边框和底纹来实现。

对于简单的边框和底纹，在选定要设置的单元格后，利用"开始"选项卡"字体"功能组中的"边框"按钮和"填充颜色"按钮进行设置，"边框"选项卡如图 4-17 所示。

若要改变边框线的样式、颜色，以及设置渐变色、图案底纹，可利用"设置单元格格式"对话框的"边框"和"填充"选项卡进行设置。填充用于设置单元格的底纹，"填充"选项卡如图 4-18 所示。

边框线可以放置在所选区域各单元格的上、下、左、右、外框、斜线，边框线的式样有点虚线、实线、粗实线、双线等，在"样式"框中进行选择；在颜色列表框中可以选择边框线的颜色。

5．条件格式

条件格式可以使数据在满足不同的条件时，显示不同的格式。如处理学生成绩时，可以

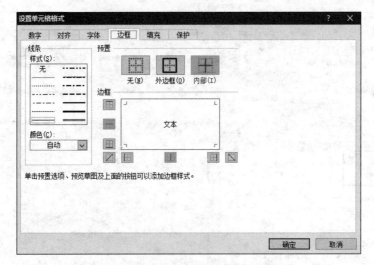

图 4-17　"设置单元格格式-边框"选项卡

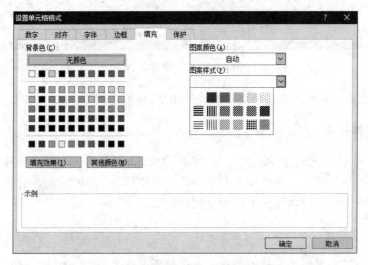

图 4-18　"设置单元格格式-填充"选项卡

对不及格、优等不同分数段的成绩以不同的格式显示。

设置条件格式的操作步骤如下：

（1）选定要添加条件格式的单元格区域；

（2）单击"开始"选项卡"样式"功能组中的"条件格式"按钮 🔲 ，在展开的列表中列出了 5 种条件规则，选择某个规则，这里选择"突出显示单元格规则"，然后在其子列表中选择某个条件，这里选择"大于"，如图 4-19 所示。

（3）在打开的对话框中设置具体的"大于"条件值，并设置大于该值时的单元格显示的格式，单击"确定"按钮，即可对所选单元格区域添加条件格式，条件格式对话框如图 4-20 所示。

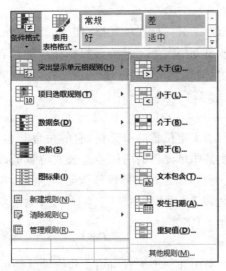

图 4-19　"条件格式"展开的列表

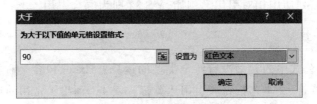

图 4-20　条件格式对话框

4.5　公式与函数的使用

在 Excel 中除了进行一般的表格处理外，最主要的还是其数据计算功能。使用公式不仅可对各种数据进行各种运算，如加、减、乘和除法等，还可以进行逻辑运算或比较运算。当改变了工作表内与公式有关的数据之后，Excel 会自动更新计算结果。

函数是预定义的内置公式，它使用被称为参数的特定数值，按照语法的特定顺序计算。一个函数包括两个部分：函数名称和函数的参数。例如，SUM 是求和的函数，AVERAGE 是求平均值的函数，MAX 是求最大值的函数。函数的名称表明函数的功能，函数参数可以是数字、文本、逻辑值。

1. 单元格引用

单元格引用用于表示单元格在工作表所处位置的坐标值。例如，显示在第 C 列和第 3 行交叉处的单元格，其引用形式为"C3"。

通过引用，用户可以在公式中使用工作表不同部分的数据，或在多个公式中使用同一个单元格的数值。为了便于区别和应用，Excel 把单元格的引用分成了 3 种类型，即相对引用、绝对引用和混合引用。

1) 相对引用

单元格相对引用是指相对于公式所在单元格相应位置的单元格。

当此公式被复制到其他单元格时，Excel 能够根据移动的位置调节引用单元格。例如，将 D7 这一单元格中的公式"＝D3＋D4＋D5＋D6"填充到(即公式复制到)G7 中，则其公式内容也将改变为"＝G3＋G4＋G5＋G6"。

2) 绝对引用

绝对引用是指向工作表中固定位置的单元格，它的位置与包含公式的单元格无关。例如，在复制单元格时，不想使某些单元格的引用随着公式位置的改变而改变，则需要使用绝对引用。对于 B1 引用格式而言，如果在列号行号前面均加上 $ 符号，则代表绝对引用单元格。例如，把单元格 B3 的公式改为"＝B1＋B2"，然后将该公式复制到单元格 C3 时，公式仍然为"＝B1＋B2"。

3) 混合引用

混合引用包含一个相对引用和一个绝对引用。其结果就是可以使单元格引用的一部分固定不变，一部分自动改变。这种引用可以是行使用相对引用，列使用绝对引用；也可以是行使用绝对引用，而列使用相对引用。例如，Y$32 即为混合引用。

2. 公式中的运算符

运算符用于对公式中的元素进行特定类型的运算。Excel 包含 4 种类型的运算符：算术运算符、比较运算符、文本连接符和引用运算符。表 4-1 列出了常用的运算符。

表 4-1　Excel 公式中的运算符

运算符名称	表 示 形 式
算法运算符	"＋"(加号)、"－"(减号)、"＊"(乘号)、"/"(除号)、"％"(整除)和"^"(乘幂)
关系运算符	"＝"(等号)、"＞"(大于号)、"＜"(小于号)、"＞＝"(大于等于号)、"＜＝"(小于等于号)和"＜＞"(不等于号)
文本连接符	"&"(字符串连接)

还有一类运算符用于表示引用单元格的位置，称为引用运算符。引用运算符有"："(冒号)、","(逗号)和空格。其中冒号为区域运算符，例如，A1:A15 是对单元格 A1～A15 之间(包括 A1 和 A15)的所有单元格的引用。逗号为联合运算符，可以将多个引用合并为一个引用，如：SUM(A1:A15,B1)是对 B1 及 A1～A15 之间(包括 A1 和 A15)的所有单元格求和。空格为交叉运算符，产生对同时属于两个引用的单元格区域的引用，例如，SUM(A1:A15 A1:F1)中，单元格 A1 同时属于两个区域。

3. 函数

Excel 含有大量的函数，可以帮助进行数学、文本、逻辑、在工作表内查找信息等计算工作，使用函数可以加快数据的录入和计算速度。

函数的一般格式为：

函数名(参数 1,参数 2,参数 3,…)

在活动单元格中用到函数时需以"="开头,直接输入相应的函数,函数名的写法不分大小写。也可以单击"公式"→"插入函数"命令,通过函数参数对话框选择函数及进行参数设置。Excel 提供的函数及功能如表 4-2 所示。

表 4-2　Excel 常用函数及功能

函 数 名	功　　能
ABS	求出参数的绝对值
AND	"与"运算,返回逻辑值,仅当有参数的结果均为逻辑"真(TRUE)"时返回逻辑"真(TRUE)",反之返回逻辑"假(FALSE)"
AVERAGE	求出所有参数的算术平均值
COUNTIF	统计某个单元格区域中符合指定条件的单元格数目
DCOUNT	返回数据库或列表的列中满足指定条件并且包含数字的单元格数目
IF	根据对指定条件的逻辑判断的真假结果,返回相对应条件触发的计算结果
INT	将数值向下取整为最接近的整数
LEFT	从一个文本字符串的第一个字符开始,截取指定数目的字符
LEN	统计文本字符串中字符数目
MATCH	返回在指定方式下与指定数值匹配的数组中元素的相应位置
MAX	求出一组数中的最大值
MID	从一个文本字符串的指定位置开始,截取指定数目的字符
MIN	求出一组数中的最小值
MOD	求出两数相除的余数
MONTH	求出指定日期或引用单元格中的日期的月份
NOW	给出当前系统日期和时间
OR	仅当所有参数值均为逻辑"假(FALSE)"时返回结果逻辑"假(FALSE)",否则都返回逻辑"真(TRUE)"
RIGHT	从一个文本字符串的最后一个字符开始,截取指定数目的字符
SUM	求出一组数值的和
SUMIF	计算符合指定条件的单元格区域内的数值之和
TEXT	根据指定的数值格式将相应的数字转换为文本形式
TODAY	给出系统日期
VALUE	将一个代表数值的文本型字符串转换为数值型
WEEKDAY	给出指定日期的对应的星期数

函数的输入方法有以下两种方法。

1) 手工输入

手工输入函数与公式的输入方法相同,只需先在输入框中输入一个等号"=",然后再输入格式本身。

2）使用函数向导输入

对于参数较多或者比较复杂的函数，为了避免输入过程中产生错误，可以使用函数向导输入，操作步骤如下：

（1）选中要添加函数的单元格。

（2）单击"公式"选项卡，选择"函数库"功能组中的"插入函数"命令，单击"插入函数"按钮 *fx*，打开"插入函数"对话框，如图 4-21 所示。

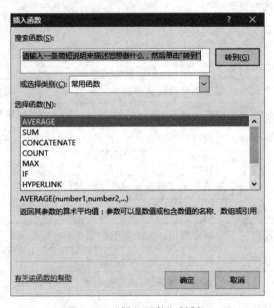

图 4-21　"插入函数"对话框

（3）在"选择函数"列表框中选择所需要的函数，下方显示了该函数的功能。

（4）单击"确定"按钮，打开"函数参数"对话框，如图 4-22 所示。

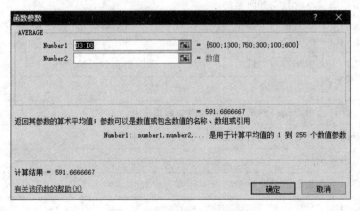

图 4-22　"函数参数"对话框

（5）输入参数或使用按钮 选择数据区域，然后单击"确定"按钮。

4．自动求和

自动求和是经常用到的公式，为此 Excel 提供了一个强有力的工具——自动求和按钮。自动求和实际上代表了求和函数 SUM。

使用自动求和按钮输入格式的方法如下。

（1）选定要存放求和结果的单元格。

（2）单击"公式"→"函数库"→"自动求和"按钮 Σ。

（3）用鼠标选定要求和的单元格区域。

（4）按 Enter 键确认。

4.6　图表

图表是工作表数据的图形表示，可以帮助用户分析和比较数据之间的差异。当工作表中的数据源发生变化时，图表中对应项的数据也自动更新。

4.6.1　图表的组成

图表由许多部分组成，每一部分就是一个图表项，如图表区、绘图区、标题、坐标轴、数据系列等，如图 4-23 所示。

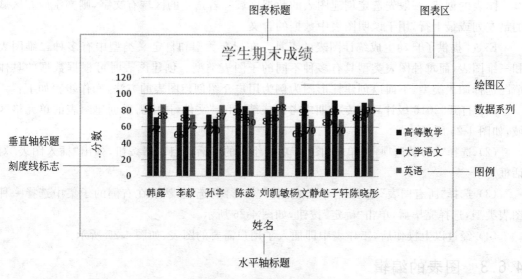

图 4-23　图表组成元素

图表中的常用术语：

（1）图表区——整个图表以及图表中的数据被称为图表区域。

（2）图例——用于标识图表中数据系列或分类指定的图案或颜色。

（3）数据标志——图表中的条形、面积、圆点、扇形或其他符号，代表源于数据表单元格的单个数据值。图表中的相关数据标志构成了数据系列。

（4）数据系列——在图表中绘制的相关数据点，这些数据源自数据表的行和列。图表中的每个数据系列具有唯一的颜色或图案,并且在图表的图例中表示。可以在图表中绘制一个或多个数据系列,其中饼图只有一个数据系列。

(5) 图表标题——图表标题是说明性的文本,可以自动与坐标轴对齐或在图表顶部居中。

(6) 数据标签——为数据标志提供附加信息的标签,数据标签代表源于数据表单元格的单个数据值。

图表区表示整个图表区域;绘图区位于图表区域的中心,图表的数据系列、网络线等位于该区域中。

Excel 2013 图表类型有十多种,如柱形图、折线图、饼图、条形图、面积图、散点图等,用户可以用多种方式表示工作表中的数据,如图 4-24 所示。一般用柱形图比较数据间的多少关系,用折线图反映数据的变化趋势,用饼图反映数据之间的比例分配关系。

图 4-24　图表类型

4.6.2　图表的创建

Excel 2013 中的图表有两种类型:一种是嵌入式的图表,它和创建图表的数据源放置在同一张工作表中,打印的时候也同时打印;另一种是独立图表,它是一张独立的图表工作表,打印时也将与数据表分开打印。

图表的创建,一般先选定创建图表的数据区域。若选定的区域有文字,则文字应在区域的最左列或最上行,用于说明图表中数据的含义。

Excel 提供了自动生成统计图表的工具。在标准类型和自定义类型中有多种二维图表和三维图表,而每种图表类型具有多种不同的子图表类型。创建图表时可根据数据的具体情况选择图表类型,下面以创建柱形图为例为用户介绍创建图表的方法,操作步骤如下:

(1) 打开"2016 级计算机专业期末考试成绩.xlsx"文件,选中需要创建图表的单元格区域,如图 4-25 所示。

(2) 选择"插入"选项卡,单击"图表"功能组中的对话框启动器按钮,弹出"插入图表"对话框。

(3) 选择"所有图表"选项卡,单击左侧的"柱形图"选项,然后在右侧的子集中选择一种图表类型,选择完毕后,单击"确定"按钮,如图 4-26 所示。

(4) 经过以上操作后,工作表中即插入了用户需要的图表,如图 4-27 所示。

4.6.3　图表的编辑

图表创建好以后,显示的效果也许并不理想,此时就需要对图表进行适当的编辑,例如,更改图表的布局、更改图表类型和数据区域等。

当图表被激活时,显示"图表工具"选项卡,选项卡中包含"图表布局""图表样式""数据""类型""位置"等多个组,如图 4-28 所示。"图表工具"工具栏对图的修改提供了很多方便。

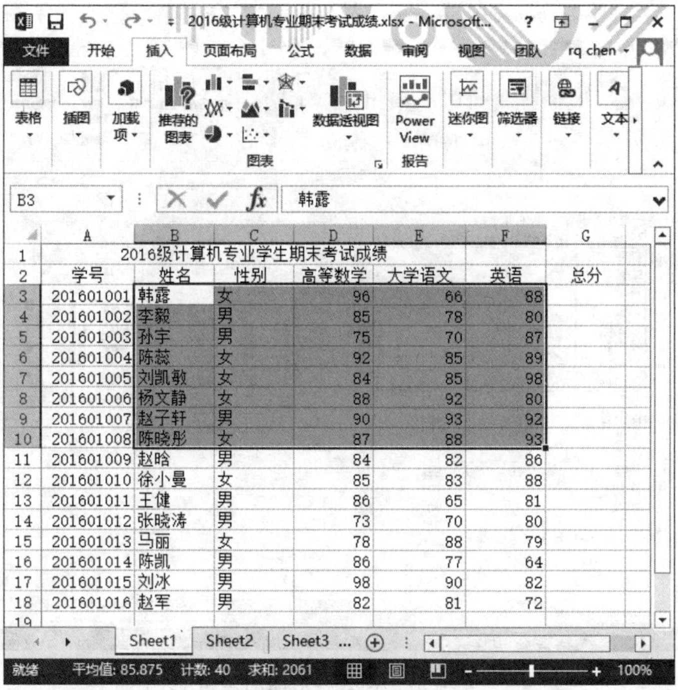

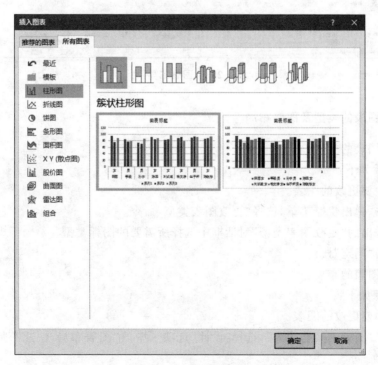

图 4-25   选择要创建图表的数据

图 4-26   选择图表类型

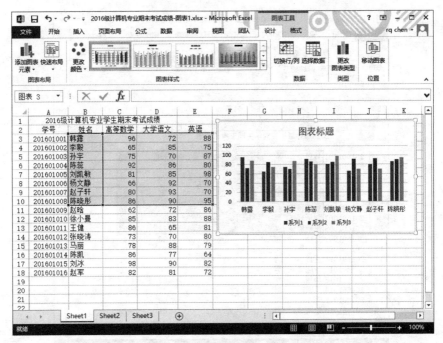

图 4-27　插入柱形图的表格

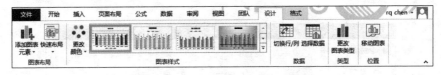

图 4-28　"图表工具"栏

1．更改图表的类型及图表布局

1）更改图表的类型

操作步骤如下：

（1）选中要更改的图表。

（2）右击，弹出快捷菜单，选择"更改图表类型"命令。

（3）在弹出的"更改图表类型"对话框中选择所需要的图标类型。

（4）单击"确定"按钮。

2）更改图表的布局

操作步骤如下：

（1）选中要更改的图表。

（2）打开"图表工具选项卡"，选择"设计"选项卡中的"图表布局/快速布局"，选择所需要的布局类型。

2．更改图表的数据区域

操作步骤如下：

（1）选中要更改的图表。

（2）右击，弹出快捷菜单，选择"选择数据"命令。

（3）在弹出的"选择数据源"对话框中，可以选择"图表数据区域""图例项（系列）""水平（分类）轴标签"，如图 4-29 所示。

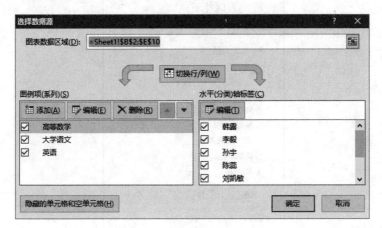

图 4-29　"选择数据源"对话框

（4）单击"确定"按钮。

4.6.4　图表的格式化

创建图表后，用户还可以为图表区、绘图区及图表中的各个元素设置格式效果，比如为图表区添加背景、为图表标题设置填充、样式等。

1. 图表的文字格式化

图表标题、坐标轴标题、图例文字等，都可以按下面的步骤类似处理。

（1）单击图表区。

（2）单击要定义的文字对象，使标题周围出现带小方柄的外框。

（3）在单个对象上右击，打开快捷菜单，选择"字体"命令，可以设置文字的字体大小、样式、字符间距等，或者选择"设置图表标题格式"，可以设置文字的填充、边框等。

（4）单击"确定"按钮。

除此之外，在 Excel 2013 中还提供文字的艺术字样式的设置，在"图表工具"选项卡中"格式"选项卡下的"艺术字样式"中提供了多种样式，包括"文本填充""文本填充轮廓""文字效果"。

2. 设置图表区域格式

用户通过"设置图表区格式"对话框可以为整个图表设置填充效果、边框样式、颜色等效果。具体操作步骤如下：

（1）选中要更改的图表。

（2）右击，弹出快捷菜单，选择"设置图表区域格式"命令。

（3）弹出的"设置图表区格式"对话框如图 4-30 所示，在其中进行"填充""边框颜色"

"边框样式""阴影""三维格式""大小""属性"等项的设置。或者单击"图表工具"中"格式"选项卡下的"形状样式"功能组右下角的"对话框启动器"按钮 ⌐ ,也可以打开"设置图表区格式"对话框。

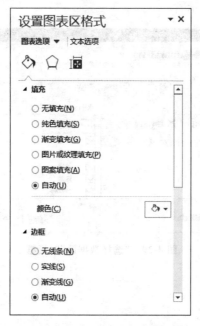

图 4-30　"设置图表区格式"对话框

（4）单击"关闭"按钮。

除了上述的方法,选中图表,单击图表右侧的按钮 ➕ ,可以为图表添加"坐标轴标题"、图表标题、网格线等。

4.7　数据管理

Excel 2013 中提供了排序、筛选、分类汇总和数据透视表等功能,可以使用这些功能对工作表中的数据进行管理。

4.7.1　数据清单

数据清单是包含列标题的一组连续数据行的工作表。数据清单由两个部分构成：表结构和纯数据。表结构是数据清单中的第一行,即为列标题,Excel 利用这些标题名进行数据的查找、排序以及筛选,其他每一行为一条记录,每一列为一个字段;纯数据是数据清单中的数据部分,是 Excel 实施管理功能的对象,不允许有非法数据出现。数据清单的构成与数据库类似。

在 Excel 中创建数据清单的原则是：每个工作表最好只有一个数据列表,否则在工作表的数据列表和其他数据间至少留出一个空白列和一个空白行。列表中则应避免空白行和空白列,单元格不要以空格开头。

数据列表与一般工作表的区别,还在于数据列表必须有列名,且每一列必须是同类型的

数据。可以说数据列表是一种特殊的工作表。前面所举的学生成绩表的例子恰好符合数据
清单的条件,如图 4-31 所示。

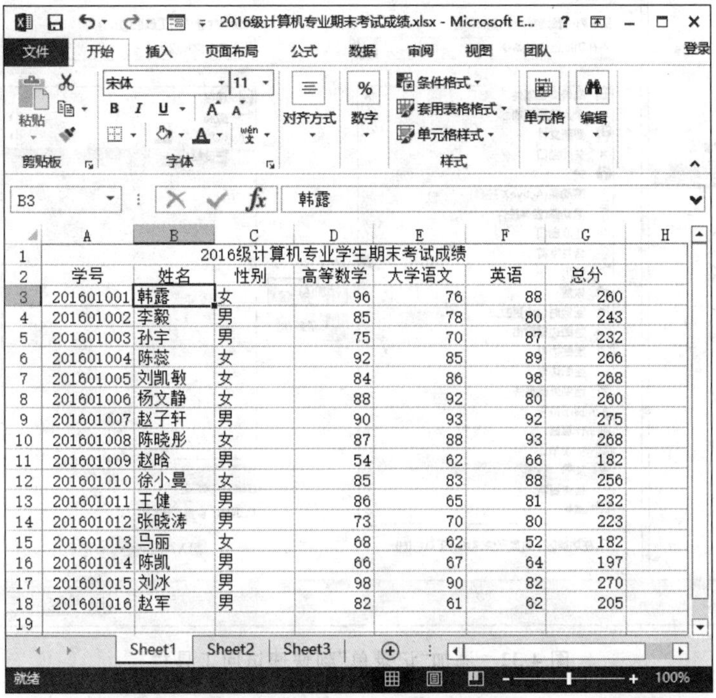

图 4-31　数据清单示意图

对数据清单可像一般工作表一样直接建立和编辑。在编辑数据清单时还能够以记录为
单位进行编辑,操作步骤如下。

(1) 单击"文件"选项卡下的"选项"命令,在弹出的"Excel 选项"对话框中的左侧窗口选
择"快速访问工具栏",在右侧窗口中选择"不在功能区的命令",选择"记录单",然后单击"添
加"按钮,并单击"确定"按钮,此时"记录单"命令就添加到了快速访问工具栏,如图 4-32 所
示,此种方法可以把不在功能区的命令都添加到快速访问工具栏,方便用户的操作。

(2) 单击数据清单中的任意单元格。

(3) 单击"快速访问工具栏",选择"记录单"命令,打开编辑记录的对话框,如图 4-33 所
示,进行记录编辑。其中,对话框最左列显示记录的各字段名(列名),其后显示各字段内容,
右上角显示的分母为总记录数,分子表示当前显示记录内容为第几条记录。在数据列清单
中增加一条记录,既可在工作表中增加空行输入数据来实现,也可在单击上述对话框的"新
建"按钮后输入数据实现,新建记录位于列表的最后,且可一次连续增加多个记录。当要删
除记录时,可先找到该记录,然后单击"删除"按钮实现。

(4) 单击"关闭"按钮。

4.7.2　数据排序

1. 简单数据排序

简单排序就是将数据表中的某一列的数据按升序或者降序排列。

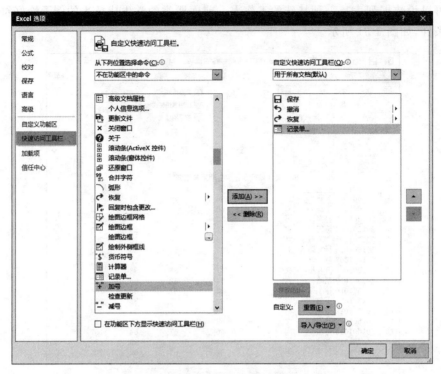

图 4-32　添加"记录单"到快速访问工具栏

图 4-33　编辑记录对话框

（1）升序排列：以某个字段的数据为标准按照从小到大的顺序进行排列。

（2）降序排列：以某个字段的数据为标准按照从大到小的顺序进行排列。

在按升序排序时，Excel 使用以下规则排序。

（1）数值从最小的负数到最大的正数排序。

（2）文本按 A～Z 排序。

（3）不论升序还是降序，空格都排在最后。

假设要对学生的"英语"成绩进行排列,简单排序的具体步骤是,选择"英语"所在列,单击"排序和筛选"功能组中的"降序排列"按钮。

按"英语"成绩降序排列后结果如图 4-34 所示。可将学生数据按英语从高到低排列。"升序排列"按钮用法正好相反。

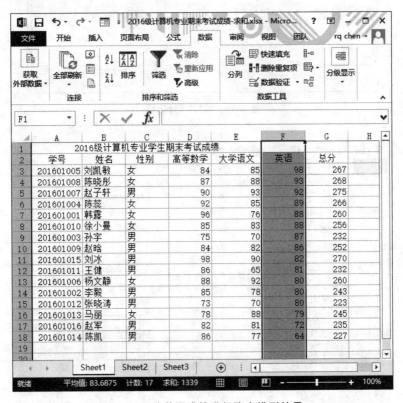

图 4-34 按英语成绩进行降序排列结果

2．复杂数据排序

如果排序要求复杂一点,比如想先将学生成绩按"总分"降序排列,总分相同时,再按英语得分降序排列,此时排序不再局限于单列,必须使用"数据"选项卡,单击"排序和筛选"功能组中的"排序"按钮,可实现复杂排序。

复杂排序的具体步骤如下。

(1) 选择"数据"选项卡,单击"排序和筛选"功能组中的"排序"按钮。

(2) 在"排序"对话框中,在"主要关键字"区域的下拉列表框中选择"总分",排序依据选择"数值",并选择"降序";单击"添加条件"按钮,添加次要关键字,在"次要关键字"区域的下拉列表框中选择"英语",排序依据选择"数值",并选择"降序",如图 4-35 所示。单击"确定"按钮,得到排序结果,如图 4-36 所示。

4.7.3 数据筛选

在数据清单中,如果用户要查看一些特定数据就需要对数据清单进行筛选。即从数据

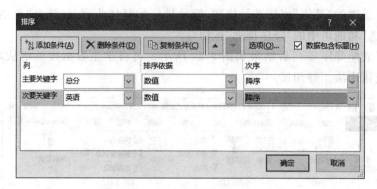

图 4-35 "排序"对话框

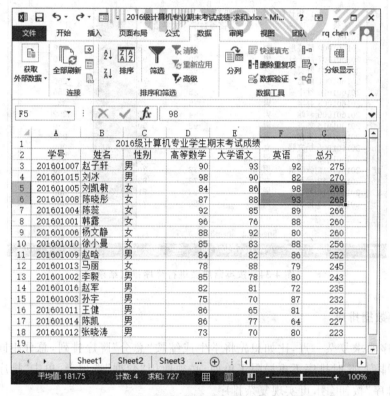

图 4-36 复杂排序结果

清单中选出符合条件的数据,将其显示在工作表中,而将那些不符合条件的数据隐藏起来。Excel 有自动筛选和高级筛选两种。自动筛选是筛选列表极其简便的方法,而高级筛选则可规定很复杂的筛选条件。

1. 自动筛选

自动筛选提供快速访问数据清单的管理功能,通过简单的操作,用户就能够筛选出那些想看到的数据。

在学生期末考试成绩表中,将"高等数学"成绩高于 90 分的学生筛选出来,具体的步骤如下：

（1）单击"数据"选项卡，选择"排序和筛选"功能组中的"筛选"按钮 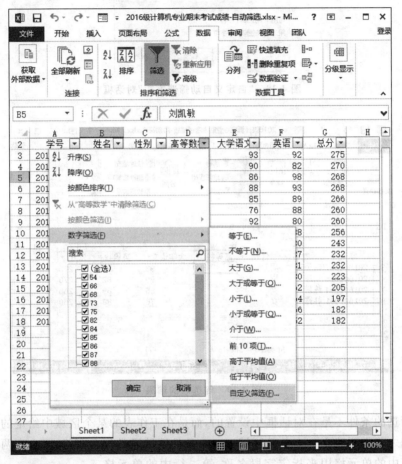，此时在数据列表中的每个字段名的右侧出现一个下三角按钮 ▼。

（2）单击"高等数学"列标题中的下三角按钮，显示出"筛选"列表，如图 4-37 所示，单击列表中的"数字筛选"命令，出现级联菜单。

图 4-37　"数字筛选"命令

（3）在级联菜单中选择"自定义筛选"命令，打开"自定义自动筛选方式"对话框，如图 4-38 所示。

（4）在"自定义自动筛选方式"对话框中，输入"高等数学"的筛选条件（大于或等于 90）。

（5）单击"确定"按钮，经过筛选后的数据清单如图 4-39 所示。这时可以看到其他成绩被隐藏。

2．高级筛选

利用"自动筛选"对各字段的筛选是逻辑"与"的关系，即同时满足各个条件。若实现逻辑"或"的关系，则必须借助于高级筛选。如要找到"高等数学"成绩为 90 或"大学语文"成绩为 90 的"男"同学。

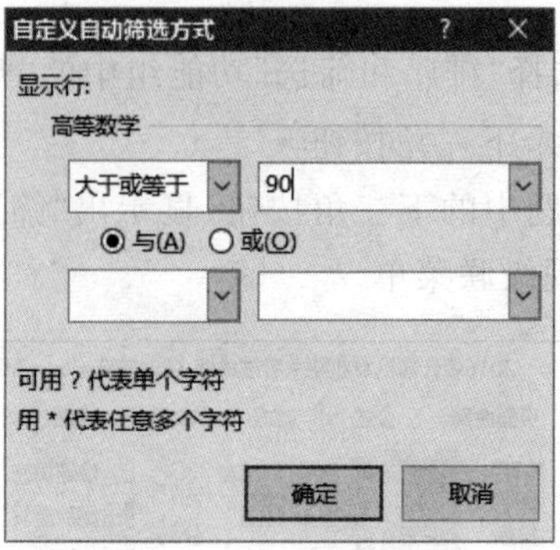

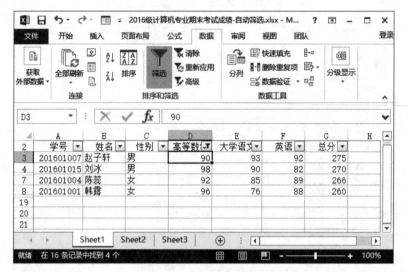

图 4-38　"自定义自动筛选方式"对话框

图 4-39　筛选后的结果

高级筛选的条件不是在对话框中设置的,而是在工作表的某个区域中给定的,因此在使用高级筛选之前需要建立一个条件区域。一个条件区域通常包含两行,至少有两个单元格。

第一行中的单元格用来指定字段名称,第二行中的单元格用来设置对于该字段的筛选条件。同一行上的条件关系为逻辑"与",不同行之间为逻辑"或"。筛选的结果可以在数据清单位置显示,也可以在数据清单以外的位置显示。具体操作步骤如下:

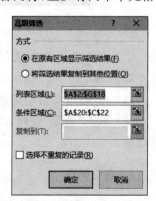

(1) 单击"数据"功能选项卡"排序和筛选"组中的"高级"按钮 🔻高级 。打开"高级筛选"对话框,如图 4-40 所示。

(2) 在该对话框中选择"方式"为"在原有区域显示筛选结果",会自动生成"列表区域"值"＄A＄2：＄G＄18"。

(3) 在"条件区域"输入：用鼠标拖动选择 A20：C22 区域。

(4) 单击"确定"按钮。

图 4-40　"高级筛选"对话框

筛选区域条件设置及筛选结果如图 4-41 所示。

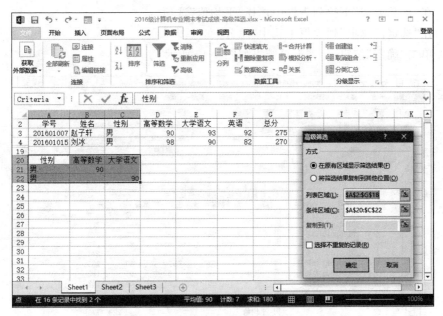

图 4-41　"高级筛选"对话框及筛选结果

4.7.4　分类汇总

分类汇总是指把数据表中的数据分门别类地进行统计处理,无须建立公式,Excel 将会自动对各类别的数据进行求和、求平均值、统计个数、求最大值和最小值等多种计算,并且分级显示汇总的结果,从而增加了工作表的可读性,使用户能更快地获得需要的数据并做出判断。

分类汇总分为简单分类汇总和嵌套分类汇总两种方式。无论哪种方式,进行分类汇总的数据表的第一行必须有列标签,而且在分类汇总之前必须先对数据进行排序,使数据中拥有同一类关键字的记录集中在一起,然后再对记录进行分类汇总操作。

1. 简单汇总

简单分类汇总指对数据表中的某一列以一种汇总方式进行分类汇总。例如,要对学生成绩表中男、女学生的平均成绩进行分类汇总,分别求出男、女同学总分的平均成绩,操作步骤如下:

(1) 按照前面所讲的方法先对"性别"字段进行排序操作。

(2) 单击数据清单中的任意单元格。

(3) 选择"数据"选项卡,单击"分级显示"组下的"分类汇总"命令按钮▦,打开"分类汇总"对话框,如图 4-42 所示。

(4) 在"分类字段"下拉列表框中选择"性别"选项。

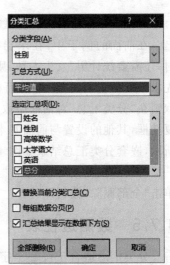

图 4-42　"分类汇总"对话框

（5）在"汇总方式"下拉列表框中选择"平均值"选项。

（6）在"选定汇总项"列表框中选中"总分"。

（7）单击"确定"按钮，分类汇总结果如图 4-43 所示。

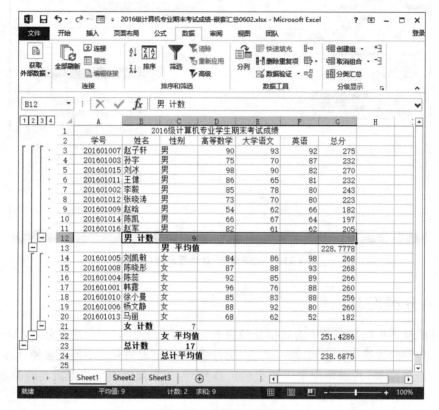

图 4-43　分类汇总结果

2. 嵌套汇总

对同一字段进行多种方式的汇总，则称为嵌套汇总。

在前面的例子中，在求男、女生总分的平均成绩的同时，还需要统计男、女生人数，则可分两次进行分类汇总，首先求平均分，操作方法与前面相同，在此基础上统计人数，取消在"分类汇总"对话框中取消选中"替换当前分类汇总"复选框，其他的设置与前面基本相同，对话框设置如图 4-44 所示，嵌套分类汇总结果如图 4-45 所示。

若要取消分类汇总，单击"分类汇总"命令，在对话框中单击"全部删除"按钮即可。

4.7.5　数据透视表

分类汇总适合于按一个字段进行分类，对一个或多个字段进行汇总。如果要对多个字段进行分类并汇总，则用

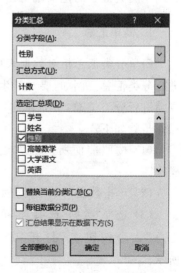

图 4-44　嵌套汇总设置

	A	B	C	D	E	F	G
1	2016级计算机专业学生期末考试成绩						
2	学号	姓名	性别	高等数学	大学语文	英语	总分
3	201601007	赵子轩	男	90	93	92	275
4	201601003	孙宇	男	75	70	87	232
5	201601015	刘冰	男	98	90	82	270
6	201601011	王健	男	86	65	81	232
7	201601002	李毅	男	85	78	80	243
8	201601012	张晓涛	男	73	70	80	223
9	201601009	赵晗	男	54	62	66	182
10	201601014	陈凯	男	66	67	64	197
11	201601016	赵军	男	82	61	62	205
12		男 计数	9				
13			男 平均值				228.7778
14	201601005	刘凯敏	女	84	86	98	268
15	201601008	陈晓彤	女	87	88	93	268
16	201601004	陈蕊	女	92	85	89	266
17	201601001	韩露	女	96	76	88	260
18	201601010	徐小曼	女	85	83	88	256
19	201601006	杨文静	女	88	92	80	260
20	201601013	马丽	女	68	62	52	182
21		女 计数	7				
22			女 平均值				251.4286
23		总计数	17				
24			总计平均值				238.6875

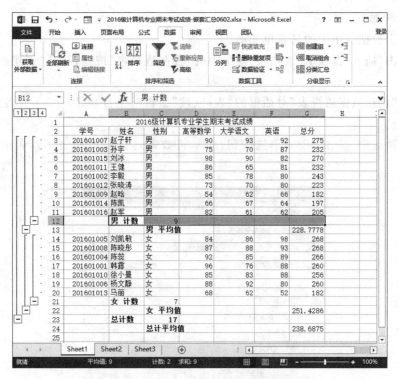

图 4-45　按性别进行嵌套分类汇总的结果

数据透视表来解决此类问题。

1. 建立数据透视表

数据表如图 4-46 所示，计算机专业学生分为计算机网络和计算机软件两个专业方向，如果需要统计各专业方向男、女生的人数，则需要同时按专业方向和性别分类，这时可以利用数据透视表来解决。

	A	B	C	D	E	F	G	H
1	2016级计算机专业学生期末考试成绩							
2	学号	姓名	专业方向	性别	高等数学	大学语文	英语	总分
3	201601001	韩露	计算机网络	女	96	76	88	260
4	201601002	李毅	计算机软件	男	85	78	80	243
5	201601003	孙宇	计算机软件	男	75	70	87	232
6	201601004	陈蕊	计算机网络	女	92	85	89	266
7	201601005	刘凯敏	计算机网络	女	84	85	98	267
8	201601006	杨文静	计算机软件	女	88	92	80	260
9	201601007	赵子轩	计算机软件	男	90	93	92	275
10	201601008	陈晓彤	计算机网络	女	87	88	93	268
11	201601009	赵晗	计算机网络	男	54	62	66	182
12	201601010	徐小曼	计算机软件	女	85	83	88	256
13	201601011	王健	计算机软件	男	86	65	81	232
14	201601012	张晓涛	计算机网络	男	73	70	80	223
15	201601013	马丽	计算机软件	女	68	62	52	182
16	201601014	陈凯	计算机网络	男	66	67	64	197
17	201601015	刘冰	计算机软件	男	98	90	82	270
18	201601016	赵军	计算机软件	男	82	61	62	205

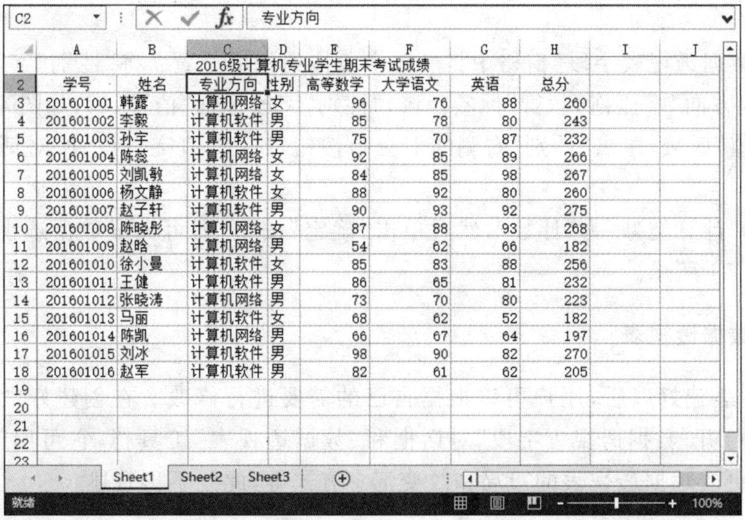

图 4-46　具有专业方向的计算机专业学生期末考试成绩表

操作步骤如下：

（1）单击数据清单中的任意单元格。

（2）单击"插入"选项卡"表格"功能组中的"数据透视表"按钮，打开"创建数据透视表"对话框。

（3）在"创建数据透视表"对话框的"表/区域"编辑框中自动显示工作表名称和单元的引用。

（4）保持选中"新工作表"单选按钮，表示将数据透视表放在新工作表中，如图 4-47 所示。

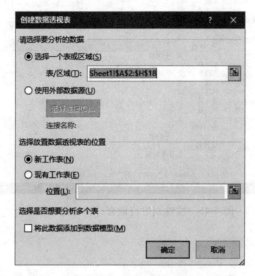

图 4-47　创建数据透视表的数据源区域对话框

（5）单击"确定"按钮，打开"创建数据透视表"对话框，即可将一个空的数据透视表添加到指定位置，此时自动显示"数据透视表工具"选项卡，而且窗口右侧显示"数据透视表字段列表"窗格，以便用户添加字段、创建布局和自定义数据透视表，创建数据透视表如图 4-48 所示。

（6）在"数据透视表字段"窗格中将所需字段拖到相应位置：将"性别"字段拖到"列"标签区域，"专业方向"字段拖到"行"标签区域，"性别"字段拖到"值"区域，如图 4-49 所示。

（7）在"值"区域，单击"性别"右侧的下三角按钮，选择"值字段设置"对话框，如图 4-50 所示。

（8）选择"计算类型"为"计数"，然后单击"确定"按钮，即可完成数据透视表的创建，显示结果如图 4-51 所示。

2. 修改数据透视表

数据透视表建好以后，用户可以根据自己的需要进行修改。在创建好数据透视表时，Excel 会自动打开"数据透视表字段"对话框和"数据透视表"工具栏，它可用于对数据透视表的修改，如更改数据透视表的布局和改变汇总方式等，此处不再赘述。

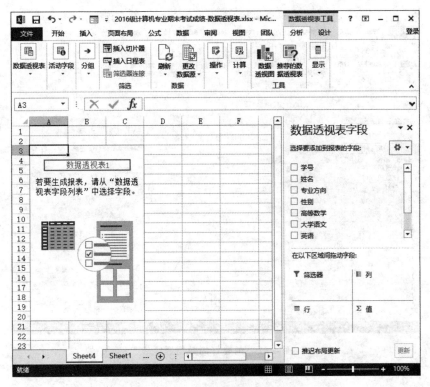

图 4-48　创建数据透视表对话框

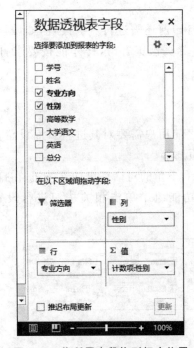

图 4-49　将所需字段拖到相应位置

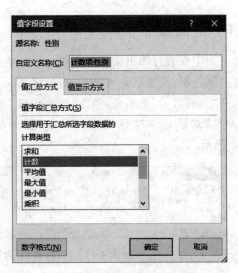

图 4-50　"值字段设置"对话框

图 4-51   创建好的数据透视表

4.8   打印操作

工作表制作完毕，一般都会将其打印出来，但在打印前还需进行一些设置，如设置工作表页面，设置要打印的区域，以及对多页工作表进行分页预览等，这样才能按要求打印工作表。

4.8.1   页面设置

为了使工作表打印出来更加美观、大方，在打印之前用户需要对其进行页面设置，主要包括设置页边距、设置纸张大小和方向、设置页眉和页脚等。

打开"页面布局"选项卡，单击"页面设置"功能组右下角的对话框启动器按钮，在打开的"页面设置"对话框中进行设置。或在"页面设置"功能组中单击相关按钮进行设置，如图 4-52 所示。

图 4-52   "页面布局"选项卡—"页面设置"组

1. 设置页边距

选择"页面设置"对话框中"页边距"选项卡,在对话框中进行设置。例如,上、下、左、右页边距大小均设置为 2.3,页眉页脚与页边距的距离设置为 1.5,表格内容的居中方式设置为"水平"和"垂直",如图 4-53 所示。

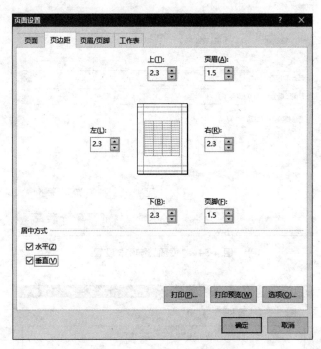

图 4-53　"页边距"选项卡设置

2. 设置纸张大小和方向

在"页面"选项卡中设置打印方向"纵向"或"横向","调整缩放比例"以及设置"纸张大小"等。例如,将纸张大小设为 A4,方向设为"横向",如图 4-54 所示。

3. 设置页眉和页脚

页眉和页脚分别位于打印页的顶端和底端,通常用来打印表格名称、页号、作者名称或时间等。如果工作表有多页,为其设置页眉和页脚可方便用户查看。

选择"页面设置"对话框中的"页眉/页脚"选项卡,在"页眉"下拉列表框和"页脚"下拉列表框中选择预先设计好的页眉和页脚。若要自定义页眉、页脚,则可单击"自定义页眉"或"自定义页脚"按钮进行设置。例如,自定义页眉为"2016 级计算机专业期末考试成绩-数据透视表",如图 4-55 所示。

4. 设置打印区域和打印标题

默认情况下,Excel 会自动选择有文字的最大行和列作为打印区域。如果只需要打印工作表的部分数据,可以为工作表设置打印区域,仅将需要的部分打印出来。

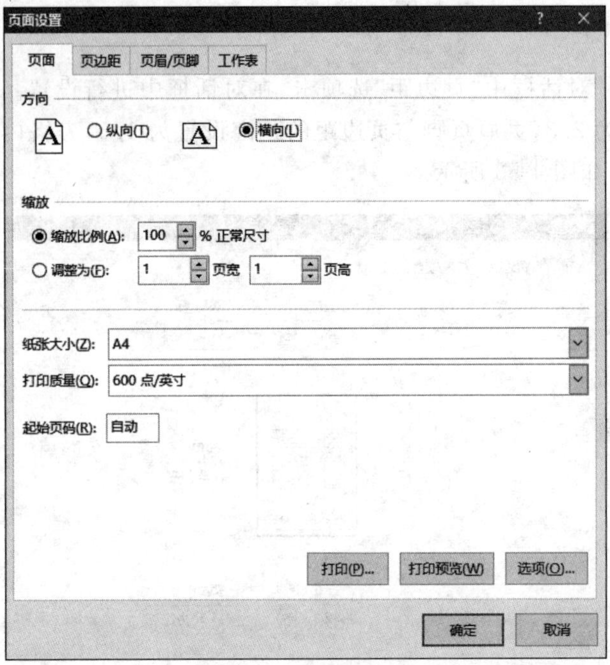

图 4-54　"页面"选项卡设置

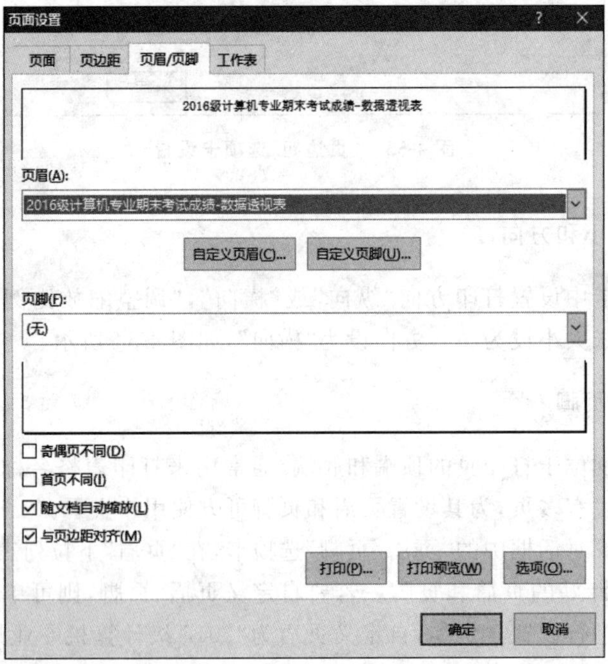

图 4-55　"页眉/页脚"选项卡

　　如果工作表有多页,只有第一页能打印出标题行或标题列,为方便查看后面的打印稿件,要为工作表的每页都加上标题行或标题列。

　　在"顶端标题行或左端标题列"栏中输入相应的单元格地址,也可以从工作表中选定表头区域。

4.8.2　打印预览及打印

1. 打印预览

单击"文件"选项卡,在展开的界面中单击"打印"选项,可以在其右侧的窗格中查看打印前的实际打印效果,如图 4-56 所示。

单击右侧窗格左下角的"上一页"按钮和"下一页"按钮,可查看前一页或下一页的预览效果。在这两个按钮之间的编辑框中输入页码数字,然后按 Enter 键,可快速查看该页的预览效果。

2. 打印工作表

确认工作表的内容和格式正确无误,以及各项设置都满意,就可以开始打印工作表了。如图 4-56 所示。在界面中间窗格的"份数"编辑框中输入要打印的份数;在"打印机"下拉表中选择要使用的打印机;在"设置"下拉列表框中选择要打印的内容;在"页数"编辑框中输入打印范围,然后单击"打印"按钮进行打印。"设置"下拉列表中各选项的含义如下。

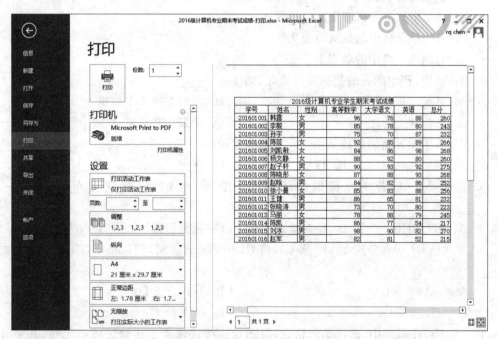

图 4-56　"打印"对话框

(1) 打印活动工作表:打印当前工作表或选择的多个工作表。

(2) 打印整个工作簿:打印当前工作簿中的所有工作表。

(3) 打印选定区域:打印当前选择的单元格区域。

(4) 忽略打印区域:表示本次打印中会忽略在工作表设置的打印区域。

思考与练习

一、选择题

1. 新建工作簿文件后,默认第一张工作簿的名称是_____。

　　A. Book　　　　　B. 表　　　　　C. Book1　　　　D. 表1

2. 工作表列标号表示为_____,行标号表示为_____。

　　A. 1、2、3　　　B. A、B、C　　　C. 甲、乙、丙　　　D. Ⅰ、Ⅱ、Ⅲ

3. 在 Excel 中,公式的定义必须以_____符号开头。

　　A. =　　　　　　B. "　　　　　　C. :　　　　　　D. *

4. 在 Excel 中指定 A2 至 A6 五个单元格的表示形式是_____。

　　A. A2,A6　　　B. A2&A6　　　C. A2;A6　　　D. A2:A6

5. 在 Excel 单元格中输入字符型数据,当宽度大于单元格宽度时正确的叙述是_____。

　　A. 多余部分会丢失

　　B. 必须增加单元格宽度后才能录入

　　C. 右侧单元格中的数据将丢失

　　D. 右侧单元格中的数据不会丢失

6. Excel 中,产生图表的数据发生变化,则图表_____。

　　A. 其他三项均不正确　　　　　B. 必须重新人工编辑才会发生变化

　　C. 不会发生变化　　　　　　　D. 会发生相应变化

7. Excel 中单元格的地址是由_____来表示的。

　　A. 列标和行号　　B. 行号　　　　C. 列标　　　　D. 任意确定

8. 在 Excel 中,若单元格引用随公式所在单元格位置的变化而改变,则称之为_____。

　　A. 相对引用　　　B. 绝对地址引用　　C. 混合引用　　　D. 直接引用

9. 单元格 D1 中有公式=A1+＄C1,将 D1 中的公式复制到 E4 格中,E4 格中的公式为_____。

　　A. =A4+＄C4　　　　　　　　B. =B4+＄D4

　　C. =B4+＄C4　　　　　　　　D. =A4+C4

10. 在 Excel 操作中,选定单元格时,可选定连续区域或不连续区域单元格,其中有一个活动单元格,活动单元格的标识是_____。

　　A. 黑底色　　　　B. 黑线框　　　　C. 高亮度条　　　D. 白色

11. SUM(B1:B4)等价于_____。

　　A. SUM(A1:B4 B1:C4)　　　　B. SUM(B1+B4)

　　C. SUM(B1+B2,B3+B4)　　　　D. SUM(B1,B2,B3,B4)

12. 在 Excel 中,使用某个条件对数据清单进行"自动筛选"后,不符合条件的数据将被_____。

A. 彻底删除　　　　　　　　　　B. 单独显示

C. 用不同颜色显示　　　　　　　D. 隐藏

13. 默认状态下,输入的字符数据在单元格中_____。

A. 左对齐　　　　B. 右对齐　　　　C. 居中　　　　D. 不确定

14. 默认状态下,输入的数字数据在单元格中_____。

A. 左对齐　　　　B. 右对齐　　　　C. 居中　　　　D. 不确定

15. 在 Excel 中,输入分数 2/3 的方法是_____。

A. 直接输入 2/3

B. 先输入一个 0,再输入 2/3

C. 先输入一个 0,再输入一个空格,最后输入 2/3

D. 以上方法都不对

16. 在 Excel 中,如 A4 单元格的值为 100,公式"＝A4＞100"的结果是_____。

A. 200　　　　B. 0　　　　C. TRUE　　　　D. FALSE

17. 在 Excel 中,选定一个单元格后按 Delete 键,将被删除的是_____。

A. 单元格　　　　　　　　　　B. 单元格中的内容

C. 单元格中的内容及格式等　　　D. 单元格所在的行

18. 在 Excel 中,常用到"常用"工具栏中的"格式刷"按钮,以下对其作用描述正确的是_____。

A. 可以复制格式,不能复制内容

B. 可以复制内容

C. 既可以复制格式,也可以复制内容

D. 既不能复制格式,也不能复制内容

19. 在 Excel 的活动单元格中要把"1234567"作为字符处理,应在"1234567"前加上_____。

A. 0 和空格　　　B. 单引号　　　C. 0　　　　D. 分号

20. Excel 中,可使用组合键_____在活动单元格内输入当天日期。

A. Ctrl+;　　　B. Ctrl+Shift+;　　　C. Alt+;　　　D. Alt+Shift+;

21. 如果 A1:A5 包含的数字 8、22、15、32 和 4,Max(A1:A5)的值是_____。

A. 32　　　　B. 22　　　　C. 81　　　　D. 4

22. 在 Excel 中,单元格区域 A2:C4 所包含的单元格个数是_____。

A. 8　　　　B. 10　　　　C. 9　　　　D. 7

23. 在 Excel 中,若 A1、A2、A3 单元格分别为 4、2、3,则 Average(A1:A3,4)的值为_____。

A. 13　　　　B. 3.5　　　　C. 3.25　　　　D. 6.5

24. 在 Excel 中,下列_____函数是计算工作表中一串数值的总和。

A. AVG　　　　B. COUNT　　　　C. SUM　　　　D. MAX

25. 在 Excel 中,单元格 A1 的内容为 112,单元格 B2 的内容为 593,则在 C2 中应输入_____,使其显示 A1＋B2 的和。

A. "A1＋B2"　　　　　　　　　　B. ＝A1＋B2

    C.　＝SUM(A1:B2)　　　　　　　　D.　"＝A1＋B2"

二、简答题

1. 什么是单元格、工作表、工作簿？简述它们之间的关系。
2. 如何进行单元格的移动和复制？
3. 简述图表的建立过程。
4. 单元格的引用有几种方式？
5. 函数和公式有何不同？
6. 筛选的作用有哪些？
7. 打印工作表应注意什么？

第 5 章

PowerPoint 2013演示文稿软件

PowerPoint 是 Microsoft Office 软件包中的重要组件之一，是用于制作演示文稿和幻灯片的专用软件。用户使用该软件可以制作集文字、图形、图像以及视频剪辑等多媒体元素于一体的演示文稿，从而将要表达的信息组织在一起并且可在计算机或大屏幕投影上播放，主要用于辅助教学、介绍公司的产品、展示自己的学术成果等。

5.1 PowerPoint 2013 的基本概念

5.1.1 PowerPoint 2013 的基本功能

PowerPoint 2013 的功能非常强大，系统提供的各种操作为用户提供了完善的演示文稿设计、制作和编辑功能。PowerPoint 2013 的基本功能如下。

1. 自动处理功能

PowerPoint 能自动生成规范的演示文稿页面，用户可以按照自己的需要添加内容。

2. 图文编辑功能

PowerPoint 的图片库提供了丰富的图形及图像文件，可以使用户在编辑文字时加入图片，制作出图文并茂的演示文稿。

3. 对象插入功能

PowerPoint 允许在幻灯片的任何位置插入外部对象，如 Word 文档、Excel 工作表或图表、其他演示文稿以及多媒体对象。

4. 动画播放功能

制作完成的演示文稿，可以在计算机或大屏幕上播放。PowerPoint 提供的幻灯片动画可以控制幻灯片播放的动画效果。

5. 网络功能

使用 PowerPoint 制作的演示文稿，可以保存为 HTML 格式，并在 Internet 上发布。使用 PowerPoint 提供的 Web 工具栏可以浏览 Internet 上的其他演示文稿及包括超链接的 Office 文档。

5.1.2　PowerPoint 2013 的启动与关闭

1. PowerPoint 2013 的启动

PowerPoint 2013 的启动可以通过以下几种方式：

（1）用快捷方式快速启动。在桌面上直接双击 Microsoft Office PowerPoint 2013 快捷图标 [P]。

（2）从快速启动栏启动。通过"开始"菜单中的选项快速启动 PowerPoint 2013 程序。

（3）从 Windows"开始"菜单启动。单击桌面上的"开始"菜单，在"所有程序"中选中 Microsoft Office PowerPoint 2013 菜单命令。

（4）直接双击某个 PowerPoint 文件，可以在启动 PowerPoint 2013 的同时打开该演示文稿。

2. PowerPoint 2013 的退出

退出 PowerPoint 2013 可以用以下方法。

（1）打开"文件"菜单，选择"关闭"命令。

（2）右击任务栏中的程序图标，在弹出的快捷菜单中选择"关闭"命令。

（3）单击窗口右上角的关闭按钮。

（4）使用系统提供的快捷键（即热键），按 Alt＋F4 键。

5.1.3　PowerPoint 2013 的用户界面

启动 PowerPoint 2013 后即打开 PowerPoint 2013 的用户界面，如图 5-1 所示。

用户界面由标题栏、文件按钮、命令选项卡标签、功能区、工作区、幻灯片及大纲窗口、状态栏、备注窗口及视图按钮构成。文件按钮、命令选项卡标签、功能区和状态栏的功能及使用与 Word 2013 类似，但也有不同部分。

1. 工作区

工作区是制作幻灯片的区域，演示文稿由若干张幻灯片组成，所有幻灯片的编辑和修改均在工作区里进行。

2. 幻灯片及大纲窗口

幻灯片及大纲窗口有两个标签，分别为大纲标签和幻灯片标签。大纲标签以简要的文本显示演示文稿，而幻灯片标签列出了组成演示文稿的所有幻灯片。

3. 备注窗口

备注窗口用于为幻灯片添加备注，是对幻灯片的说明和注释，在播放时不显示备注。

4. 视图按钮

视图按钮位于工作区的右下角，包括 6 个按钮，分别是为普通视图按钮 [回]、幻灯片浏览

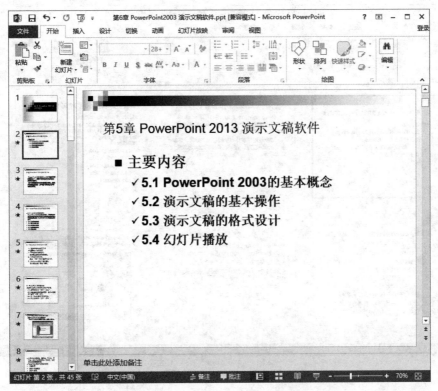

图 5-1　PowerPoint 2013 的用户界面

视图按钮![ ]、幻灯片放映视图按钮![ ]、备注页视图按钮![ ]、批注视图按钮![ ]和阅读视图按钮![ ]。使用不同的视图按钮可以切换到不同的视图。在不同的视图下,幻灯片显示的效果不同,处理的对象也不同。

(1)普通视图。启动 PowerPoint 打开的窗口即为普通视图,如图 5-1 所示。普通视图用于制作、编辑幻灯片,为幻灯片添加注释及浏览单张幻灯片。

(2)幻灯片浏览视图。单击"幻灯片浏览视图"按钮,即可切换到幻灯片浏览视图,如图 5-2 所示。

在幻灯片浏览视图中,显示演示文稿的所有幻灯片,可以对幻灯片进行复制、移动、删除等操作。

(3)幻灯片放映视图。单击"幻灯片放映"按钮,将切换到幻灯片的放映视图。在该视图下,按顺序播放每张幻灯片,可以使用鼠标控制幻灯片的播放,也可以自动播放。幻灯片制作过程中所设置的动画效果将播放中显现出来。

(4)备注页视图。在备注页视图下,只显示一张幻灯片及其备注页,可以输入或编辑备注页的内容。

(5)阅读视图。是指将演示文稿作为适应窗口大小的幻灯片放映的视图方式。该视图用于在本机上查看放映效果,而不是大屏幕放映演示文稿。

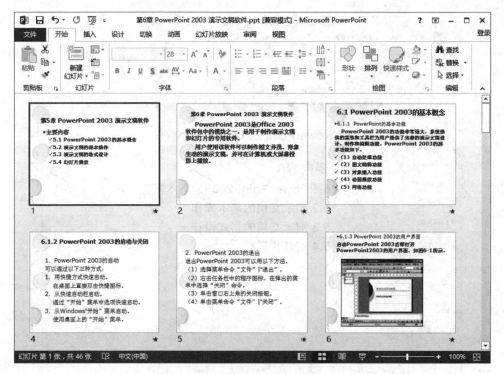

图 5-2　幻灯片浏览视图

5.2　演示文稿的基本操作

演示文稿的基本操作包括演示文稿的创建与保存、演示文稿的编辑、幻灯片的编辑、幻灯片的格式设置等。

5.2.1　PowerPoint 中的基本概念

在使用 PowerPoint 之前,应首先掌握和理解 PowerPoint 中的几个基本概念:演示文稿、幻灯片、占位符、版式,这对于设计演示文稿非常重要。

1. 演示文稿与幻灯片

利用 PowerPoint 创建的文件称为演示文稿,其扩展名为.pptx。演示文稿由幻灯片组成,演示文稿和幻灯片之间的关系就像一本书和书中的每一页之间的关系。幻灯片的内容包括文字、图片、图表、表格、视频等。幻灯片是演示文稿的基本单位。

2. 占位符和幻灯片版式

占位符是幻灯片中各种元素实现占位的虚线框。有标题占位符、文本占位符、内容占位符等。内容占位符中可以插入表格、图表、SmartArt 图形、图片、剪贴画、媒体剪辑等各种对象。

版式是一个幻灯片的整体布局方式,是定义幻灯片上待显示内容的位置信息。幻灯片本身只定义了幻灯片上要显示内容的位置和格式设置信息,可以包含需要表述的文字及幻灯片需要容纳的内容,也可以在版式或幻灯片母版中添加文字和对象占位符。但不能直接在幻灯片中添加占位符,对于一个新幻灯片,要根据幻灯片表现的内容来选择一个合适的版式。如图 5-3 所示的幻灯片为"标题和内容"版式的幻灯片,包含两个占位符:一个标题占位符,一个内容占位符。单击内容占位符中左下角的"插入来自文件的图片"图标,弹出"插入图片"对话框,选择文件中的一幅图片即可将其插入到内容占位符内。

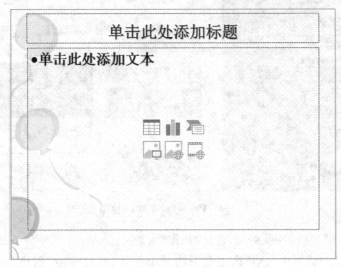

图 5-3　幻灯片浏览视图

5.2.2　演示文稿的创建

创建演示文稿可以采用两种方法,分别为创建空演示文稿和根据模板创建演示文稿。

1. 创建空演示文稿

创建空演示文稿有两种方法,具体操作方法如下。

方法 1:启动 PowerPoint 2013,打开 PowerPoint 窗口,如图 5-4 所示,在右边的窗格中列出了可以选择演示文稿的样本或模板,单击"空白演示文稿",即可完成空白演示文稿的创建,演示文稿的文件名默认为"演示文稿 1"。

方法 2:单击"文件"选项卡,单击"新建"命令,打开"新建演示文稿"窗格,如图 5-4 所示,单击"空白演示文稿",完成空白演示文稿的创建。

2. 根据模板创建演示文稿

根据模板创建是根据系统事先设计好的样式创建演示文稿。PowerPoint 2013 提供了多种设计模板供用户选择,不同的模板为演示文稿设计了不同的标题样式和背景图案,用户可以根据需要进行选择。在利用模板设计的演示文稿中,每张幻灯片的格式都已经设置好,用户只需将内容填入并加以修改即可设计出美观实用的演示文稿。具体操作步骤如下。

(1) 选择"文件"选项卡,单击"新建"命令,打开"新建演示文稿"窗格,在"可用的模板和

图 5-4　PowerPoint 2013 窗口

主题"选择相应的模板或主题(例如,选择"环保"主题)。

（2）在打开的对话框中,选择该主题下的某个模板,然后单击"创建"按钮,如图 5-5 所示,系统将自动完成演示文稿的创建。

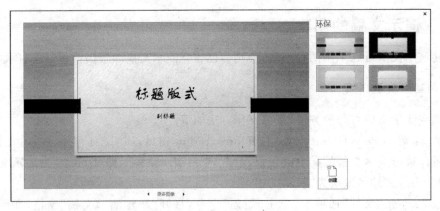

图 5-5　幻灯片模板对话框

模板设计完成后,所有幻灯片均采用该模板。

5.2.3　保存演示文稿

设计完成的演示文稿可以保存在磁盘上,保存演示文稿有两种方式,分别为保存和另存。

1. 保存

将当前正在编辑的演示文稿保存,只需单击"文件"选项卡中的"保存"命令或单击快速访问工具栏中的"保存"按钮 ，如果是第一次保存,系统将自动弹出"另存为"窗格,如图 5-6 所示。

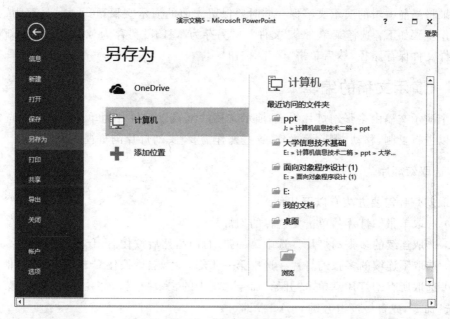

图 5-6 "另存为"窗格

选择文件保存路径,打开"另存为"对话框,如图 5-7 所示。

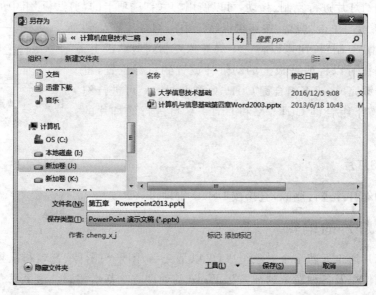

图 5-7 "另存为"对话框

在"文件名"文本框中输入演示文稿的文件名,然后单击"保存"按钮。如果要保存以前保存的文件只需单击"保存"按钮 █ 即可。如果想在低版本的 PowerPoint 系统中使用由 PowerPoint 2013 创建的演示文稿,那么在保存时请选择保存类型为"PowerPoint97-2003 演示文稿"。

2. 另存

如果将当前编辑的演示文稿保存同时要保留先前的演示文稿,可采用"另存为"方法保存。操作步骤如下:选择菜单命令"文件"→"另存为",打开"另存为"对话框,输入新文件名以及选择文件保存路径,然后单击"保存"按钮。

5.2.4　演示文稿的编辑

一个演示文稿由多张幻灯片组成,演示文稿的编辑以幻灯片为单位。可以对选定的幻灯片可以进行复制、移动、删除等操作,这些操作需要在"幻灯片浏览视图"下进行。

1. 选取幻灯片

选取幻灯片需要方法有以下几种。

(1) 选取单张幻灯片。单击要选择的幻灯片。

(2) 选取连续的多张幻灯片。选中第一张幻灯片,然后按住 Shift 键,单击最后一张。

(3) 选取不连续的多张幻灯片。选中第一张幻灯片,然后按住 Ctrl 键,单击其他各张。

(4) 选取所有幻灯片。单击"开始"命令选项卡的 选择▾ 按钮,并在弹出的下拉菜单中单击"全选"命令,或直接按组合键 Ctrl+A 即可。

2. 复制幻灯片

对选取的幻灯片进行复制、移动,可以使用"开始"选项卡的"剪贴板"组中的命令按钮完成,如图 5-8 所示。单击"剪切"按钮可以将选中的幻灯片移动到剪贴板上,单击"复制"按钮可以将选中幻灯片复制到剪贴板上,单击"粘贴"按钮可以将剪贴板上的幻灯片放置到目标位置,也可以使用组合键完成,按下组合键 Ctrl+C 和 Ctrl+V 可进行幻灯片的复制,按下组合键 Ctrl+X 和 Ctrl+V 可进行幻灯片的移动。

图 5-8　"剪贴板"组中的
命令按钮

3. 删除幻灯片

对选取的幻灯片进行删除,直接按 Delete 键即可。

5.2.5　幻灯片的编辑

一张幻灯片通常有若干个对象组成,可以是文字、图形与图像、音频和视频等。文字的编辑、图形、图像以及各种对象的插入与 Word 的处理方法基本相同。这里只介绍与幻灯片有关的操作。

1．新建幻灯片

在幻灯片设计过程中，向演示文稿添加新的幻灯片是经常进行的操作。其操作方法如下。

方法 1：在"幻灯片/大纲"浏览窗格中，选择要插入幻灯片的位置，单击"开始"选项卡中的"新建幻灯片"按钮，即可在插入位置的后面添加一张新幻灯片。

方法 2：打开演示文稿的幻灯片浏览视图，选择要插入幻灯片的位置并在两张幻灯片之间的空白处单击，单击"开始"选项卡中的"新建幻灯片"按钮，即可在该位置插入一张新幻灯片。

在插入幻灯片时，可以选择幻灯片的版式，只需单击"新建幻灯片"按钮右下角的箭头，在打开的下拉列表框中选择所需要的版式，如果直接单击"新建幻灯片"按钮，则插入的幻灯片的版式与前一张幻灯片的版式相同。

2．幻灯片的重用

幻灯片重用就是从其他演示文稿向自己的演示文稿中添加一张或多张幻灯片，而不必打开其他演示文稿，具体操作步骤如下。

（1）打开演示文稿，单击"幻灯片"选项卡，确定需要添加幻灯片的位置。

（2）切换到"开始"选项卡，在"幻灯片"功能组单击"新建幻灯片"下拉按钮，在打开下拉列表的最下方选择"重用幻灯片"。

（3）在"重用幻灯片"窗格中，单击"打开 PowerPoint 文件"链接，如图 5-9 所示。

（4）在"浏览"对话框中，打开包含所需幻灯片的演示文稿。此时在"重用幻灯片"窗格中，会出现所选演示文稿的幻灯片缩略图。

（5）右击要添加的幻灯片，在快捷菜单中选择"插入幻灯片"或"插入所有幻灯片"命令，如图 5-10 所示。

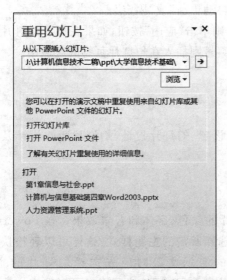

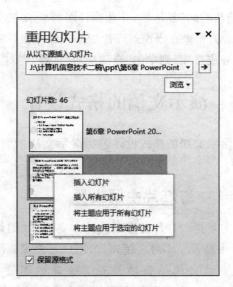

图 5-9　"重用幻灯片"窗格　　　　　　　图 5-10　选择相关命令

（6）另外，如果想保留源演示文稿的格式，可选中"重用幻灯片"窗格最下方的"保留源格式"复选框。

3. 插入幻灯片编号与日期和时间

编号、日期和时间可以插入在所有的幻灯片中，也可以插入在某一张幻灯片中，其操作步骤如下：

（1）单击"插入"选项卡的"幻灯片编号"按钮 # 或"日期和时间"按钮 ，打开"页眉和页脚"对话框，如图 5-11 所示。

图 5-11　"页眉和页脚"对话框

（2）要插入幻灯片编号，则需选中"幻灯片编号"复选框；要插入日期和时间，则需选中"日期和时间"复选框，并选择日期的显示方式"自动更新"或"固定"。

（3）如果在当前幻灯片中插入编号或日期，则单击"应用"按钮；如果在所有幻灯片中插入编号或日期，则单击"全部应用"按钮，幻灯片编号则插入在幻灯片页脚的区域中。

5.3　演示文稿的格式设计

演示文稿的格式设计包括演示文稿的背景设置、幻灯片设计、幻灯片版式设计及母版设计。

5.3.1　幻灯片主题设置

主题是幻灯片的界面设计方案，包含幻灯片的颜色、字体和背景效果。在 PowerPoint 2013 中预设了多种主题样式，用户可根据需要选择所需的主题样式，这样可以轻松快捷地更改演示文稿的整体外观。通常在创建新的演示文稿时应先选择幻灯片的主题，PowerPoint 会将选定的"Office 主题"应用于新的空演示文稿，然后用户可以选定主体的配色方案，对幻灯片进行编辑，在幻灯片中添加所需要的对象，使幻灯片的内容与该主题相匹配。

　　首先创建一个空演示文稿,单击"设计"选项卡"主题"功能组,单击右侧的其他按钮 ,
打开主题列表框,如图 5-12 所示。

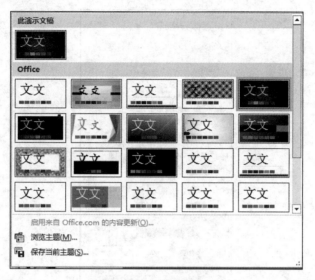

图 5-12　主题列表框

　　用户可以根据需要选择其中的主题,并将该主题应用于某个幻灯片或所有幻灯片,在选
定的主题上右单击,并在快捷菜单中选择"应用于选定幻灯片"或"应用于所有幻灯片"命令。

5.3.2　幻灯片背景设置

　　为了使幻灯片更具特色,用户可以自行设置或调整背景颜色和填充效果。在
PowerPoint 2013 中,向演示文稿中添加背景是添加一种背景样式。背景样式是来自当前
主题,主题颜色和背景亮度的组合构成该主题的背景填充变体。当更改主题时,背景、样式
随之更新以反映新的主题颜色和背景。

　　如果是一张没有应用主题的幻灯片,那么幻灯片背景可以填充纯色、渐变色、纹理、图案
作为幻灯片的背景,也可以将图片作为背景,并可以对图片的饱和度及艺术效果进行设置。

　　设置背景的操作步骤如下。

　　(1) 选中要设置背景的幻灯片,然后选择"设计"选项卡中的"变体"功能组,单击右侧的
其他按钮 ,打开变体下拉列表框,如图 5-13 所示。

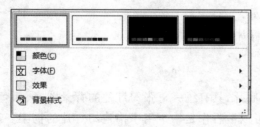

图 5-13　变体下拉列表框

(2) 将光标指需要设置的项目,如"颜色",系统将自动打开"颜色"设置列表框,可以选择所需要的颜色方案。若单击"背景格式",则打开"设置背景格式"窗格,如图 5-14 所示。可以为幻灯片的背景选择渐变填充、图片或纹理填充、图案填充等背景效果。

图 5-14　"设置背景格式"窗格

(3) 选择完毕返回,如果全部的幻灯片都设置为同样的背景,则单击"全部应用"按钮。

5.3.3　设置幻灯片版式

幻灯片版式是幻灯片中标题、副标题、图片、表格、图表和视频等元素的排列方式,由若干个占位符组成。幻灯片中的占位符就是设置了某种版式后,自动显示在幻灯片中的各个虚线框。幻灯片的版式一旦确定,占位符的个数、排列方式也就确定下来了。设置幻灯片版式是指将系统提供的幻灯片版式应用于当前幻灯片,用户可以根据幻灯片的内容及结构选择幻灯片版式。操作步骤如下:

(1) 选择需要设置幻灯片版式的幻灯片。

(2) 选择"开始"选项卡的"幻灯片"功能组,单击"幻灯片版式"按钮 ,打开幻灯片版式列表框,如图 5-15 所示。

(3) 选择需要的幻灯片版式,返回编辑窗口。

5.3.4　母版设计

母版相当于照片的底片,具有统一每张幻灯片的背景图案、颜色、字体、效果、占位符的大小和位置等作用,它可以被看作是一个用于构建幻灯片的框架。所有的幻灯片都基于该幻灯片母版创建。如果更改了幻灯片母版,将影响所有基于母版而创建的演示文稿幻灯片。

PowerPoint 2013 提供了 3 种母版,分别是幻灯片母版、讲义母版、备注母版。选择"视图"选项卡中的"母版视图"功能组,可以切换到母版视图,如图 5-16 所示。其中使用最多的是幻灯片母版。

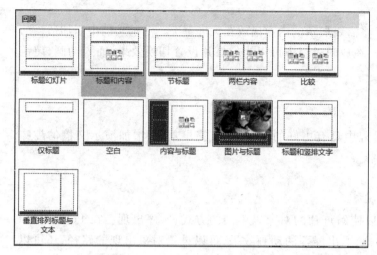

图 5-15 幻灯片版式列表框

图 5-16 "母版视图"功能组

PowerPoint 2013 中自带了一个幻灯片母版,该母版中包括 12 个版式。如果在设计幻灯片过程选择了主题,母版的版式会发生相应的改变。可以根据需要对其中的某个版式进行重新设计。

在幻灯片母版视图中系统自动显示"幻灯片母版"选项卡,如图 5-17 所示。

图 5-17 "幻灯片母版"选项卡

在幻灯片母版视图中可自定义下列项目:
- 设置文本、图片等元素的位置、大小和格式。
- 插入在文稿中共同显示的内容。
- 设置幻灯片的背景。
- 设置每个元素的动画效果。

另外,要在幻灯片中显示日期、编号、页脚等信息,需要先在"页眉和页脚"对话框中对显示的内容进行设置,然后在母版视图中设计它们的位置、大小和格式等。

单击母版的各区域,使其处于编辑状态,然后根据需要添加所需要的对象并对其进行相应的格式设置,设置完成后,单击"幻灯片母版"选项卡中的"关闭母版视图"按钮,返回幻灯片普通视图。

讲义母版和备注母版的设计方法与幻灯片母版类似。

5.4 幻灯片动画设计

设计幻灯片的目的是为了将需要展示的内容播放在大屏幕上。演示文稿中添加适当的动画，可以使文稿更具感染力。在放映过程中可以为幻灯片设置切换效果、插入动画、超链接等。

5.4.1 动画设置

为了让演示文稿在播放过程中具有更好的视觉效果、突出重点、增加演示文稿的趣味性，可以为幻灯片添加动画效果。

1. 添加动画

在幻灯片播放过程中，可以使幻灯片的对象以不同的方式、顺序出现。在 PowerPoint 2013 中，可以设置对象进入屏幕、退出屏幕的动画效果、可以设置对象出现的路径，还可以为所选对象设置放大、缩小、填充颜色等效果。

添加动画有以下操作方法：

（1）选择幻灯片中需设置动画的对象。

（2）打开"动画"选项卡，如图 5-18 所示。在"动画"功能组中选择相应的动画效果。设置动画效果后，可以单击"效果选项"按钮对动画进行更深层次的设置。例如，如果设置动画效果的对象是文字，可以设置文字出现的方式是"作为一个对象""整批发送"或"按段落"。选择的动画不同，效果选项的设置也不同。

图 5-18 "动画"选项卡

（3）如果需要设置对象进入、强调、退出以及路径等动画效果，则需要使用"添加动画"按钮，单击"高级动画"功能组中的"添加动画"按钮 ★，打开"添加动画"窗格，如图 5-19 所示。用户可以根据自己的喜好在列表框中选择相应的设置。使用列表框下方的四个按钮可以设置更多的动画效果。

2. 设置动画顺序

幻灯片中动画的播放顺序是按添加动画的先后顺序确定的，可以根据需要重新进行调整。操作方法如下。

选择"动画"选项卡的"高级动画"功能组，单击"动画窗格"按钮，打开"动画窗格"窗口，如图 5-20 所示，当前幻灯片中所有的动画都会在窗格中显示出来。选定一个对象动画，单击"重新排序"按钮，或者在动画窗格中拖动对象动画，均可调整动画的放映顺序。

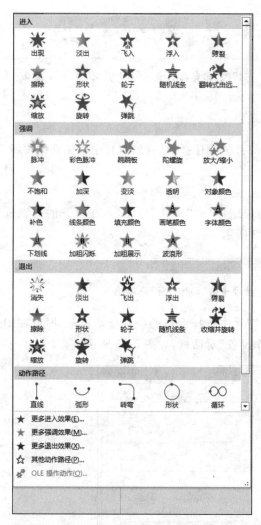

图 5-19　"添加动画"窗格　　　　　　　图 5-20　"动画窗格"窗口

5.4.2　设置幻灯片切换效果

设置幻灯片切换效果，就是指设置在播放过程中两张连续的幻灯片之间的过渡效果，即从前一张幻灯片转到下一张幻灯片之间要呈现出的效果。幻灯片在切换的同时还可伴随声音。默认情况下，演示文稿中的幻灯片没有任何切换效果。在 PowerPoint 2013 中，内置了多种幻灯片切换效果，可以为单张、多张或所有幻灯片设置切换效果。

首先选择需要设置切换效果的幻灯片，单击"切换"选项卡，显示幻灯片切换的所有命令按钮，如图 5-21 所示。可以在"切换到此幻灯片"功能组中直接选择一个切换效果。还可以通过"效果选项"和"计时"组的命令对切换效果进行编辑。例如，可以在切换时添加声音、调整切换速度、改变切换方式等，单击"全部应用"按钮，则所有的幻灯片均采用同样的切换效果。在"切换方案"下拉列表框中选择"无"，可取消切换效果设置。

图 5-21　"切换"命令选项卡

5.4.3　插入动作按钮

演示文稿在播放过程中通常按照幻灯片的顺序播放,在幻灯片中添加动作按钮,可以改变幻灯片的播放顺序。操作步骤如下。

(1) 选择要插入动作按钮的幻灯片。

(2) 选择"插入"选项卡的"插图"功能组,单击"形状"按钮⟨⟩,在打开的列表框的最下方显示的是"动作按钮"选项组,如图 5-22 所示。

◁▷▷◁▷▷⊞◎◉▣▣▣◁?□

图 5-22　"插入"选项卡的"动作按钮"选项组

(3) 在其中选择需要的按钮并在幻灯片中选择合适的位置拖动鼠标,即可在幻灯片中画出一个命令按钮。同时自动打开"操作设置"对话框,如图 5-23 所示。

图 5-23　"操作设置"对话框

(4) 选中"超链接到"单选按钮,然后选择要链接的幻灯片或应用程序,还可以设置播放声音,然后单击"确定"按钮,动作按钮添加完成。

5.4.4　插入超链接

超链接是将幻灯片中的某些对象设置为特定的标记并将这些标记链接到演示文稿中其他幻灯片或外部应用程序。播放时当这些对象被触发时,可以使演示文稿跳转到所链接的幻灯片或应用程序上。使用超链接可以更灵活地控制幻灯片的播放过程。

建立超链接的步骤如下。

(1) 选择要设置超链接的幻灯片并选中作为超链接标记的对象。

(2) 单击"插入"选项卡"超链接"功能组中的"超链接"命令,或在超链接对象上右击并在快捷菜单中选择"超链接"命令。打开"插入超链接"对话框,如图 5-24 所示。

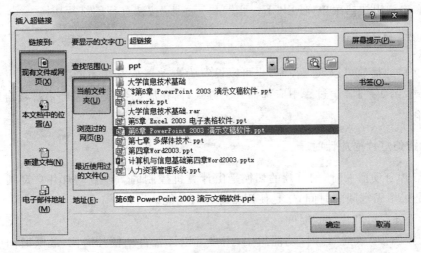

图 5-24　"插入超链接"对话框

(3) 使用该对话框可以查找并选择要连接的幻灯片或文件,如果需要还可以在"要显示的文字"文本框中输入要显示的文字,在幻灯片播放过程中,当光标移到超链接对象上会自动显示这些文字。然后单击"确定"按钮,设置完成。

5.5　幻灯片播放

演示文稿制作完成后,要通过播放的形式向他人展示文稿中的内容信息。PowerPoint 中演示文稿的放映方式可以通过"幻灯片放映"选项卡设置并实现。"幻灯片放映"选项卡的内容如图 5-25 所示。

图 5-25　"幻灯片放映"选项卡

5.5.1　观看放映

将幻灯片切换到"幻灯片放映"视图,即可观看放映。切换到"幻灯片放映"视图有两种方法。

(1) 选择"幻灯片放映"选项卡,在"开始放映幻灯片"功能组中单击"从头开始"按钮或按 F5 键,幻灯片从第 1 张开始播放。

（2）选择"幻灯片放映"选项卡，在"开始放映幻灯片"功能组中单击"从当前幻灯片开始"按钮或直接单击状态栏中的"放映"按钮🖳，从当前幻灯片开始播放。

在播放过程中可以在幻灯片之间进行切换，切换方式有以下几种。

（1）按任意键或 Page Down 键或单击可以切换到下一张。

（2）按 Page Up 键返回上一张。

（3）右击弹出快捷菜单，使用"下一张"和"下一张"按钮进行幻灯片切换。

5.5.2　播放控制

演示文稿的播放可以人工控制，也可以设置为自动播放。在不同的环境中应采用不同的播放方式，例如，在教学过程中应选择人工方式；而在展览会、产品发布会等场合应采用自动播放方式。

1. 设置幻灯片播放计时

当幻灯片自动播放时，幻灯片的切换是由计算机控制的。设置幻灯片自动播放有两种方法：一是采用固定间隔时间，二是使用排练计时功能。

1）人工设置幻灯片放映时间

在"切换"选项卡的"计时"功能组中，用户可以设置自动换片时间，放映时间以秒为单位，如果希望该时间应用到全部幻灯片，可以单击"全部应用"按钮。如果幻灯片的放映时间不完全一样，可以逐张进行自动换片时间的设置。设置完成后，切换到"幻灯片浏览"视图，可以看到每张幻灯片缩略图的下面都出现了设置的放映时间。

2）设置排练计时

排练计时是指通过实际放映演示文稿，记录放映时各幻灯片放映的时间。设置排练计时的操作方法如下。

（1）打开演示文稿。

（2）单击"幻灯片放映"选项卡中的"排练计时"按钮⏱，进入幻灯片播放状态同时显示预演工具栏，如图 5-26 所示。

（3）单击工具栏中的下一项按钮或单击幻灯片，可以切换到下一张幻灯片。

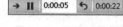

图 5-26　预演工具栏

（4）演播结束后屏幕显示计时消息框，询问是否保留幻灯片播放计时时间，选择"是"则保存排练计时，否则不保留。

保存排练计时后，可以通过设置放映方式自动播放幻灯片。如果幻灯片设置了动画，则计时器将把每个动画对象显示的时间记录下来。

2. 设置放映方式

设置放映方式的操作步骤如下：

（1）打开要播放的演示文稿，选中任意一张幻灯片。

（2）单击"幻灯片放映"选项卡"设置"功能组中的"设置放映方式"按钮，打开"设置放映方式"对话框，如图 5-27 所示。

（3）在该对话框中，可以设置放映类型、放映幻灯片范围、换片方式以及其他选项等。

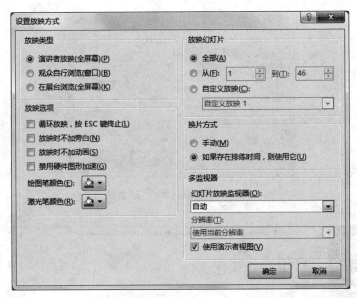

图 5-27　"设置放映方式"对话框

说明：

（1）放映类型。"演讲者放映"是全屏幕播放，播放过程中可以人工换片或使用排练计时自动换片；"观众自行浏览"适用于在局域网中让观众自行打开演示文稿并放映；"在展台浏览"用于在展览场所的自动循环放映。

（2）换片方式。"手动"是指在播放过程中，通过单击鼠标或键盘切换幻灯片；"如果存在排练时间，则使用它"则在设置排练计时后自动播放。

5.6　演示文稿输出

5.6.1　页面设置

页面设置用于设置幻灯片的尺寸、方向以及大纲、讲义和备注的方向。其操作步骤如下：

单击"设计"选项卡"自定义"功能组的"幻灯片大小"按钮，在列表框中选择"自定义幻灯片大小"选项，打开"幻灯片大小"对话框，如图 5-28 所示。

使用下拉列表框可以选择或设置幻灯片尺寸的类型，利用"宽度"和"高度"微调按钮可以设置幻灯片的尺寸，使用单选按钮可以选择幻灯片、备注、讲义和大纲的方向，单击"确定"按钮即可完成设置。

5.6.2　打印幻灯片

演示文稿除了在计算机或大屏幕上播放外，还可以打印在纸上。操作方法与 Word 文档的打印方法类似，区别在于参数设置不同。

（1）单击 "文件"菜单中的"打印"命令，打开"打印"窗格，如图 5-29 所示。

（2）在"打印"窗格中，可以设置打印份数，选择打印机，设置幻灯片打印范围，设置打印

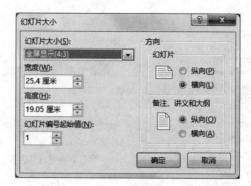

图 5-28　"幻灯片大小"对话框

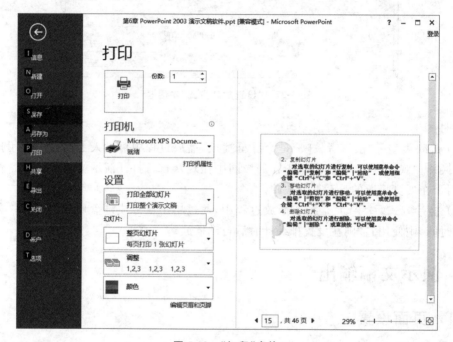

图 5-29　"打印"窗格

方式,"打印内容"可以根据不同的需要选择"整页幻灯片""讲义""备注页""大纲视图"等。如果选择"讲义",则可以在"讲义"栏内设置"每页幻灯片片数"和"顺序"等。

　　(3) 参数设置完成后。单击"打印"按钮 🖶,则在打印机上输出。

5.6.3　演示文稿打包

　　用户可以将制作好的演示文稿打包成 CD,从而在其他没有安装 PowerPoint 软件的计算机上进行幻灯片放映。

　　单击"文件"菜单,单击"导出"命令,打开"导出"窗格,如图 5-30 所示。单击"将演示文稿打包成 CD",打开"打包成 CD"对话框。

　　单击"打包成 CD"按钮,在打开的对话框中进行相关设置。打包完成后,会自动打开包含打包文件的文件夹。

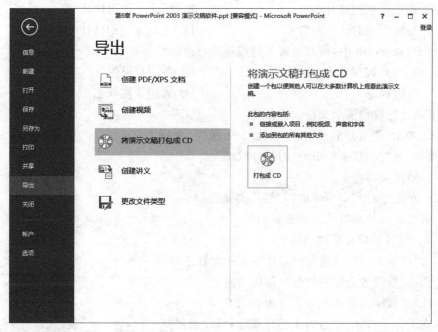

图 5-30　"导出"窗格

思考与练习

一、选择题

1. 在 PowerPoint 中,为幻灯片设计主题,应该选择_____选项卡。

　　A. 视图　　　　　　　B. 格式　　　　　　　C. 设计　　　　　　　D. 插入

2. PowerPoint 运行在_____环境下。

　　A. Windows　　　　B. DOS　　　　　　　C. Macintosh　　　　D. UNIX

3. 选择_____命令,可以打开"插入音频"对话框。

　　A. "插入剪辑"　　　　　　　　　　　B. "插入"→"插入音频"

　　C. "设计"→"插入音频"　　　　　　　D. "将剪辑添加到收藏夹或其他类别"

4. 幻灯片上可以插入_____多媒体信息。

　　A. 声音、音乐和图片　　　　　　　　B. 声音和影片

　　C. 声音和动画　　　　　　　　　　　D. 剪贴画、图片、声音和影片

5. PowerPoint 的超链接命令可实现_____。

　　A. 幻灯片之间的跳转　　　　　　　　B. 演示文稿幻灯片的移动

　　C. 中断幻灯片的放映　　　　　　　　D. 在演示文稿中插入幻灯片

6. 如果将演示文稿置于另一台不带 PowerPoint 系统的计算机上放映,那么应该对演示文稿进行_____。

　　A. 复制　　　　　　　B. 打包　　　　　　　C. 移动　　　　　　　D. 打印

7. 在 PowerPoint 的幻灯片浏览视图中,不能完成的操作是_____。

  A. 调整个别幻灯片位置   B. 删除个别幻灯片

  C. 编辑个别幻灯片内容   D. 复制个别幻灯片

8. 在 PowerPoint 中,可对母版进行编辑和修改的状态是_____。

  A. 幻灯片视图状态   B. 备注页视图

  C. 母版状态   D. 大纲视图状态

9. 下列不能放映演示文稿的操作是_____。

  A. 单击"幻灯片放映"菜单中的"观看放映"命令

  B. 单击"视图"菜单中的"幻灯片放映"命令

  C. 使用快捷键 F5

  D. 单击"视图"菜单中的"幻灯片浏览"命令

10. 关于幻灯片母版的叙述正确的是_____。

  A. 母版和模板是同一概念

  B. 母版的操作可通过幻灯片版式的设置来完成

  C. 模板设置会影响幻灯片母版的内容

  D. 母版实际是扩展名为.pot 的文件

11. 在 PowerPoint 中进行了错误操作,可以通过_____命令恢复。

  A. 打开   B. 撤销   C. 保存   D. 关闭

12. 停止正在放映的幻灯片可按_____键。

  A. Ctrl+X   B. Ctrl+Q   C. Esc   D. Alt+X

13. 下列关于演示文稿的描述正确的是_____。

  A. 演示文稿中的幻灯片版式必须一样

  B. 使用模板可以为幻灯片设置统一的外观式样

  C. 只能在窗口中同时打开一份演示文稿

  D. 使用"文件"菜单中的"新建"命令为演示文稿添加幻灯片

14. 下列_____不属于演示文稿的素材。

  A. 文本   B. 图片   C. 幻灯片的版式 D. 声音

15. 从当前幻灯片开始放映应_____。

  A. 单击幻灯片切换   B. 单击幻灯片放映视图

  C. 使用 F5 键   D. 单击自定义放映按钮

二、简答题

1. PowerPoint 有哪几种视图方式? 每种视图各有何特点?

2. PowerPoint 有哪几种放映方式? 不同的放映方式在何种情况下使用?

3. 在 PowerPoint 中如何进行幻灯片中间的连接?

4. 动作按钮和超链接有何异同?

5. 如何为幻灯片设置动画?

6. 如何输出幻灯片?

7. 母版有何作用? 如何设计母版?

8. 如何修改演示文稿的幻灯片版式和配色方案?

第6章
计算机网络基础

计算机网络是计算机技术和通信技术相结合的产物。其诞生之初,主要用于军事、科学和工程技术领域。随着技术的发展,其应用日益广泛,并逐步渗透到人类社会生活的各个方面。本章介绍计算机网络技术及应用的相关知识。

6.1 计算机网络概述

计算机网络是指采用同一种技术互联的计算机集合。这一定义既反映了计算机网络的技术来源,也反映了其技术特征:首先互联的主体是计算机系统,其次这些计算机需要一种通道来交换信息,最后应该采用同样的技术来实现互联。

以太网是日常生活中最常见的一种计算机网络,根据其覆盖范围较小的特点被划分为局域网。这是当前在一个小范围互联多台计算机的一种经济、高效的手段,具体将在6.3节中介绍。然而对社会影响最大的 Internet,却不满足上述计算机网络的定义,因为其采用了多种网络技术实现互联。举例来说,其骨干网到最终用户可以用手机使用的 GSM(Global System for Mobile Communications,全球移动通信系统),也可以用上面提到的局域网,这显然是两种不同的网络。这种连接不同网络的网络被称为互联网(internet),互联网对应的英文单词的词头字母为大写 I(Internet)时代表覆盖全球的 Internet;如果小写,则泛指一般的互联网。

6.1.1 计算机网络的雏形

远程终端是计算机网络的雏形,出现在 20 世纪 50 年代。在当时计算机还是非常昂贵的科研设备,只有少数几个科研机构拥有,而且一台计算机通常要为许多用户服务。这样,那些不在当地的用户就要乘坐各种交通工具到达计算机所在的地区才能使用,很可能还需要多次往返,很不方便。终端是仅具有简单输入/输出功能的硬件设备,计算机用户通过终端和计算机主机交互。对上述问题的一个显而易见的解决方案是把终端的通信线缆延长到最终用户所在的地点。但由于铺设专用的长途通信线路的成本很高,因此利用已有的通信网络就成为理想选择。通过调制解调器把终端的输入/输出信号调制到电话线上,就可以远程访问主机了,这大大方便了远程的计算机用户。事实上,远程终端一直是计算机网络重要的应用之一,现在的计算机都支持虚拟远程终端,并通过这种虚拟的远程终端程序控制、管理远程主机。

远程终端实现了远距离访问计算机的需求,但这种方法有许多局限性,其中一个是线路的利用率不高。多数计算机程序只有在输入/输出时,才产生突发的需要传输的数据,这通常只持续很短的时间;而其处理数据的过程却很长,在这期间不需要和终端交换信息,从而白白占用带宽。例如人们在使用网络聊天程序时,输入一句话通常需要若干分钟,而这些句子对应的数据很可能只需要不到 1 秒钟就可以发送出去。这样在长时间的电话连接过程中,只有少数时间是发送数据的,多数实现线路是空闲的,很不经济。因此迫切需要开发出更适合计算机传输特点的通信技术。

6.1.2　计算机网络的诞生

在 20 世纪 60 年代,美国国防部远景规划局(ARPA)资助了新的网络研究项目,很多人认为这是美国军方为避免在可能到来的核战争中,由于若干通信中心被摧毁而导致整个通信指挥系统瘫痪而提出的解决方案。这项研究计划的一个重要成果是 ARPANet,该网络使用的分组交换技术标志着计算机网络的正式诞生。而 ARPANet 在经过多年发展之后,到现在演化为覆盖全球的 Internet。

分组交换网的核心是一些被称为接口报文处理器(Interface Message Processor)的设备,这些 IMP 之间通过多条线路互联,信息通过存储-转发的方式从源结点传输到目的结点。例如在如图 6-1 所示的分组交换网中,主机 1 发出的分组首先到达路由器 A,路由器 A 通过查看分组的目的地址选择下一站转发,将之转发给路由器 B;路由器 B 同样根据其目的地址选择一个线路,转发了路由器 C;最后路由器 C 发现目的地址是主机 2,并将之转给主机 2。

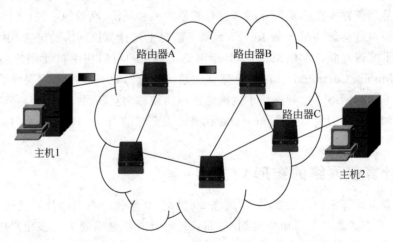

图 6-1　分组交换网示意图

分组交换网的另外一个特点是其传输的数据单元是有长度限制的,如果要传输的数据超出了分组长度限制,就会被分成若干段然后再传输。这种策略有许多优点,首先可以降低发送的延迟。例如在图 6-1 中,如果信息没有被分为 3 个分组,而是一起被传输,那么网络中的每一个路由器必须将所有信息都收到之后才能转发;而分成多个分组后,路由器可以在完整收到一个分组后立刻转发,当要发送的信息量较大时,这一策略可显著降低传输的延迟。其次也降低了对网络中通信设备的要求,因为 IMP 只有在完整地接收并存储一个数据单元之后才能转发,如果数据单元太大则 IMP 也要扩充大量的内存。最后降低了传输中数据错误造成的损失,一旦出现错误,只需要重新发送出错的分组就可以了,而不必要将全部信息都重发。

6.1.3　计算机网络的成熟

为了使通信过程能够顺利完成,通信双方必须事先达成一些约定,这些约定在计算机网络中被称为协议,具体来说包括 3 个方面:语义、语法和同步。其中语法是指信息的表现形式,语法指信息的实际含义,同步指双方活动的次序。以日常生活中打电话为例,正常情况下应该是主叫方先拿起电话、拨号,之后被叫方振铃、拿起电话,这样就可以开始通话了,这些步骤及其次序可以类比为同步。拿起电话时,不同的声音各自有其含义,如长音、短音等,这些声音的模式类比为语法。有些模式的声音表示忙音、有些表示拨号音,电话机提示音的含义可以类比为语义。

20 世纪 70 年代,随着计算机网络的广泛应用,相关的技术发展迅速,从而使得网络技术日趋复杂,同时也诞生了许多相互竞争的网络技术。这种状况主要带来两个问题:一是网络技术过于复杂,不便于人们设计、开发、管理、维护计算机网络系统,同时也不便于人们学习相关技术;另一问题更为突出,计算机网络的原本目的之一是互联共享,但随着越来越多的网络技术的涌现,就出现了异种网络间不能互联的窘况,这使得网络技术的发展背离其初衷。

网络体系结构和网络协议标准化是解决上述问题的一个有效途径,这些工作又进一步促进了计算机网络的发展。计算机网络涉及多种技术,非常复杂。为了解决复杂问题,人们往往采用分而治之的策略。具体到解决计算机网络的相关问题上,提出了分层的概念。其原理是将网络的功能分割成为若干相对独立的部分,每个部分被称为层。最底层实现最简单的功能,上一层利用下层提供的功能,实现更为复杂的功能,这样一层一层上去,最终实现计算机系统之间的信息交流。在这个方案中,通信双方要有互相对等的层来进行交互,这些对等层必须遵循某些协议才能实现通信。这些层和层间的协议,就构成了网络体系结构;为了描述一种网络体系结构,人们使用了参考模型。6.2 节将给出两个网络参考模型的具体例子。

6.1.4　计算机网络的进一步发展

进入 20 世纪 90 年代,计算机网络应用日益广泛,逐步从科研院所走向社会大众。随着使用人群的增加,网络带宽问题开始成为制约其进一步发展的瓶颈。由于认识到计算机网络对于一个国家科技发展的重要性,世界上的多数国家都大力发展宽带骨干网络,其中美国的“信息高速公路计划”成为各个国家争相效仿的对象。宽带骨干网从根本上改变了网络特别是 Internet 的用途,使其不再局限于军事、科研应用,而变成一个社会公众皆可使用的信息交流平台,从而进入了一个新的时代。其特点主要有以下几个方面。

1. 普遍性

传统网络在多数情况下要使用命令行界面来访问,非专业人员难以掌握。以万维网(WWW)浏览器为代表的图形界面使得访问网络日益简便,为社会公众访问 Internet 扫清了道路。普遍性还表现在访问终端上,不仅计算机可以访问网络,其他种类的设备如手机、掌上电脑等都可以访问。

2．社会性

电子邮件组、Internet 论坛、博客、视频分享等应用逐步形成虚拟的网络社会。在这些网络社区中，用户不再是被动的信息接收者，而变成了信息的发布者，用户的参与也形成了其独特的文化氛围。

3．商业性

计算机网络的发展离不开商业投资，从网络基础设施、网络接入服务到各种形式的电子商务应用，几乎在网络的各个方面，都能看到商业资本的力量。

Internet 的发展还带来了一些新的社会问题，例如要考虑在防止不良信息扩散和言论自由之间的平衡、用户隐私的保护、网络诈骗的防范等等，这些问题还有待于进一步分析和研究。作为一个普通用户，应一方面加强计算机网络相关知识的学习，在享受网络带来的丰富的服务的同时避免遭受网络中的各种不法侵害；另一方面也应遵守相关规章制度，不发送、不传播、不浏览有违社会公德的信息。

6.2　计算机网络系统

计算机网络系统的构成可以从多个方面来看，首先根据设备在计算机网络中发挥的作用不同，可以划分为通信子网和资源子网，如图 6-2 所示。其中通信子网主要由各种联网设备构成，负责通信；而资源子网由计算机及与之相连的外围设备构成。通信子网也可进一步划分为骨干网络和边缘网络。骨干网络通常支持在国家范围内的高速通信，并进一步和国际网互联，从而实现全球范围的通信。边缘网络通常属于各种公司、机构，一方面实现内部设备的互联，另一方面通过专用线路和骨干网络相连。在日常生活中，人们通过互联网共享的资源主要是软件资源，如自由软件、各种视频、音频资源等；某些应用则同时需要共享硬件和软件资源，典型的如搜索引擎，既需要服务器强大的运算和存储能力，也需要相应的软件将用户所需的信息提取出来。

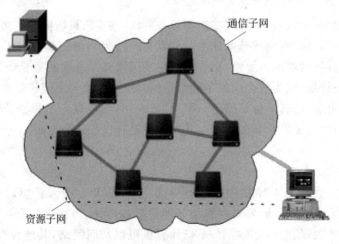

图 6-2　资源子网和通信子网

　　计算机网络也看成是由网络软件和网络硬件构成。网络硬件主要包括：各种计算机及其外围设备，如打印机等；网络连接设备，如集线器、交换机、路由器等。网卡和 Modem 等直接和计算机相连的通信设备可以看作是计算机的外围设备，也可以看作是计算机的一个组成部分。需要注意的一点是要想让这些硬件工作，必须有相应的软件来控制，例如路由器都有负责寻找路由的程序，以便将收到的分组转发到正确的线路上。

6.2.1　计算机网络的分类

　　计算机网络可以有多种划分标准，下面介绍 3 种分类方法。

1．按地理范围分类

　　计算机网络最常见的分类方法，是按照其覆盖的地理范围划分，分为局域网、城域网和广域网 3 类。

　　1）局域网

　　局域网（Local Area Network）简称 LAN，是连接近距离计算机的网络，覆盖范围从几米到数千米。例如办公室或实验室的网、同一建筑物内的网及校园网等。局域网内传输速率较高，误码率低，结构简单容易实现。局域网传输速率一般在 10～1000Mbps 之间。

　　2）城域网

　　城域网（Metropolitan Area Network）简称 MAN，是将不同的局域网通过网间链接构成一个覆盖城市范围之内的网络。它是比局域网规模大的一种中型网络。覆盖范围为几十千米，大约是一个城市的规模。城域网传输速率一般在 50Mbps 左右。

　　3）广域网

　　广域网（Wide Area Network）简称 WAN，其覆盖的范围从几十到几千千米，覆盖一个国家、地区或横跨几个大洲，形成国际性的远程网络。广域网传输速率较低，一般在 96kbps～45Mbps 左右。

2．按拓扑结构分类

　　拓扑一词来源于几何学，网络拓扑指的是网络形状或物理上的连通性。如果把网络中的计算机等设备抽象为点，把网络中的通信媒体抽象为线，这样从拓扑学的观点去看计算机网络，就形成了由点和线组成的几何图形，从而抽象出网络系统的具体结构。这种采用拓扑学方法描述各个结点机之间的连接方式称为网络的拓扑结构。计算机网络常采用的基本拓扑结构有总线型结构、星型结构、环型结构、树型结构、网状型结构。

　　1）总线型结构

　　总线型拓扑结构通过一条传输线路将网络中的所有结点连接起来。网络中各个结点都通过总线进行通信，在同一时刻只能允许一对结点占用总线通信，如图 6-3 所示。总线型拓扑结构简单，易实现、易维护、易扩充，但故障检测比较困难。

　　2）星型结构

　　星型拓扑结构中各结点都与中心结点连接，呈辐射状排列在中心结点周围，如图 6-4 所示。网络中任意两个结点的通信都要通过中心结点转接。单个结点的故障不会影响到网络的其他部分，但中心结点的故障会导致整个网络的瘫痪。

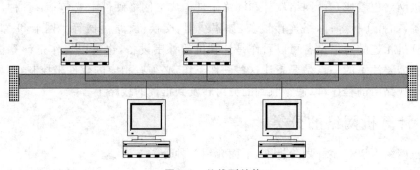

图 6-3　总线型结构

3）环型结构

环型拓扑结构中各结点首尾相连形成一个闭合的环,环中的数据沿着一个方向绕环逐站传输,如图 6-5 所示。环型拓扑结构的抗故障性能好,但网络中的任意一个结点或一条传输线路出现故障都将导致整个网络的故障。

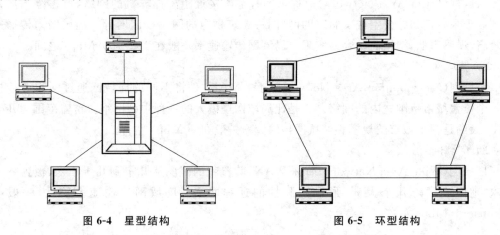

图 6-4　星型结构　　　　　　　　　　图 6-5　环型结构

4）树型结构

树型拓扑结构是总线型结构的扩展,它是在总线网上加上分支形成的,其传输介质可有多条分支,但不形成闭合回路;也可以把它看成是星型拓扑结构的叠加,如图 6-6 所示。树型拓扑结构比较简单,成本低,网络中结点的扩充方便灵活,寻找链路路径比较方便。但对根的依赖性太大,如果根发生放障,则全网不能正常工作。

5）网状型结构

将多个子网或多个局域网连接起来构成网状拓扑结构。其结点之间的连接是任意的,没有规律,如图 6-7 所示。网状型结构的主要优点是系统可靠性高,容错能力强,但结构复杂,控制管理工作艰巨。目前,影响深远的 Internet 的主干结构就是典型的网状型结构。

网络拓扑结构的选择往往和传输介质的选择以及介质访问控制方法的确定紧密相关。选择拓扑结构时,应该考虑的主要因素有安装费用、更改的灵活性以及运行的可靠性。网络的拓扑结构,对网络的各种性能起着至关重要的作用。在实践中,物理连接形状往往不能反映其实际的连接形式,例如使用 HUB 连接的局域网在物理上看是星型连接,但在实际工作中是总线型;使用多个交换机的构成网状连接在工作中实际上是树型连接。

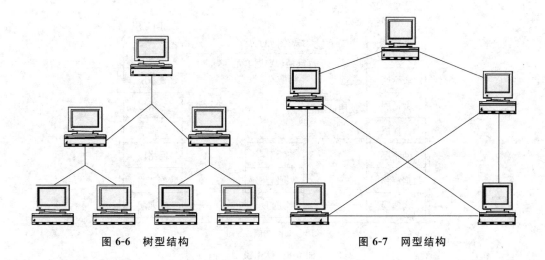

图 6-6 树型结构   图 6-7 网型结构

6.2.2 网络协议与网络体系结构

1. 网络协议

计算机网络是一个由不同类型的计算机和通信设备相互连接,并且实现多台计算机之间信息传递和资源共享的系统。这样一个功能完善的计算机网络就是一个复杂的结构,网络上的多个结点间不断地交换着数据信息和控制信息,在交换信息时,网络中的每个结点都必须遵守一些事先约定好的共同的规则。这些为网络数据交换而制定的规则、约定和标准统称为网络协议。

网络协议对于计算机网络来说是必不可少的。不同结构的网络,不同厂家的网络产品,所使用的协议也不一样,但都遵循一些协议标准,这样便于不同厂家的网络产品进行互联。TCP/IP 协议是应用最为广泛的一种网络通信协议,无论是局域网、广域网还是 Internet,无论是 UNIX 系统还是 Windows 系统,都支持 TCP/IP 协议,TCP/IP 协议是计算机网络世界的通用语言。

2. OSI 模型

一个完善的网络需要一系列网络协议构成一套完备的网络协议集。大多数网络在设计时是将网络划分为若干个相互联系而又各自独立的层次,然后针对每个层次及层次间的关系制定相应的协议。这样可以减少协议设计的复杂性,增加灵活性。像这样的计算机网络层次结构模型及各层协议的集合称为计算机网络体系结构。

具体地说,网络的体系结构是关于计算机网络应该设置哪几层,每个层次又能提供哪些功能的精确定义,至于这些功能应如何实现,则不属于网络体系结构部分。信息技术的发展在客观上提出了网络体系结构标准化的需求,在此背景下产生了国际标准化组织(International Organization for Standard,ISO)提出的开放系统互联参考模型(Open System Interconnection)。这个模型将网络分为 7 层,如图 6-8 所示,从上到下分别是应用层、表示层、会话层、传输层、网络层、数据链路层和物理层。

物理层面临的问题是如何把两个设备连接起来、如何利用介质传输信息。因此在这一

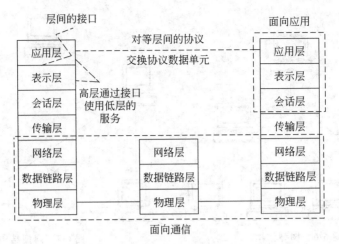

图 6-8　OSI 模型

层要约定连接设备的物理性状,如插头的形状、管脚个数、各个管脚的高低电平范围等;同时也要约定用何种方法将数字信号转换为可以在介质上传输的信息。

数据链路层主要考虑如何在相邻的两个结点间传输数据,包括流量控制和差错控制。为了实现这些目标,首先要把物理层传输的比特流组成一定格式的帧。每个帧都有一定的校验信息以便判断信息在传输过程中是否出现差错,如果出错就可能需要重新发送出错的那个帧,这就是所谓的差错控制。由于两个结点计算机的处理能力可能不同,如果接收方处理速度慢就可能造成数据的丢失,因此发送方可能需要控制自己的发送速度,这就是流量控制。

网络层主要考虑路由和网络互联的问题。路由功能是指在网络环境中,找出一条通路,以便将分组从源站传输到目的站。需要说明路由功能是点-点的,每个路由器只记录要达到某个网络地址,向哪一站转发;而不关心转发的那个站是如何将分组送达目的地的。在覆盖全球的 Internet 中,要实现路由功能就要求每个站点的地址是唯一的,以便在全球范围内定位。但在现实中,这种唯一性会受到挑战,在 6.2.3 节将介绍这个问题。按照前面的介绍,将计算机网络划分为通信子网和资源子网,对于通信子网来说,实现到网络层就足够了。

传输层负责端到端的信息传输。从图 6-8 可以看出,传输层是一个黏合层,将面向通信的网络和应用黏合起来,这个设计主要有两个考虑:一是不同的底层网络提供的网络服务差别很大,这样会给应用程序开发带来很大不便,由传输层虚拟一个端到端的传输服务可以在很大程度上方便应用的开发;另一个问题是一台计算机可能有多个应用程序要使用网络,在数据到达后必须有一定的措施来约定信息要交给哪个应用程序。

会话层则主要考虑如何管理通信过程,包括哪个站点应该发送信息,当前信息交换到哪个阶段等。如果通信过程意外中断,则会话管理会在网络恢复时自动恢复到一个稳定状态。举例来说,客户机要将 10 个文件上传到服务器,服务器每收到一个文件就通知客户机把本地的文件删除。假设服务器在保存文件后没来得及告知客户机,这时网络突然中断了。当网络恢复后,客户机有多种选择,但都有各自的问题:全部重传可以保证正确,但是效率太低;不重传则可能丢失文件,重传则可能会让服务器收到重复的文件。因此需要较为复杂的过程才能恢复到正确的状态,会话管理可以在保证不出差错的情况下简化这种恢复过程。

表示层主要考虑如何采用一种全局可识别的形式来表示信息。例如在中国大陆地区，汉字编码采用 GB2312 或 GB18030，而在中国台湾地区则采用 BIG5 或 UTF-8 编码，如果浏览器不能正确识别网页的编码方案，则用户看到的就是"乱码"，表示层可以解决这类问题。

应用层根据具体应用，有各自不同的约定。例如视频播放、收发电子邮件、万维网浏览等都有各自的应用层协议来约定如何交换信息。

在 OSI 模型中，要注意 3 个不同的概念：协议、接口和服务。每一层都负责处理特定的事务，实现某些功能，这些功能的描述被称为服务。但是，如何实现这些功能却不属于 OSI 参考模型所考虑的范围。协议是对等层实体之间的约定，如 6.1.3 节中所述，包括语法、语义和同步。接口说明了高层如何调用低层的服务。在 OSI 模型中，逻辑上是对等层通过执行相关的协议来交换信息，这种交换必须依赖低层提供的服务来实现。例如传输层的端到端传输必须利用网络层的路由功能才能实现。这里要说明一下，OSI 模型中的接口是一个软件概念，描述的是程序间的交互方法，不要认为是某个形状的插头。

ISO 针对每一层也制定了相关的标准，然而由于一些技术原因以及其推广策略上的一些失误，OSI 模型最终没有在实践中得到应用。由标准制定机构如 ISO 制定的标准通常被称为正式标准，但在计算机网络世界中很多正式标准并没有在竞争中获得胜利，例如 Internet 中的事实标准是 TCP/IP 及其配套协议。

6.2.3　TCP/IP 模型

ARPANet 的一个重要成果是互联网协议（Internet Protocol，IP）和传输控制协议（Transmission Control Protocol，TCP）。虽然实际上还需要许多配套协议才能让 Internet 工作，但习惯上用 TCP/IP 来指代整个协议族。在 ARPANet 逐步演化为 Internet 的过程中，产生了许多新的技术使得网络日趋复杂，也需要一个模型来描述其工作原理，由此产生了 TCP/IP 模型。TCP/IP 模型的分层结构如图 6-9 所示，各层常见的协议也标注在对应的层中。由于是先有的协议后有的模型来描述，因此 TCP/IP 模型可以很好地解释 Internet 的工作原理；其局限性是这个模型只能描述 Internet，而不能描述其他网络。

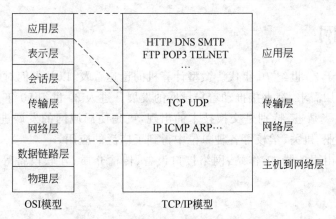

图 6-9　TCP/IP 模型与 OSI 模型的对应关系

在 TCP/IP 模型中，主机到网络层并没有明确规定，甚至不能被称作是一个层，而只是一个接口。在实际应用中，设备必须接在某种网络上之后才能访问互联网，例如后面介绍的以太网等。这种设计的一个优点是可以最大程度地将新的技术纳入已有的系统中。例如在提出这个模型的时候，还没有 GSM 通信技术，但只要其能提供 IP 协议可以访问的服务，就可以很快地进入 Internet 中。主机到网络层对应 OSI 模型的数据链路层和物理层。

IP 协议主要解决两个问题：路由和网络互联。其中网络互联是 IP 协议的一个重要目标，这点和 OSI 模型不同。OSI 模型在设计之初没有考虑异种网络互联的问题。这也很好理解，OSI 的目标是"一个世界，一个标准"。然而，事实证明，开放性和兼容性是网络协议生命力的源泉。因此，后来 OSI 也在网络层中加入了网络互联功能。TCP/IP 模型的网络层基本上可以和 OSI 模型的网络层相对应。

TCP/IP 的传输层和 OSI 模型的传输层一样，提供端到端的服务。主要包括两个协议：面向连接的 TCP 协议和面向无连接的用户数据报协议（User Datagram Protocol，UDP）。面向连接的服务是指在通信前要建立连接，连接要保证信息的正确传输，如果发现数据丢失或者出错，发送方会自动重传。很多应用需要面向连接的服务，如文件的传输。也有许多应用可以容忍一定程度上的数据丢失。例如实时视频聊天，偶尔丢失一些数据，用户可能会感觉图像不太稳定，但基本上能够观看。如果网络自动把丢失的数据重传，反而是画蛇添足。因为用户需要看到的是对方最新的视频画面，而不是 5 秒之前或更早的图像。这类应用最好使用 UDP。

TCP/IP 模型没有会话层和表示层，直接是应用层，与 OSI 模型的应用层对应。这并不能说明会话层和表示层在网络中的用处不大，事实上 Internet 的许多应用层自行处理了相关的功能。例如文件传输协议（File Transfer Protocol，FTP）在早期就没有会话管理，一旦文件下载中断，下一次只能从头开始下载。在后来，FTP 的服务器添加了端点续传的功能，再通过与之匹配的下载客户端软件，就可以继续下载一个被中断的文件了。这其实就是应用层管理会话的一个例子。在超文本传输协议（HyperText Transfer Protocol，HTTP）也必须指定所传输的文字编码和语言才能保证不出现"乱码"。这就是应用层考虑表示层功能的一个例子。省略这两个层可以大大简化 TCP/IP 模型、相关网络协议的设计和实现；代价是应用层需要额外的一些处理。

6.3　局域网

局域网产生于 20 世纪 70 年代。微型计算机的迅速普及，以及人们对信息交流、资源共享和高带宽的迫切需求，都直接推动着局域网的发展。进入 20 世纪 90 年代以来，局域网技术的发展更是突飞猛进，特别是交换技术的出现，更是使局域网的发展进入一个崭新的阶段。局域网在企业、机关、学校等各种单位中得到了广泛的应用。

局域网一般由服务器、工作站、网络接口设备、传输介质、互联设备等和网络操作系统（NOS）组成。

1. 服务器

服务器（Server）是网络中为用户提供各种网络服务，实现网络管理功能的主机。网络上的共享资源大都集中在服务器上，它是网络中重要的计算机设备，一般由高配置的专用计算机来担当这一角色，在网络操作系统的配合下可实现网络的资源管理、用户访问管理和提供网络服务等功能。基于 PC 的局域网一般采用高档 PC 作为服务器。

2．工作站

工作站也称客户机(Client)，是指连接到计算机网络中供用户使用的个人计算机。可以有自己的操作系统，具有独立处理能力；通过运行工作站网络软件，访问服务器共享资源。

3．网络适配器

网络适配器(Network Adapter)也称为网络接口卡或简称网卡，是计算机与传输介质进行数据交互的中间部件，主要进行编码转换。计算机通过它与网络相连，实现资源共享和相互通信、数据转换和电信号匹配等。要使计算机连接到网络中，必须在计算机上安装网卡。

4．传输介质

网络中各结点之间的数据传输必须依靠传输介质。网络传输介质可分为有线介质和无线介质，有线介质上可传输模拟信号和数字信号，无线介质上大多传输数字信号。适用于局域网的有线传输介质主要有双绞线、同轴电缆和光缆等。

1) 双绞线

双绞线是两条相互绝缘的导线扭绕若干次，使外部的电磁干扰降到最低限度，以保护信息和数据。通常双绞线做成电缆形式，在外面套上护套，如图 6-10 所示。

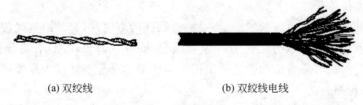

(a) 双绞线　　　　　　　　　　　(b) 双绞线电线

图 6-10　双绞线

双绞线分为非屏蔽双绞线和屏蔽双绞线两种。根据国际电气工业协会 EIA/TIA 的定义，目前共有 5 类双绞线。局域网中常用的是第 5 类双绞线，其传输速率能达到 100Mbps。双绞线常用于星型网的布线连接，线两端均安装 RJ-45 头(水晶头)，分别连接网卡与集线器，网线最大允许长度为 100m，过长的连接线会导致信息传输不稳定。

2) 同轴电缆

同轴电缆的核心部分是一根导线，导线外有一层起绝缘作用的塑性材料，再包上一层金属网，用于屏蔽外界的干扰，最外面是起保护作用的塑性外壳，同轴电缆的结构如图 6-11 所示。同轴电缆的抗电磁干扰特性强于双绞线，传输速率与双绞线类似，但它的价格也高，几乎是双绞线的两倍。

3) 光缆

光缆是由一组光导纤维组成的用来传播光束的、细小而柔韧的传输介质。与其他传输介质相比较，光缆对外界的电磁干扰十分迟钝，传输容量大、传输距离远、传输速度快，但成本较高，且需要对光电信号做转换，主要用于主干网的连接。

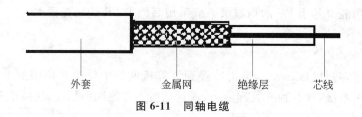

外套　　　　金属网　　　　绝缘层　　　　芯线

图 6-11　同轴电缆

4）无线介质

无线传输介质都不需要架设或铺埋电缆或光纤，而是通过大气传输。无线传输不受固定位置的限制，可以全方位实现三维立体通信和移动通信，目前有 3 种技术：微波、红外线和激光。

（1）微波。

微波通信是在对流层视线距离范围内利用无线电波进行传输的一种通信方式，频率范围为 2～40GHz。微波通信的工作频率很高，与通常的无线电波不一样，是沿直线传播的，由于地球表面是曲面，微波在地面的传播距离有限，直接传播的距离与天线的高度有关，天线越高，距离越远，但超过一定距离后就要用中继站来接力，两微波站的通信距离一般为30～50km，长途通信时必须建立多个中继站。中继站的功能是变频和放大，进行功率补偿，逐站将信息传送下去。

微波通信的传输质量比较稳定，影响质量的主要因素是雨雪天气对微波产生的吸收损耗，不利地形或环境对微波所造成的衰减现象。

（2）红外线和激光。

红外通信和激光通信也像微波通信一样，有很强的方向性，都是沿直线传播的。这 3 种技术都需要在发送方和接收方之间有一条视线（Line-of-sight）通路，有时统称这三者为视线媒体。所不同的是红外通信和激光通信把要传输的信号分别转换为红外光信号和激光信号，直接在空间传播。

由于这 3 种视线媒体都不需要铺设电缆，对于连接不同建筑物内的局域网特别有用，这是因为很难在建筑物之间架设电缆，不论是在地下或用电线杆，特别是要穿越的空间属于公共场所，例如要跨越公路时，会更加困难，使用无线技术只需在每个建筑物上安装设备。这 3 种技术对环境气候较为敏感，例如雨、雾和雷电。相对来说，微波一般对雨和雾的敏感度较低。

（3）卫星通信。

卫星通信是以人造卫星为微波中继站，它是微波通信的特殊形式。卫星接收来自地面发送站发出的电磁波信号后，再以广播方式用不同的频率发回地面，为地面工作站接收。卫星通信可以克服地面微波通信距离的限制。一个同步卫星可以覆盖地球的三分之一以上表面，3 个这样的卫星就可以覆盖地球上全部通信区域，这样地球上的各个地面站之间都可互相通信了。卫星通信的优点是容量大、距离远，缺点是传播延迟时间长。

5. 网络互联设备

网络互联是指分布在不同地理位置的网络、设备相连接，以构成更大规模的互联网络系统，实现更大范围互联网络资源的共享。根据网络层次的结构模型，网络互联的层次可分为物理层互联、数据链路层互联、网络层互联和高层互联。OSI 参考模型各层次与网络互联设备之间的关系，如表 6-1 所示。

表 6-1　OSI 参考模型各层次与网络互联设备之间的关系

ISO/OSI 模型	网络互联设备
应用层	网关
表示层	
会话层	
传输层	路由器、第三层交换机
网络层	路由器、第三层交换机
数据链路层	网桥、交换机
物理层	中继器、集线器

1）中继器

由于存在损耗，在线路上传输的信号功率会逐渐衰减，衰减到一定程度时将造成信号失真，因此会导致接收错误。中继器就是为解决这一问题而设计的。它完成物理线路的连接，对衰减的信号进行放大，保持与原数据相同。

中继器（Repeater）又叫转发器，工作于 OSI 的物理层，是局域网中用来扩展网络范围的最简单的互联设备，中继器设备外观如图 6-12 所示。它的作用是将传输介质上传输的信号接收后经过放大和整形，再发送到其他传输介质上。经过中继器连接的两段电缆上的工作站就如同在一条加长的电缆上工作一样。

图 6-12　中继器

2）集线器

集线器（Hub）是局域网中重要的部件之一，集线器如图 6-13 所示。集线器是用于把局域网内部的计算机和服务器等连接起来的网络设备，在星形网络拓扑结构中担当中心结点。一个集线器上往往有 8 个、16 个或 24 个端口，用双绞线把一个端口和计算机的网卡连接起来。当数据从一台计算机发送到集线器上以后，就被中继到集线器中的其他所有端口，供网络上的其他用户使用。

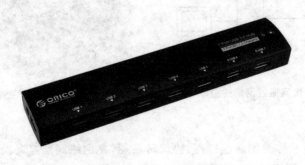

图 6-13　集线器

3）交换机

交换机（Switch）是一种计算机联网设备，它属于 OSI 参考模型的数据链路层的一种中继设备，随着技术的发展，现在已有了 3 层或 3 三层以上的交换机，交换机如图 6-14 所示。交换机可以极大地改善网络的传输性能，适用于大规模的局域网。

4）网桥

网桥（Network Bridge）是数据链路层实现局域网互联的存储转发设备，网桥如图 6-15 所示。它用于两个局域网之间的数据存储和转发，局域网通过网桥连接，如图 6-16 所示。网桥只要求互联网络的操作系统相同，具有相同的协议，而各网络使用的网卡、传输介质及拓扑结构可以不同，因此它可以连接使用不同介质的局域网。

图 6-14　交换机

图 6-15　网桥

5）路由器

路由器（Router）是网络层的互联设备，它比网桥具有更强的互联功能，路由器如图 6-17 所示。它的一个作用是连通不同的网络，另一个作用是选择信息传送的线路。路由器能够根据网上信息的拥挤程度，自动选择合适的线路传送信息。它能对收到的数据分组进行过滤、转发、加密、压缩等处理。

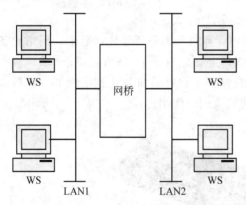

图 6-16　局域网通过网桥连接

图 6-17　路由器

6）网关

网关（Gateway）又称为网间连接器、协议转换器，是网络高层互联设备。它是用来连接完全不同体系结构的网络设备，或用于连接局域网与主机的设备。网关的主要功能是对不同体系网络的协议、数据格式和传输速率进行转换。

6．网络操作系统

网络操作系统是计算机网络的核心软件，网络操作系统除了具有一般操作系统的功能，还具有控制和管理网络资源、提供网络服务等功能，是计算机管理软件和通信控制软件的集合。

一般的操作系统的功能是负责计算机的全部软硬件资源的分配、调度工作，控制并协调并发活动，实现信息的存取和保护。它提供用户接口，使用户获得良好的工作环境。操作系统使整个计算机系统实现了高效率和高度自动化，是整个计算机系统的核心。

网络操作系统的基本功能是实现网络通信。网络操作系统负责网络服务器和网络工作站之间的通信，接收网络工作站的请求，并提供网络服务；或者将工作站的请求转发到其他结点的请求服务。网络通信功能的核心是执行网络通信协议。网络操作系统的服务功能主要是为网络用户提供各种服务，传统的计算机网络主要提供共享资源服务，包括硬件资源和软件资源的共享。现代计算机网络还可以提供电子邮件服务、文件上传下载服务等。

在网络操作系统发展过程中，应用较广的有 Novell 公司的 NetWare 操作系统、Microsoft 公司的网络版 Windows 操作系统，以及现今很流行的各种版本的 Linux 系统，也是深受用户欢迎的网络操作系统。

6.4　Internet 概述

Internet 不是一个网络，而是许多网络的互联，可以大致分为两个部分：Internet 接入网和 Internet 骨干网。对于骨干网，需要铺设线路跨越省、国家、洲，因此建设周期长、成本高。这种线路往往由专门的通信运营商建设，例如在中国，中国电信、中国网通、中国移动等公司都有这样的网络在运营。普通用户则通过租赁这些网络运营商的线路来实现和Internet 的连接，这段网络连接就是上述的广域网接入网。

6.4.1　Internet 骨干网络

早期骨干网使用铜缆作为通信介质，在其中传输的信息很容易受到各种噪声的干扰，因此这个时候其数据链路层较为复杂，主要目的是保证无差错地传输数据。其中最具代表性的就是高级链路控制协议（High-level Data Link Control，HDLC）。HDLC 主要解决以下问题：

（1）将比特组成具有一定结构的帧：帧的开始和结束都由特定的比特模式（01111110）标志，主要包括一些控制比特、数据以及用于判断帧是否被正确传输的校验码。为了避免在帧内出现和开始/结束标志相同的比特模式，采用了比特填充技术。

（2）流量控制：保证接收方能处理所有收到的数据，因此发送方必须得到对方明确的指示才能继续发送。

（3）差错控制：接收方收到错误的帧则不会给对方回应；发送方长时间收不到对方的回应信息后会自动重发。

HDLC 的协议过程比较复杂，网络设备需花费较多时间用于处理协议过程，这些处理也在一定程度上降低了网络的性能。

当光纤被广泛应用到通信中后,广域网的数据率有了飞速的发展。其中有代表性的技术是同步光纤网络(Synchronous Optical NETworking,SONET)和同步数字体系(Synchronous Digital Hierarchy,SDH)。SONET 和 SDH 是两个很相似的协议,其中SONET 主要在美国和加拿大应用,SDH 吸取了 SONET 的经验,在世界的其他地区使用。SONET/SDH 采用了时分多路复用技术,若干低级别的线路汇聚成为数据率更高的级别。表 6-2 列出了其不同级别的数据率,由于 OC-192 和 SDH-64 的数据率非常接近 10Gbps,10Gbps 以太网为此专门设计了能与之兼容的模式。

表 6-2　SONET/SDH 数据率

SONET 光载波级别	帧 格 式	SDH 级别	帧 格 式	数 据 率
OC-1	STS-1	-	-	51.840Mbps
OC-3	STS-3	SDH-1	STM-1	155.520Mbps
OC-9	STS-9	-	-	466.560Mbps
OC-12	STS-12	SDH-4	STM-4	622.080Mbps
OC-18	STS-18	-	-	933.120Mbps
OC-24	STS-24	SDH-8	STM-8	1.244 160Gbps
OC-36	STS-36	SDH-12	STM-12	1.866 240Gbps
OC-48	STS-48	SDH-16	STM-16	2.488 320Gbps
OC-96	STS-96	SDH-32	STM-32	4.976 640Gbps
OC-192	STS-192	SDH-64	STM-64	9.953 280Gbps
OC-256	STS-256	-	-	13.271 040Gbps
OC-384	STS-384	-	STM-128	19.906 560Gbps
OC-768	STS-768	-	STM-256	39.813 120Gbps
OC-1536	STS-1536	-	STM-512	79.626 240Gbps
OC-3072	STS-3072	-	STM-1024	159.252 480Gbps

SONET/SDH 属于物理层协议,解决的是如何将利用光信号编码信息的问题。在传输网络数据时,例如在 Internet 中使用的 IP over SONET/SDH,还需要数据链路层协议。在SONET/SDH 网络中传输数据的典型具体过程是首先将高层的数据(在 Internet 中就是 IP分组)封装进到点到点协议(Point to Point Protocol,PPP)帧,然后再用物理层传输。

6.4.2　Internet 接入网

通过 SONET/SDH 接入 Internet 成本相对较高,此外很多终端用户是通过铜介质连接到电话公司的,因此基于铜介质的广域网接入在较长时间内仍将占据主导地位。使用普通调制解调器(MOdulator-DEModulator,MODEM)通过的电话线连接的速率最高可达56kbps,这个速率大大限制了网络的应用。综合业务数字网(Integrated Services Digital Network,ISDN)可以支持最高 144kbps 的数据率,在 20 世纪 90 年代曾得到较为广泛的应用。随着用户数字线(Digital subscriber line，DSL)技术的成熟,利用电话线接入的数据率有了很大的提高。

在 DSL 协议族中,不对称用户数字线(Asymmetric Digital Subscriber Line，ADSL)很具代表性。其基本原理是将电话线的带宽分为 3 个部分:其中 0~4kHz 用来传输话音,25kHz 以上部分用于上传,部分用于下载。由于普通用户上载的数据量远小于下载的数据量,因此分配给上载的带宽要小于下载的带宽,这就是不对称的来由。为了使用 ADSL,在用户端必须有一个分线器,将低频部分过滤给电话机,而将高频部分过滤给 ADSL MODEM。由于使用不同的频率,在使用 ADSL 上网时不会像普通 MODEM 那样影响电话的使用。ADSL 自提出以来已经得到许多改进,在 2008 年其数据率最高可达:下载 24Mbps,上传 3.5Mbps。

ADSL 仍属于物理层范畴,在 ADSL 之上有多种数据链路层协议可选,使用最广泛的是通过以太网接口的点到点协议(Point to Point Protocol over Ethernet，PPPoE)。这个协议结合了 PPP 协议支持用户名/口令认证的特点和以太网传输数据率高的优点,既提高了传输速率,也为电信公司收费提供了方便。

第二代移动电话网络(2G)最初在数据传输方面表现不佳,为了解决这个问题,通用分组无线服务技术(General Packet Radio Service)被开发出来。因此人们也把 GSM+GPRS 称为 2.5G。在第三代移动通信中,码分多址(Code Division Multiple Access，CDMA)信道访问技术起到了关键的作用。这种高效的信道访问技术使得 3G 在数据通信方面比 2.5G 有了长足的进步,其数据率通常可以达到 2.4Mbps,而 2.5G 只有 100~200kbps 的数据率。由于移动设备通常具有较低的分辨率和较低的数据处理能力,此外还要考虑电池因素,因此其数据率相对较低。

利用光纤接入可以进一步提高数据率,这方面的技术有光纤接入(Fiber To X，FTTx),其中的 X 指不同的接入场合。例如 FTTC(Curb),指光纤到路边,将光纤接入设备放置到路边机箱,然后再通过铜质线缆接入用户。由于缩短了铜质线缆的传输距离,可大大提高最终用户的数据率。以更高的数据率接入可以采用 FTTH(Home),用光纤直接接入用户住宅,可支持各项宽带应用。从 2011 年起,我国北京等一些城市开始推广光纤接入服务。

同步轨道卫星也是一项成熟的通信手段,早期主要用于广播电视节目传播、海事卫星电话通信等。随着 Internet 应用的普及,很多公司提供了通过同步卫星接入的服务。其优点是覆盖范围更广,一些普通通信手段无法接入或接入不便的地区也可以使用。缺点是同步轨道卫星距离地球较远,电磁波传输的时间较长,因此用户会感觉网络的响应速度较慢。

近地轨道卫星是从 20 世纪 90 年代开始的新的卫星通信技术,其代表是依星计划。由于近地轨道卫星不像同步轨道卫星那样可以和地面保持一个相对稳定的角度,必须使用多颗卫星接力的方式来实现和地面不间断的通信。依星计划由于其耗时较长,等到卫星网络建好后 GSM 手机已经基本覆盖全球了。其前期巨大的投资和建成后的巨额营业费用,最终使得这项计划以失败告终。投资总额达 60 亿美元的资产,最终被以 2500 万美元的价格拍卖。其后也有 Teledesic 等类似的利用近地轨道卫星接入 Internet 的计划,然而至今还没有成功的案例。

6.4.3　IP协议和IP地址

互联网协议(Internet protocol，IP)是Internet网络层使用的主要协议,其主要的作用是寻址和路由。IP协议是无连接的协议,在传输数据之前无须建立连接,其传输的数据单位被称为分组,每个分组必须携带完整的源地址和目的地址。目前使用的IP协议版本是4(IPv4),每个地址占32个比特。由于其二进制形式书写不方便,因此习惯上将这32个比特分为4组,每组8个比特,写成十进制形式,其范围在0～255之间,中间用小数点隔开。每个IP地址分为两个部分:网络号和主机号。可以类比长途电话号码的长途区号＋本地号码。但与之不同的是,IP地址的长度是固定的,在IP的分组格式中明确规定为32个比特。

路由器在转发分组时采用的是站到站的转发:每个路由器收到一个分组后,根据其目的地址的网络号,在路由表中查找下一站路由器地址,将之投递到下一个路由器。由于互联网规模很大,其中的结点状态是无法预知、随时变化的。因此路由协议必须能够适应网络状态的动态性,路由表都是路由器根据网络状态自动生成、即时更新的。

IP地址根据网络号码的长度不同,传统上被分为A、B、C、D、E共5个类别。各类别的简要说明如表6-3所示。按照该表在判断某个IP地址是哪个类别时,一定要注意确保第一个数字的二进制形式达到8个比特,不足的话前面补0(每组必须是8个比特,总共32比特)。其中的D类用于多播,而E类保留未用。

表6-3　IP地址分类

类　　别	第一个字节	网络号个数	主　机　个　数
A	0xxxxxxx	2^7-2	$2^{24}-2$
B	10xxxxxx	2^{14}	$2^{16}-2$
C	110xxxxx	2^{21}	2^8-2
D(多播地址)	1110xxxx	—	—
E(保留)	1111xxxx	—	—

将IP地址分为网络号＋主机号的一个优点是可以大大减少路由表的长度,主要原因在于一个网络号中的所有主机通常在一个地理区域中,路由器只要记住某个网络如何到达即可,而无须记录每个主机如何到达。在一个网络中,全0的地址用来指代这个网络,而全1的地址用来表示广播,因此普通主机不能用全0或全1的地址。

这个IP地址分类方法的缺点也是显而易见的,将网络规模分成3类,各类别之间的差异极其巨大。如果一个公司需要300个IP地址,超出了C类网络所能容纳的254个主机,将不得不申请并占用一个可容纳6万多个地址的B类网络号码。这是一种非常低效的分配方案,因此IP地址很快就不够用了。解决的方法是采用无类域间路由(Classless Inter-Domain Routing)技术,顾名思义,不再按照类别来分配网络地址,而是直接指定网络号码的长度。由于IP地址的总长度是32比特,因此指定了网络号码的长度,也就间接地限定了该网络中可以容纳的主机个数。例如某网络中的一个地址是202.205.107.10/22,说明了其网络号码长度是 22 个比特,那么其主机号码长度就是 10 个比特,可容纳 $2^{10}-2=1022$ 台主机,范围是 202.205.104.0 到 202.205.107.255,其计算过程如下:

(1) 将 IP 地址写成二进制形式(每组不够 8 个比特则在其前面补 0,直到补齐 8 个比特):**11001010110011010110101**1100001010。

(2) 将其分为网络号码和主机号码和主机号码,网络号码的长度是 22,如上面用黑体字标注。

(3) 将主机号码清 0,得到该网络的起始号码:**1100101011001101011010**0000000000。

(4) 将主机号码置 1,得到该网络的结束号码:**1100101011001101011010**1111111111。

(5) 再变换为十进制形式,得到 202.205.104.0 和 202.205.107.255。

如果想查询某个 IP 所在的网络地址范围和其所属的地区、单位,可以到 www.cnnic.net.cn(中国互联网信息中心)查询。如图 6-18 所示,在其首页的"WHOIS 查询"中输入 IP 地址,并选择"IP 地址",即可查看到该地址所属的地区和单位(英文描述)。该网站只存储了亚太地区的 IP 数据库,因此如果 IP 地址不在亚太地区,则会报告没有查到。在 UNIX/Linux 操作系统中有 whois 命令可以查询 IP 地址的归属单位和地区,在 Windows 操作系统中需要第三方的 whois 应用程序。

即便采用 CIDR 方案,IP 地址仍然很紧张,32 个比特能表示大约 40 亿个不同的 IP 地址,相对于全球人口,人均不到一个,而且许多人要占用不止一个 IP 地址。网络地址转换(Network Address Translation,NAT)在一定程度上缓解了这个危机。其原理是在公司或组织内部用内部 IP,需要访问外部网络时再用有效 IP 代替内部 IP。为此预留了 3 段 IP 地址:

图 6-18　WHOIS 查询

(1) 10.0.0.0/8

(2) 172.16.0.0/12

(3) 192.168.0.0/16

这些 IP 地址被用作内网 IP,在外部的路由器会丢弃含有这些地址的分组。

NAT 缓解了 IP 地址紧缺的问题,然而也带来了一些问题。NAT 通常使用不同的传输层端口来代理使用内网 IP 的主机来访问外部,这样就造成了外部主机无法使用常用的端口地址来访问内网的机器。如果希望外部机器访问内部主机,必须在 NAT 中设置端口转发,将特定端口的访问映射到内部的某个 IP 上。当然这一缺点也有两面性,很多网管人员不希望外部直接访问内网主机,这一缺点反而成了优点。但总的来说,NAT 破坏了 IP 协议最初希望的地址的全球唯一性原则,因此是一个临时的解决方案。

由于 IPv5 被用于流传输的实验,因此 IPv6 成为 IPv4 的继承者,基于 IPv6 的网络也被称为下一代网络。从 1996 年制定出相关的协议后经过多年的推广,仍没有得到普遍的应用。在这个版本中,地址所占的比特数从 32 提高到了 128,这是一个相当大的数字。假设从每秒钟分配 100 万个地址,IPv6 的地址数够分配 10^{25} 年以上。IPv6 也在协议简化、提高网络安全性等许多方面做出了改进。目前的主流操作系统已经支持 IPv6 协议,而随着技术的逐步成熟,IPv6 有望代替 IPv4 成为 Internet 的主要协议。

6.5　Internet 应用

互联网已经广泛应用在社会生活的各个方面,包括商业、教育、娱乐等。下面从域名系统、浏览器、万维网等方面具体介绍各项应用。

6.5.1　域名系统、统一资源定位器、统一资源标识

在 Internet 中,要访问某台主机提供服务必须要获知其 IP 地址,然而记忆许多数字对于大多数人来说十分困难。域名系统的基本思路就是将名字与 IP 地址关联起来,以便通过名字来访问主机的服务。为了实现这一目标,需要有一个权威机构来分配 IP 地址及名字,这个机构是互联网名称与数字地址分配机构(Internet Corporation for Assigned Names and Numbers, ICANN)。该机构又授权 5 个地区机构,例如在亚洲太平洋地区是 APNIC(Asia Pacific Network Information Centre),在中国可通过 APNIC 的会员单位如中国互联网信息中心(China Network Information Center, CNNIC)等申请域名及 IP 地址。同时,还需要一些服务器,存放域名和 IP 地址的对应关系,以便用户查询某个域名对应的 IP 地址。

域名是一种层次化的命名体系,主要有两类:一类是通用域(generic),另一类是国家域。常见的通用域包括 com(公司)、edu(教育机构)、gov(美国政府)、int(国际性组织)、mil(美国军队)、net(网络供应商)、org(非赢利组织)、biz(商贸)、info(信息)等。由于美国是互联网的发明地,因此不带国家域的 gov、mil 等名字专门指美国的政府、军队。国家域则用两个字母代表不同的国家,如 cn(中国)、jp(日本)、us(美国)等。

将域名变换成对应的 IP 地址的过程被称为域名解析,为了实现这个过程,每台连接 Internet 的计算机都要设定好其 DNS 服务器。DNS 服务器记录了它所知道的域名及其对应的 IP 地址,这些记录分为两类:权威的和非权威的。权威的指该记录是直接记录在该域名服务器中的;而非权威的是指该记录是 DNS 服务器向其他服务器查询得到的。非权威的记录有效期较短,一定时间后自动失效。如果所查询的 DNS 不知道某个域名对应的 IP 是什么,通常会向其上一级域询问,一直到达根域名服务器。目前世界上有 13 个根域名服务器,其他的域名服务器会随机选择其中的一个来查询。

当一个机构申请了一个域名之后,该单位就可自行分配这个域之下的其他名字。例如北京印刷学院的域名是 bigc. edu. cn,那么 www. bigc. edu. cn、ftp. bigc. edu. cn、cs. bigc. edu. cn 等都由北京印刷学院分配。当某台外部的机器访问其中的一台主机(例如 www. bigc. edu. cn)时,根域名服务器会把其请求交给 bigc. edu. cn 对应的域名服务器(202. 205. 107. 10)来解析。

在访问互联网时,人们常常用"网址"来表示所访问的地址,"网址"的正式名称应该是统一资源定位器(Uniform Resource Locator, URL)。URL 说明了如何访问一个网络资源,由 3 个部分构成:

- 第一部分是协议(或称为服务方式);
- 第二部分是存有该资源的主机地址(有时也包括端口号);
- 第三部分是主机资源的具体地址,如目录和文件名等。

例如,表 6-4 中的"ftp://ftp. bigc. edu. cn:10021/incoming"中,ftp 指该资源使用的服

务是文件传输服务,其主机地址是 ftp. bigc. edu. cn:10021。由于 FTP 服务的默认端口是21,而该服务器没有使用默认的端口,而是自行选择了 10021 号端口,因此必须在地址最后指明其端口号码。而前面那个"http://www. bigc. edu. cn"由于使用的是 http 协议的默认80 号端口,因此无须指明。incoming 指明了该资源在服务器上的具体位置。

表 6-4　URL 类型实例

服　务	实　　　例	说　　明
http	http://www. bigc. edu. cn	WWW 网页
ftp	ftp://ftp. bigc. edu. cn:10021/incoming/	使用 10021 端口的 ftp 路径
Email	mailto:alice@bob. com	电子邮件地址
file	file:///C:/a. txt	本机 C 盘根目录下的 a. txt 文件
mms	mms://live. cctv. com/cctv_live1	CCTV-1 网络直播地址

URL 的一个问题是当某个资源的存取地址变化时,必须更新 URL,因此就无法用URL 来指代某个资源了。统一资源标示(Uniform Resource Identifier,URI)用来指定在网络中的任意一个空间。可以把 URL 看成是 URI 的一个子集,URI 指定某个资源,而URL 说明如何访问到这个资源。

6.5.2　万维网

万维网(WWW)在社会生活中的应用包括下列几个方面。

(1)信息的发布和获取:通过网络即时地发布信息,包括产品宣传、新闻、科学知识等,和传统的媒体相比不仅时效性增强,而且在技术上不受地域的限制。

(2)虚拟社区:包括各种网络论坛、博客等服务。其内容的构建通过用户的参与及其之间的互动实现,几乎涉及人类生活各个方面的话题,并形成各具特色的虚拟社区文化。

(3)企业应用:使用 WWW 构建企业应用系统具有许多优点,包括天然的对网络的支持、用户界面友好、降低培训成本等。很多学校提供的选课、查询成绩系统就是 WWW 企业应用的典型案例。

(4)电子娱乐:包括分享视频、音频、大型多用户角色扮演游戏、局域网对战游戏等。

(5)电子商务:大致可以分为 4 类。B2B(Business to Business),网站作为一个平台撮合企业之间的交易;B2C(Business to Customer),各种直接针对最终消费者的购物网站;C2C(Customer to Customer),网站作为一个平台撮合消费者之间交易;G2C(Government to Customer),公民通过网站直接完成各项对政府申报的义务,如个人纳税申报。

在 WWW 服务中,一个关键的协议是超文本传输协议(HyperText Transfer Protocol,HTTP),这是一项应用层协议,默认使用 TCP 端口 80。其基本交互过程是:客户机发出访问请求;服务器接收请求后分析所请求的文件;服务器获取文件后,将文件返回给客户机;客户机获得文件后将文件按照一定的格式显示给用户。在 HTTP 传输的文件中,多数是超文本标注语言(HyperText Markup Language,HTML)或可扩展超文本标注语言表示(eXtensible HyperText Markup Language,XHTML)的。这些文件描述了文章的结构,特别是能用超链接将相关的内容组织起来,这使得 WWW 的文档组织具有了革命性的进步。

前面提到协议是对等层实体之间的通信约定。对应 WWW 服务软件,客户机也要有相应的软件与之交互,这种软件通常被称为用户代理程序。对于 WWW 的用户代理程序来说,浏览器可能是一个更常用的名字。在表 6-5 中,列出了 2011 年 11 月统计的最常见的几种浏览器各自所占的市场份额。需要说明的是,有许多浏览器外挂程序,本身使用 IE 的内核,但是在外观上和一些功能上有一些改变,因此这些浏览器外挂仍应归类为 IE。

表 6-5　浏览器市场份额

浏览器名称	所占市场份额(%)	浏览器名称	所占市场份额(%)
Internet Explorer	21.2	Safari	4.2
Firefox	38.1	Opera	2.4
Chrome	33.4		

下面以 IE 9.0 为例简要说明浏览器的使用。如图 6-19 所示,其中上方用粗线框强调的是浏览器的地址栏,要访问某个网站时,在这里输入其 URL。如果这个网站以前访问过,那么浏览器会用下拉框提示,很多时候可以省下手工输入。为了避免忘记一个重要的网站,用"收藏"功能可以将任意网站的 URL 收藏起来。收藏夹支持多级目录管理,适合收藏许多网站的用户。

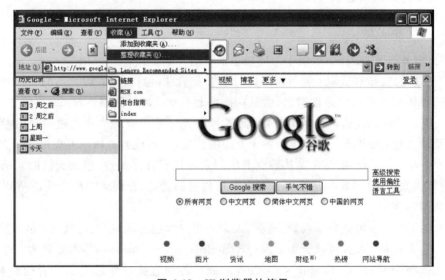

图 6-19　IE 浏览器的使用

在公用机房使用浏览器时,要注意隐私保护,包括适时地清除访问记录、输入的用户名/口令、被自动记录的输入框文字等。

具体操作方法有以下几种。

方法一:选择菜单"工具"→"Internet 选项"命令,在弹出的对话框中的"常规"选项卡下方,单击"清除历史记录"即可,如图 6-20 所示。

方法二:选择菜单"工具"→"Internet 选项"命令,单击"内容"选项卡,打开"Internet 选项-内容"选项卡,如图 6-21 所示,单击"自动完成"按钮,打开,然后单击对话框最下方的"设置"按钮,打开"自动完成设置"对话框,如图 6-22 所示,选中"浏览历史记录"和"表单上的用户名和密码"复选框,然后单击"确定"按钮。

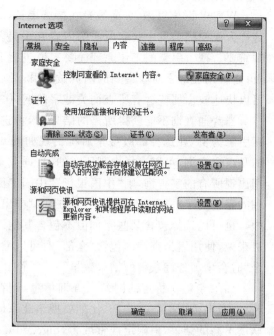

图 6-20 "Internet 选项-常规"选项卡   图 6-21 "Internet 选项-内容"选项卡

方法三:在如图 6-22 所示的对话框中单击"删除自动完成历史记录"按钮,打开"删除浏览历史记录"对话框,如图 6-23 所示。选中"历史记录""表单数据"和"密码"等复选框,然后单击"删除"按钮。

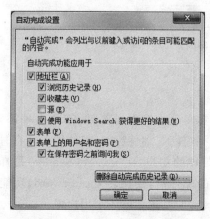

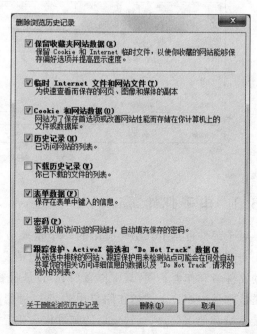

图 6-22 "自动完成设置"对话框   图 6-23 "删除浏览历史记录"对话框

这样做可以在很大程度上避免他人冒用该计算机用户在网络中的相关账号。

WWW 诞生以来,页面数量在持续增长,2007 年估计世界上有 290 亿个页面,靠人工在这样大规模的信息中获取所需的内容几乎是不可能的。因此搜索引擎对于访问 WWW 非常重要。搜索引擎的工作原理简要来说包括下列步骤:首先用程序自动收集所能获取的网页;之后用关键字对收集到的网页做索引;最后当用户查询某个关键字时搜索引擎根据索引可以快速找出那些含有所查询关键字的网页。

当普通查询不能获得所需的结果时,可选择高级搜索。以如图 6-19 所示的 Google 搜索引擎为例,在选择高级搜索后将出现如图 6-24 所示的界面,其中在上方用黑色方框括住的是组合查询,可以选择出现所有的字、词或是出现完整的句子。以查询"中国银行"为例,用出现所有的字查询,则"中国银行""中国工商银行""中国人民银行"等都会被选中;若用出现的完整句子进行查询,那么只有在文章中出现连续的 4 个字"中国银行"的页面才会被选中。也可以选择包含某些字词但不包含其他一些字词的组合查询,以便排除一些页面。一般来说,使用组合查询的包含"全部"时可以缩小查询结果的数量;使用组合查询的"至少一个"时会增加查询获得的结果数量。

如果希望在特定的网站中查询信息,则在下方"网域"区域输入网站名称(省略前面的 www 查询范围更广一些)。比如要搜索北京印刷学院的教学计划,直接搜索会得到很多关联度不高的结果,但限定搜索域为"bigc.edu.cn"之后,再查找"教学计划"获得的结果就十分集中了。此外,每个搜索引擎都提供了帮助,在图 6-24 中上方就有"搜索帮助"链接,阅读这样的帮助文档可以很快提高使用搜索引擎的能力。

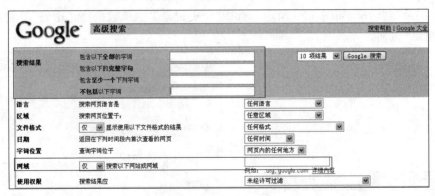

图 6-24　搜索引擎的高级搜索

6.5.3　电子邮件

电子邮件也是 Internet 应用的一个重要方面。要实现收发电子邮件,需要多种协议。首先要有一个标准说明电子邮件的格式,包括发送者、收件人、邮件标题、邮件体等。有时邮件的发件者和作者不同,其中作者(From)是最初写邮件的用户,而发送者(Sender)是真正发送该邮件的用户。例如在用户甲收到一封用户乙的邮件后,使用转发(Forward)功能将之转发给其他用户,那么转发后的邮件作者仍是用户乙,但发送者就成了用户甲了。

邮件撰写好之后,要发送出去必须使用简单邮件传输协议(Simple Message Transfer Protocol,SMTP)。这也是一个应用层协议,默认使用 TCP 端口 25 号。这个协议的一个缺点是不对发送人作认证,因此可以很容易地使用该协议发送垃圾邮件。垃圾邮件不仅浪费了网络的带宽,更浪费了邮件用户的时间,邮件服务商不得不采用多种技术来过滤垃圾邮件。SMTP 只负责将邮件发送,并不关心对方收到邮件后如何存储、交付给最终用户。

用户要想接收邮件,必须依靠邮局协议版本 3(Post Office Protocol version 3,POP3)或 Internet 消息访问协议(Internet Message Access Protocol,IMAP)。POP3 默认使用 TCP 110 号端口,而 IMAP 默认使用 143 号端口。这两个协议的功能大体相近,不同的是 POP3 鼓励用户下载邮件到本地之后再阅读,而 IMAP 增强了在线管理邮件的功能,并支持用户多次登录同一个账号。

每个电子邮件的账号形如 UserName@mailserver.com,其中@符号前面的是用户在邮件服务商注册的用户名,后面的字符串则是对应的邮件服务器的名字。邮件服务器可以分为两类:一类是公共的,例如许多门户网站都提供免费或收费的电子邮件服务;另一类是专用的,通常是各个公司、机构为其员工开设的电子邮件服务。

许多邮件服务器都提供了 Web 形式的访问,直接在浏览器里就能完成邮件的接收和发送。而在早期,都是由专门的邮件客户端来完成这些工作的。即便浏览器能够实现大多数的功能,但到目前为止,还不能实现离线浏览。此外专用的邮件客户端也有许多有用的辅助功能,例如 Windows 操作系统的 Outlook Express 提供的目录管理、邮件过滤规则等。许多邮件服务商支持用户使用邮件客户端,在配置之前必须获取对方的 SMTP 服务器和 POP3 服务器的地址,通常会在其邮件服务主页上详细地介绍如何在各类邮件客户端上配置。也有一些免费邮件供应商故意不支持邮件客户端,从而强迫用户在用浏览器浏览时观看网站的广告。

6.5.4　文件下载

文件下载一直是 Internet 的重要应用之一。其中文件传输协议(File Transfer Protocol,FTP)是专门提供文件的上传和下载服务的。很多电脑厂商用 FTP 服务器来发布其相关产品的驱动程序、升级包等。也有许多共享的 FTP 服务器,用户可以上传和下载各类文件。在浏览器的地址栏里直接输入一个 FTP 服务的 URL,就可以访问该服务器了。

很多 FTP 服务器都支持匿名访问,也就是无须注册直接用 anonymous 用户来访问,这个用户的口令是任意一个电子邮件地址。如果要访问的服务器不支持匿名访问,浏览器就会自动弹出一个对话框让用户输入注册的账号和口令。此外,也可以通过右击浏览器工作区中的空白区局,在弹出的快捷菜单中选择“登录”来用一个不同的身份登录服务器。这里要说明的是,如果 FTP 服务器和客户机在一个局域网内或者一个机构内部,那么使用浏览器来上传和下载是最方便的。如果在外部,而且要访问的文件很大,那么直接用浏览器进行操作往往会由于网络延迟而失败,这时最好使用专用的下载客户端软件。

利用 HTML 语言的超链接也可以支持下载文件。这种发布的优点是可以很好地组织要下载的文件页面,连带文件的使用说明、用户交流都可支持。缺点是用户上传文件非常不便。因此这种方法适合于发布文件。

FTP 或者 HTTP 传输文件是典型的客户机-服务器模式应用,其特点是少数几台提供服务的机器用来存放文件,很多访问服务的客户机上传或下载。这种模式的一个弊端是当用户数量增加时,会加重服务器的负担,从而使得每个用户都感到上传/下载速度很慢。更糟糕的是,很多专门的文件下载软件都支持多线程操作,这使得少数几个用户就可以造成相当大的服务器负载。要想提高下载速度并支持更多的用户同时访问,服务器不仅要有超强的处理能力,也要有充足的带宽,为满足这些要求要付出很高的成本。

点到点(Peer to Peer,P2P)是一种相对年轻的应用模式,和客户机服务器模式不同,在P2P的应用中每个结点既是客户机,同时也是服务器。多个结点共享一个文件时,每个结点既可以从其他结点上下载该文件,同时也作为服务器向其他结点提供该文件(该结点已经下载的部分)的下载服务。因此在P2P模式下,一个文件下载的用户越多,也就意味着这个文件可以有更多的下载源,每个用户更容易获得较高的下载速度(当然要受到用户线路能力的限制)。目前使用最广的P2P协议有两个:BitTorrent和Emule。这两个都是公开的协议,有许多开源的自由软件客户端可以使用。

需要说明的一点是,如果机器使用的是内网IP,在通常情况下会大大降低P2P的速度,原因是外部主机无法主动建立到内网主机的连接,这使得使用内网IP的机器所能得到的下载源的数量大大减少。为了解决这个问题,必须在提供NAT服务的路由器上设置端口转发,以便将某些端口转发到特定的内部主机,并在内部主机的客户端中设置使用那些转发的端口号码,这个过程相对比较烦琐。通用即插即用(UPnP)可以很好地解决这个问题,可以使数据包在没有用户交互的情况下,无障碍地通过路由器,避免了烦琐的设置。

P2P是一项新兴的技术,人们对它也有一些批评,其中最严厉的指责是其纵容了盗版问题。用传统的基于FTP或HTTP技术来发布盗版软件,权利人可以很容易地找出侵权者并令其停止这种行为。但在P2P网络中,特别是分布式哈希表技术的存在,使得破坏一个P2P网络在技术上几乎是不可能的。而且P2P网络中的文件都是用户自愿共享的,用户群体通常能达到百万级的规模,向这样大的一个群体追讨版权在现实中也是行不通的。但是P2P技术的确提高了用户访问网络的体验,而且作为合法软件的发布方法也受到越来越多自由软件发布者的欢迎。此外,P2P技术还有许多可以大显身手的应用场合,例如播放电视节目等。因此,P2P技术拥有非常光明的前景。

思考与练习

1. 什么是计算机网络?计算机网络和互联网有什么区别?
2. 简述计算机网络的发展历史。
3. 按照覆盖范围划分,计算机网络可以分为哪几种?
4. 什么是网络的拓扑结构?常用的网络拓扑结构有哪几种?
5. 简述OSI模型的分层结构和各层的功能。
6. 在OSI模型中,协议、接口及服务各指什么?
7. 简述TCP/IP模型,并将之和OSI模型对比。
8. 常用的网络传输介质有哪些?网络的主要连接设备有哪些?
9. 网络操作系统的主要功能是什么?
10. 什么是数据率?什么是带宽?二者有什么关系?
11. IPv4协议所规定的地址共有多少个?有哪些方法可以解决地址不够用的问题?简要说明这些方法的原理。

12. 什么是 ADSL？ADSL 如何分配电话线的带宽？

13. 什么是 URL、URI？二者有什么关系？

14. 简要说明域名在 Internet 中的作用。

15. 简要说明 WWW 的应用。

16. 为了接收和发送电子邮件，需要哪些协议？各自起什么作用？

17. 什么是 P2P 模式？在文件下载时，P2P 模式和传统的客户机-服务器模式有什么区别？

第 7 章

多媒体技术

多媒体技术是以数字技术为基础,融合通信、广播和计算机技术,对文字、声音、图形、图像、视频等多媒体信息进行存储、传送和处理的综合性技术。本章将介绍多媒体的基本概念、多媒体系统组成、多媒体信息压缩和多媒体素材制作环境等。

7.1 多媒体技术的基本概念

7.1.1 多媒体的概念

1. 媒体

媒体的概念范围是相当广泛的,根据国际电信联盟标准化部门(ITU-T)对媒体的定义,"媒体"可分为下列 5 大类:感觉媒体、表示媒体、显示媒体、存储媒体和传输媒体。

感觉媒体(Perception Medium)是指能直接作用于人们的感觉器官,从而能使人产生直接感觉的媒体,包括视觉类媒体(位图图像、图形、符号、文字、视频、动画、其他)、听觉类媒体(语音、音乐、音效等)、触觉类媒体(指点、位置跟踪、力反馈与运动反馈)、味觉类媒体、嗅觉类媒体等。

表示媒体(Representation Medium)是指为了加工、处理和传送感觉媒体而人为研究、构造出来的一种媒体。借助于此种媒体,便能更有效地存储感觉媒体或将感觉媒体从一个地方传送到另一个地方。表示媒体包括各种编码方式,如语音编码、文本编码、静止图像和运动图像编码等。

显示媒体(Presentation Medium)是指用于通信中使电信号和感觉媒体之间产生转换用的媒体,如输入、输出设施,键盘、鼠标器、话筒、喇叭、显示器、打印机等。

存储媒体(Storage Medium)是指用于存储表示媒体的物理介质,以方便计算机加工和调用信息,如纸张、磁带、磁盘、光盘等。

传输媒体(Transmission Medium)是指用来将表示媒体从一个地方传输到另一个地方的物理介质,是通信的信息载体。常用的有双绞线、同轴电缆、光缆和微波等。

媒体(Medium)在计算机领域有两种含义:一是指存储信息的实体,如磁盘、光盘、磁带、半导体存储器等,中文常译为介质;二是指传递信息的载体,如数字、文字、声音、图形和图像等。多媒体技术中的媒体是指后者。

2. 数据、信息与多媒体

数据是记录描述客观世界的原始数字。信息是经过加工并具有一定意义的数据。信息是主观的、数据是客观的,单纯的数据本身并无实际意义,只有经过解释后才能成为有意义的信息。多媒体(Multimedia)从字面上理解就是文字、声音、图形、图像、动画、视频等"多种媒体信息的集合"。计算机处理的多媒体信息从时效上可分为两大类:一是静态媒体,包括文字、图形、图像;二是动态媒体,包括声音、动画、视频。

通常,多媒体并不仅仅指多媒体本身,而主要指处理和应用它的所有相关技术。因此多媒体实际上常被看作多媒体技术的同义词。

7.1.2　多媒体技术的特性

多媒体技术是指能够同时获取、处理、编辑、存储和展示两个以上不同类型信息媒体的技术。多媒体技术的主要特征包括多样性、集成性、交互性、实时性和数字化等。

1. 多样性

信息载体的多样性是多媒体的主要特征之一,也是多媒体研究要解决的关键问题。多媒体计算机技术改变了计算机信息处理的单一模式,使之能处理多种信息。

2. 集成性

以计算机为中心综合处理多种信息媒体,包括媒体的集成和处理这些媒体设备的集成。一方面多媒体技术能将多种不同媒体信息有机地进行组合成为一条完整的多媒体信息,另一方面它把不同的媒体设备集成在一起,形成多媒体系统。

从硬件的角度来讲,指能够处理多媒体信息的高速及并行 CPU 系统,并具有大容量的存储、适合多媒体、多通道的输入输出能力及外设、宽带的通信网络接口。

从软件角度看,是应该有集成一体化的多媒体操作系统、适应多媒体信息管理和使用的软件系统和创作工具以及高效的各类应用软件。

3. 交互性

用户可以与计算机进行交互操作,从而为用户提供控制和使用信息的手段。这种交互都要求实时处理。如从数据库中检索信息量,参与对信息的处理等等。交互可分成 3 个层次:媒体信息的简单检索与显示,是多媒体的初级交互应用;通过交互特性使用户进入到信息的活动过程中,才达到了交互应用的中级;当用户完全进入一个与信息环境一体化的虚拟信息空间自由遨游时,才是交互应用的高级阶段。

4. 实时性

实时就是在人的感官系统允许的范围内,进行多媒体交互,就好像面对面一样,图像和声音都是连续的。声音、动画、视频等媒体信息要求实时处理。

5. 数字化

数字化是指各种媒体的信息都是以数字的形式,即 0 和 1 的形式,进行存储和处理,而不是传统的模式信号形式。数字化不仅易于进行加密、压缩处理,还可以提高信息的安全与处理速度,抗干扰能力强。

7.1.3　多媒体信息处理的关键技术

多媒体信息的处理和应用需要一系列相关技术的支持,关键技术包括以下几方面。

1. 多媒体数据压缩技术

研制多媒体计算机需要解决的关键问题之一是要使计算机能实时地综合处理声、文、图信息。然而,由于数字化的图像、声音等多媒体数据量非常大,而且视频音频信号还要求快速的传输处理,这致使在一般计算机产品特别是个人计算机系列上开展多媒体应用难以实现,因此,视频、音频数字信号的编码和压缩算法成为一个重要的研究课题。

编码理论研究已有多年的历史,技术已日趋成熟。在研究和选用编码时,主要有两个问题:一是该编码方法能用计算机软件或集成电路芯片快速实现;二是一定要符合压缩编码/解压缩编码的国际标准。

2. 多媒体数据存储技术

多媒体的音频、视频、图像等信息虽经过压缩处理,但仍需相当大的存储空间,只有在大容量只读光盘存储器 CD-ROM 问世后才真正解决了多媒体信息的存储空间问题。

1996 年又推出了 DVD(Digital Video Disc)的新一代光盘标准,这使得基于计算机的数字视盘驱动器将能从单个盘面上读取 4.7~17GB 的数据量。

大容量活动存储器发展极快,1995 年推出了超大容量的 ZIP 软盘系统。

另外,作为数据备份的存储设备也有了发展。常用的备份设备有磁带、磁盘和活动式硬盘等。

随着存储技术的发展,活动式的激光(Magneto-Optical,MO)驱动器也将成为备份设备的主流。MO 驱动器有 5.25 英寸和 3.5 英寸两种规格,其优点是数据的写入和再生可以反复进行,速度比磁带机快。

由于存储在 PC 服务器上的数据量越来越大,使得 PC 服务器的硬盘容量需求提高很快。为了避免磁盘损坏而造成的数据丢失,采用了相应的磁盘管理技术,磁盘阵列(Disk Array)就是在这种情况下诞生的一种数据存储技术。这些大容量存储设备为多媒体应用提供了便利条件。

3. 多媒体专用芯片技术

多媒体专用芯片依赖于大规模集成电路(VLSI)技术,它是多媒体硬件系统体系结构的关键技术。因为要实现音频、视频信号的快速压缩、解压缩和播放处理,需大量的快速计算。而实现图像许多特殊效果、图像生成、绘制等处理以及音频信号的处理等,也都需要较快的运算处理速度,因此,只有采用专用芯片,才能取得令人满意的效果。

多媒体计算机的专用芯片可分为两类:一类是固定功能的芯片,另一类是可编程数字信号处理器 DSP 芯片。

除专用处理器芯片外,多媒体系统还需要其他集成电路芯片支持,如数/模(D/A)和模/数(A/D)转换器、音频、视频芯片,彩色空间变换器及时钟信号产生器,等等。

4. 多媒体数据库技术

由于多媒体信息是结构型的,致使传统的关系数据库已不适用于多媒体的信息管理,需要从以下几个方面研究数据库:第一,研究多媒体数据模型;第二,研究数据压缩和解压缩的格式;第三,研究多媒体数据管理及存取方法;第四,用户界面。

5. 虚拟现实技术

虚拟现实技术是用多媒体计算机创造现实世界的技术。虚拟现实的英文是 Virtual Reality,也有人译为临境或幻境。虚拟现实的本质是人与计算机之间进行交流的方法,专业划分实际上是"人机接口"的技术,虚拟现实对很多计算机应用提供了相当有效的逼真的三维交互接口。

虚拟现实的定义为:利用计算机生成的一种模拟环境(如飞机驾驶、分子结构世界等),通过多种传感设备使用户"投入"到该环境中,实现用户与该环境直接进行自然交互的技术。

虚拟现实技术有以下 4 个重要特征。

(1) 多感知性。即除了一般计算机具有的视觉感知外,还有听觉感知、触觉感知、运动感知,甚至可包括味觉和嗅觉等,只是由于传感技术的限制,目前尚不能提供味觉和嗅觉。

(2) 临场性。即用户感到存在于模拟环境中的真实程度。

(3) 交互性。指用户对模拟环境中物体的可操作程度和从环境中得到反馈的自然程度,其中也包括实时性。

(4) 自主性。指虚拟环境中物依据物理规律动作的程度。

根据上述 4 个特征,我们应能将虚拟现实与相关技术区分开来,如仿真技术、计算机图形技术及多媒体技术,它们在多感知性和临场性方面有较大差别。

虚拟现实是一门综合技术,但又是一种艺术,在很多应用场合其艺术成分往往超过技术成分。也正是由于其技术与艺术的结合,使得它具有艺术上的魅力,如交互的虚拟音乐会、宇宙作战游戏等,对用户也有更大的吸引力,其艺术创造将有助于人们进行三维和二维空间的交叉思维。

6. 多媒体网络与通信技术

多媒体通信要求能够综合地传输、交换各种信息类型,而不同的信息类型又呈现出不同的特征。在不同的应用系统中需采用不同的带宽分配方式,另外信息点播还要能通过电话线实现,多媒体通信技术也要提供必要的支持。另外,在当前 Internet 空前发展的局面下,如何使得不同类型的信息能够充分发挥其特性,是一个不容忽视的问题,如语音和视频要求较好的实时性,而一些文件需要一字不差的准确性。如何实现多媒体信息通信的理想环境是多媒体网络与通信技术追求的目标。

7.2 多媒体计算机系统

多媒体计算机系统是指能对文本、图形、图像、音频、动画和视频等多媒体信息,进行逻辑互连、获取、编辑、存储和播放等功能的一个计算机系统,实现信息输入、信息处理、信息输出等多种功能。

多媒体计算机系统由硬件系统和软件系统组成。其中硬件系统主要包括计算机的主要配置和各种外部设备以及与各种外部设备的控制接口卡,软件系统包括多媒体驱动软件、多媒体操作系统、多媒体数据处理软件、多媒体创作工具软件和多媒体应用软件,如表 7-1 所示。

表 7-1　多媒体计算机系统

多媒体应用软件	
多媒体创作软件	
多媒体数据处理软件	软件系统
多媒体操作系统	
多媒体驱动软件	
多媒体输入/输出控制卡及接口	
多媒体计算机硬件	硬件系统
多媒体外围设备	

1．多媒体硬件系统的组成

多媒体硬件系统是由计算机存储系统、音频输入/输出和处理设备、视频输入/输出和处理设备等选择性组合而成。

2．多媒体驱动软件

多媒体驱动软件是多媒体计算机软件中直接和硬件打交道的软件。它完成设备的初始化,完成各种设备操作以及设备的关闭等。驱动软件一般常驻内存,每种多媒体硬件需要一个相应的驱动软件。

3．多媒体操作系统

简言之,多媒体操作系统就是具有多媒体功能的操作系统。多媒体操作系统必须具备对多媒体数据和多媒体设备的管理和控制功能,具有综合使用各种媒体的能力,能灵活地调度多种媒体数据并能进行相应的传输和处理,且使各种媒体硬件和谐地工作。多媒体操作系统大致可分为两类:一类是为特定的交互式多媒体系统使用的多媒体操作系统,如 Commodore 公司为其推出的多媒体计算机 Amiga 系统开发的多媒体操作系统 Amiga DOS;另一类是通用的多媒体操作系统,如目前流行的 Windows 系列。

4．多媒体处理软件

多媒体数据处理软件是专业人员在多媒体操作系统之上开发的。在多媒体应用软件制作过程中,对多媒体信息进行编辑和处理是十分重要的,多媒体素材制作的好坏,直接影响到整个多媒体应用系统的质量。

常见的音频编辑软件有 Sound Edit、Cool Edit 等,图形图像编辑软件有 Illustrator、

CorelDraw、Photoshop 等，非线性视频编辑软件有 Premiere，动画编辑软件有 Animator Studio 和 3D Studio MAX 等。

5. 多媒体创作软件

多媒体创作软件是帮助开发者制作多媒体应用软件的工具，能够对文本、声音、图像、视频等多种媒体信息进行控制和管理，并按要求连接成完整的多媒体应用软件，如 Authorware、Director、Flash 等。

6. 多媒体应用系统

多媒体应用系统又称多媒体应用软件。它是由各种应用领域的专家或开发人员利用多媒体开发工具软件或计算机语言，组织编排大量的多媒体数据而成为最终的多媒体产品，是直接面向用户的。多媒体应用系统所涉及的应用领域主要有文化教育教学软件、信息系统、电子出版、音像影视特技、动画等。

7.3　多媒体信息数字化和压缩技术

计算机输出界面上看到的丰富多彩的多媒体信息在计算机内部都会被转换成 0 和 1 的数字化信息后再进行处理，并且根据不同类型的信息采用不同的文件格式存储。

7.3.1　音频信息

1. 基本概念

声音来自机械振动，并通过周围的弹性介质以波的形式向周围传播。最简单的声音表现为正弦波。表述一个正弦波需要 3 个参数。

(1) 频率：振动的快慢，它决定声音的高低。人耳能听到的范围大约为 20Hz～20kHz。

(2) 振幅：振动的大小。决定声音的强弱。振幅越大，声音越强，传播越远。

(3) 相位：振动开始的时间。一个正弦波相位不能对听觉产生影响。

复杂的声波由许多具有不同振幅、频率和相位的正弦波组成。声波具有周期性和一定的幅度，波形中两个相邻的波峰（或波谷）之间的距离称为振动周期，波形相对基线的最大位移称为振幅。周期性表现为频率，控制音调的高低。频率越高，声音就越尖，反之就越沉。幅度控制的就是声音的音量了，幅度越大，声音越响，反之就越弱。声波在时间上和幅度上都是连续变化的模拟信号，可以用模拟波形来表示。

2. 音频的数字化

若要用计算机对音频信息处理，就要将模拟信号（如语音、音乐等）转换成数字信号，这一转换过程称为模拟音频的数字化。模拟音频数字化过程涉及音频的采样、量化和编码。其过程如图 7-1 所示。

1) 采样

采样是每隔一定时间间隔对模拟波形取一个幅度值，把时间上的连续信号变成时间上

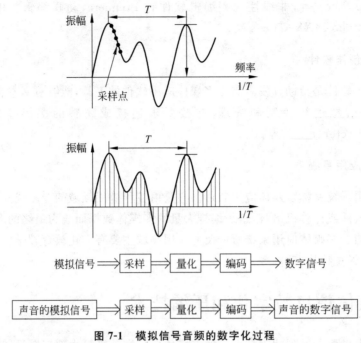

图 7-1 模拟信号音频的数字化过程

的离散信号。该时间间隔为采样周期,其倒数为采样频率。采样频率即每秒钟的采样次数。采样频率越高,数字化的音频质量也越高,但数据量也越大。根据 Harry Nyquist 采样定律,采样频率高于输入的声音信号中最高频率的两倍就可以从采样中恢复原始波形。这就是在实际采样中采取 40.1kHz 作为高质量声音的采样标准的原因。

2) 量化

量化是将每个采样点得到的幅度值以数字存储。量化位数(采样精度)表示存放采样点振幅的二进制位数,它决定了模拟信号数字化以后的动态范围。所谓动态范围,是波形的基线与波形上限间的单位。简单地说,位数越多,采样精度越高,音质越细腻,但信息的存储量也越大。量化位数主要有 8 位和 16 位两种。8 位的声音从最低到最高只有 2 的 8 次方(即256 个)级别,16 位声音有 2 的 16 次方(即 65 536 个)级别。专业级别使用 24 位甚至 32 位。

3) 编码

编码是将采样和量化后的数字数据以一定的格式记录下来,主要解决数据表示的有效性问题。通过对数据的压缩、扰乱、加密等一系列处理,力求用少的数据传递最大的信息量。编码的方式很多,常用的有基于语音识别的编码方式、基于参数分析与合成的编码方式和基于波形预测的编码方式等。

3. 数字音频的技术指标

影响数字声音质量的主要因素有 3 个:采样频率、数字量的位数(简称量化位数)以及声道数。量化位数上面已经介绍过,这里主要介绍采样频率和声道数。

采样频率决定的是声音的保真度。具体说来就是一秒钟的声音分成多少个数据去表示。可以想象,这个频率当然是越高越好。频率以 kHz(千赫兹)去衡量。44.1kHz 表示将一秒钟的声音用 44 100 个采样样本数据去表示。目前最常用的 3 种采样频率分别为:电话效果(11kHz)、FM 电台效果(22kHz)和 CD 效果(44.1kHz);市场上的非专业声卡的最高采样频率为 48kHz,专业声卡可高达 96kHz 或以上。一般人的耳朵能听到的频率范围是 20Hz～20kHz。而将声音数字化之所以需要 44.1kHz 是因为根据采样原理,采样频率至少是播放频率的两倍才足以在播放时正确还原。再考虑到有些乐器发出的高于 20kHz 的声音对人也有一定的作用,所以将采样频率定在 44.1kHz。

声道数指声音通道的个数,表明在同一时刻声音是只产生一个波形(单声道)还是产生两个波形(立体声双声道)。顾名思义,立体声听起来比单声道具有空间感,其存储空间是单声道的两倍。

4. 数字音频的文件格式

在计算机里面,存在着许多不同格式的声音文件。由于现有的播放器都可以支持非常多的声音格式,所以大家也说不清不同的声音文件究竟有什么特点。

对目前最常见的几种声音文件格式,原则上不同的声音格式需要不同的播放器,不过现有的播放器大都可以支持多种格式。比如 Windows 自己的媒体播放机、著名的免费软件 WinAMP 等等。常用的音频文件有以下几类。

1) MID 和 RMI 格式

这两种文件扩展名表示该文件是 MIDI 文件。MIDI 是数字乐器接口的国际标准,它定义了电子音乐设备与计算机的通信接口,规定了使用数字编码来描述音乐乐谱的规范。计算机就是根据 MIDI 文件中存放的对 MIDI 设备的命令,即每个音符的频率、音量、通道号等指示信息进行音乐合成的。MID 文件的优点是短小,一个 6 分多钟、有 16 个乐器的文件也只有 80KB 多;缺点是播放效果因软、硬件而异。使用媒体播放机可以播放,但如果想有比较好的播放效果,计算机必须支持波表功能。目前大多数人都使用软件波表,最出名的就是日本 YAMAHA 公司出品的 YAMAHA SXG 了。使用这一软波表进行播放,可以达到与真实乐器几乎一样的效果。

2) WAV 格式

这是 Windows 本身存放数字声音的标准格式。由于微软的影响力,目前也成了一种通用性的数字声音文件格式,几乎所有的音频处理软件都支持 WAV 格式。由于 WAV 格式存放的一般是未经压缩处理的音频数据,所以体积都很大(1 分钟的 CD 音质需要 10MB),不适于在网络上传播。使用媒体播放机可以直接播放 WAV 格式的文件。

3) MP3(MP1、MP2)格式

MP3 这个扩展名表示的是 MP3 压缩格式文件。MP3 的全称实际上是 MPEG Audio Layer-3,而不是 MPEG3。由于 MP3 具有压缩程度高(1 分钟 CD 音质音乐一般需要 1MB)、音质好的特点,所以 MP3 是目前最为流行的一种音乐文件。在网上有很多可以下载 MP3 的站点,还可以通过一些交换软件(比如 Napster)进行音乐交换。不过由于音乐工业的强烈抵制(版权问题),这些服务都面临着关闭或改为收费服务的压力。播放 MP3 最出名的软件是 WinAMP。

4) RA、RAM 格式

这两种扩展名表示的是 Real 公司开发的主要适用于网络上实时数字音频流技术的文件格式。由于它的面向目标是实时的网上传播,所以在高保真方面远远不如 MP3,但在只需要低保真的网络传播方面却无人能及。要播放 RA,需要使用 Real Player。

5)ASF、ASX、WMA、WAX 等格式

ASF 和 WMA 都是微软公司针对 Real 公司开发的新一代网上流式数字音频压缩技术。这种压缩技术的特点是同时兼顾了保真度和网络传输需求,所以具有一定的先进性。也是由于微软的影响力,这种音频格式现在正获得越来越多的支持,比如前面说的 WinAMP 播放器可以播放,另外也可以使用 Windows 的媒体播放机播放。

7.3.2　图形与图像

1.基本概念

对计算机而言图形(Graphics)与图像(Image)是一对既有联系又有区别的概念,尽管都是一幅图,但图的产生、处理和存储方式不同。

图形是指由外部轮廓线条构成的矢量图。即由计算机绘制的直线、圆、矩形、曲线和图表等。矢量图文件中存储的是一组描述各个图元的大小、位置、形状、颜色和维数等属性的指令集合,通过相应的绘图软件读取这些指令,即可将其转换为输出设备上显示的图形。因此,矢量图文件的最大优点是对图形中的各个图元进行缩放、移动、旋转而不失真,而且它占用的存储空间小。

图像是由扫描仪、摄像机等输入设备捕捉实际的画面产生的数字图像。由像素点阵构成的位图。位图文件中存储的是构成图像的每个像素点的亮度、颜色,位图文件的大小与分辨率和色彩的颜色种类有关,放大和缩小要失真,所描述对象在缩放过程中会损失细节或产生锯齿。位图文件占用空间比矢量文件大。

2.图像的数字化

图形是使用专门的绘图软件将描述图形的指令转换成屏幕上的矢量图形,主要参数是描述图元的位置、维数和形状的指令,因此不必对图形中的每一点进行数字化处理。

现实中的图像是一种模拟信号,不能直接用计算机进行处理,还需要进一步转化成用一系列的数据所表示的数字图像。这个进一步转化的过程也就是所谓计算机图像的数字化,也就是通常所说的采样、量化以及编码。

所谓图像采样,就是计算机按照一定的规律,对模拟图像的位点所呈现出的表象特性,用数据的方式记录下来的过程。即把连续的图像转化成离散点的过程,实质是用若干个像素(Pixel)点来描述一幅图像。采样需要决定在一定的面积内取多少个点,或者叫多少个像素,这个问题就是今后常常要提及的所谓"分辨率(dpi)"。分辨率越高,图像越清晰,存储量也越大。

图像量化则是在图像离散化后,还需要将采样所得各个像素的颜色明暗(亮度)的连续变化值离散化为整数值的过程。而量化时可取整数值的个数称为量化级数,表示色彩(或亮度)所需的二进制位数称为量化字长,一般有 8 位、16 位、24 位、32 位等。记录每个点的亮度的数据位数,也就是所谓数据深度。比如记录某个点的亮度用一个字节(8bit)来表示,那么这个亮度可以有 256 个灰度级差。这 256 个灰度级差分别均匀地分布在由全黑(0)到全白(255)的整个明暗带中。当然每个一定的灰度级将由一定的数值(0~255)来表示。

经过采样、量化后得到的图像数据量十分巨大。若要表示一个分辨率为 800×600 的画面,则共有 480 000 个像素;一个像素用 3 个字节表示,则这样一幅图像需要 480 000×3＝1 440 000 个字节,约为 1.38MB。对于这些信息必须采用图像编码技术来压缩,这是图像传输和存储的关键。

3. 图像文件的格式

图像文件分为有以下几种格式。

1) BMP 位图格式

最典型应用 BMP 格式的程序就是 Windows 的画笔。文件不压缩,占用磁盘空间较大,它的颜色存储格式有 1 位、4 位、8 位及 24 位,该格式是当今应用比较广泛的一种格式。缺点是该格式文件比较大,所以只能应用在单机上,不受网络欢迎。

2) GIF 格式

GIF 格式在 Internet 上被广泛地应用,原因主要是 256 种颜色已经较能满足主页图像的需要,而且文件较小,适合网络环境传输和使用。

3) JPEG 格式

JPEG 格式图片是采用 JPEG 压缩技术压缩生成的,可以用不同的压缩比例对这种文件压缩,其压缩技术十分先进,对图像质量影响不大,因此可以用最少的磁盘空间得到较好的图像质量。由于它优异的性能,所以应用非常广泛,而在 Internet 上,它更是主流图像格式。

4) PNG 格式

PNG(Portable Network Graphics)是一种新兴的网络图像格式,结合了 GIF 和 JPEG 的优点,具有存储形式丰富的特点。PNG 最大色深为 48bit,采用无损压缩方案存储。著名的 Macromedia 公司的 Fireworks 的默认格式就是 PNG。

5) PSD 格式(Photoshop 格式)

Adobe 公司开发的图像处理软件 Photoshop 中自建的标准文件格式就是 PSD 格式。在该软件所支持的各种格式中,PSD 格式存取速度比其他格式快很多,功能也很强大。由于 Photoshop 软件越来越广泛地被应用,所以这个格式也逐步流行起来。PSD 格式是 Photoshop 的专用格式,里面可以存放图层、通道、遮罩等多种设计草稿。

6) TIFF 格式

TIFF 格式具有图像格式复杂、存储信息多的特点。3DS、3DS MAX 中的大量贴图就是 TIFF 格式的。TIFF 最大色深为 32bit,可采用 LZW 无损压缩方案存储。

7.3.3　视频信息

1. 基本概念

视频文件是由一系列的静态图像按一定的顺序排列组成的,每一幅图像画面称为帧(Frame)。电影、电视通过快速播放每帧画面,再加上人眼的视觉滞留效应便产生了连续运动的效果。当帧速率达到 12 帧/秒(12fps)以上时,就可以产生连续的视频显示效果。如果再把音频信号也加进来,便可以实现视频、音频信号的同时播放。

视频有两类：模拟视频和数字视频。早期的电视、电影等视频信号的记录、存储和传输都是采用模拟方式,现在出现的 VCD、DVD、数码摄像机等都是数字视频。

在模拟视频中,常用的两种视频标准：NTSC 制式(30 帧/秒,525 行/帧)和 PAL 制式(25 帧/秒,625 行/帧),我国采用的是 PAL 制式。

2．视频信号的数字化

视频信号数字化的目的是为了将模拟视频信号经模数转换和彩色空间变换转换成数字计算机可以显示和处理的数字信号。

视频模拟信号的数字化过程同音频相似,在一定的时间内以一定的速度对单帧视频信号进行采样、量化、编码等过程,实现模数转换、彩色空间变换和编码压缩等。一般包括以下几个步骤：

(1) 采样,将连续的视频波形信号变为离散量;

(2) 量化,将图像幅度信号变为离散值;

(3) 编码,将数字化的视频信号经过编码成为电视信号,从而可以录制到录像带中或在电视上播放。

3．视频文件的格式

视频文件可分为两大类：一类是本地影像文件,另一类是网络流媒体文件。

1) 影像视频文件

影像视频文件主要包括 AVI 文件、MPEG 文件、MOV 文件、DivX 文件及 DAT 文件等。

(1) AVI 文件。

AVI 是音频视频交错(Audio Video Interleaved)的英文缩写,它是微软公司开发的一种符合 RIFF 文件规范的数字音频与视频文件格式。原先用于 Microsoft Video for Windows(简称 VFW)环境,现在已被 Windows 2000/XP、OS/2 等多数操作系统直接支持。AVI 格式允许视频和音频交错在一起同步播放,支持 256 色和 RLE 压缩,但 AVI 文件并未限定压缩标准,因此,AVI 文件格式只是作为控制界面上的标准,不具有兼容性,用不同压缩算法生成的 AVI 文件,必须使用相应的解压缩算法才能播放出来。AVI 文件目前主要应用在多媒体光盘上,用来保存电影、电视等各种影像信息;有时也用在 Internet 上,供用户下载、欣赏新影片的精彩片断。

(2) MPEG 文件。

MPEG 的英文全称为 Moving Picture Expert Group,即运动图像专家组格式,家庭里常看的 VCD、SVCD、DVD 就是这种格式。MPEG 文件格式是运动图像压缩算法的国际标准,它采用了有损压缩方法减少运动图像中的冗余信息。说得更加明白一点就是 MPEG 的压缩方法依据是相邻两幅画面绝大多数是相同的,把后续图像中和前面图像有冗余的部分去除,从而达到压缩的目的(其最大压缩比可达到 200:1)。目前 MPEG 格式有 3 个压缩标准,分别是 MPEG-1、MPEG-2 和 MPEG-4,另外,MPEG-7 与 MPEG-21 仍处在研发阶段。

(3) MOV 文件。

QuickTime(MOV)是 Apple 计算机公司开发的一种音频、视频文件格式,用于保存音频和视频信息，具有先进的视频和音频功能，受到包括 Apple Mac OS、Microsoft Windows 95/98/NT 在内的所有主流计算机平台的支持。QuickTime 文件格式支持 25 位彩色，支持 RLE、JPEG 等领先的集成压缩技术，提供 150 多种视频效果，并配有提供了 200 多种 MIDI 兼容音响和设备的声音装置。新版的 QuickTime 进一步扩展了原有功能，包含了基于 Internet 应用的关键特性，能够通过 Internet 提供实时的数字化信息流、工作流与文件回放功能。此外，QuickTime 还采用了一种称为 QuickTime VR(简称 QTVR)技术的虚拟现实 (Virtual Reality，VR)技术，用户通过鼠标或键盘的交互式控制，可以观察某一地点周围 360 度的景象，或者从空间任何角度观察某一物体。QuickTime 以其领先的多媒体技术和跨平台特性、较小的存储空间要求、技术细节的独立性以及系统的高度开放性，得到业界的广泛认可，目前已成为数字媒体软件技术领域的事实上的工业标准。国际标准化组织 (ISO)最近选择 QuickTime 文件格式作为开发 MPEG 4 规范的统一数字媒体存储格式。

（4）DivX 文件。

DivX 文件是由 MPEG-4 衍生出的另一种视频编码（压缩）标准，也即通常所说的 DVDrip 格式，它采用了 MPEG4 的压缩算法同时又综合了 MPEG-4 与 MP3 各方面的技术。也就是使用 DivX 压缩技术对 DVD 盘片的视频图像进行高质量压缩，同时用 MP3 或 AC3 对音频进行压缩，然后再将视频与音频合成并加上相应的字幕文件而形成的视频格式。其画质直逼 DVD 并且体积只有 DVD 的数分之一。这种编码对机器的要求也不高，所以 DivX 视频编码技术可以说是一种对 DVD 造成威胁最大的新生视频压缩格式，号称为 DVD 杀手或 DVD 终结者。

（5）DAT 文件。

很多软件都会产生这个 DAT 文件扩展名。这里说的 DAT 文件是指从 VCD 光盘中看到的，用计算机打开 VCD 光盘，可以看到有个 MPEGAV 目录，里面便是类似 MUSIC01 . DAT 或 AVSEQ01. DAT 的文件。这个 DAT 文件也是 MPG 格式的，是 VCD 刻录软件将符合 VCD 标准的 MPEG-1 文件自动转换生成的。

2）网络流媒体视频文件

网络流媒体视频文件主要包括 RM 文件、ASF 文件、WMV 文件及 RMVB 文件等。

（1）RM 文件。

Real Networks 公司所制定的音频视频压缩规范称为 Real Media(RM)，用户可以使用 Real Player 或 RealOne Player 对符合 Real Media 技术规范的网络音频/视频资源进行实况转播，并且 Real Media 可以根据不同的网络传输速率制定出不同的压缩比率，从而实现在低速率的网络上进行影像数据实时传送和播放。这种格式的另一个特点是用户使用 Real Player 或 RealOne Player 播放器可以在不下载音频/视频内容的条件下实现在线播放。另外，RM 作为目前主流网络视频格式，它还可以通过其 Real Server 服务器将其他格式的视频转换成 RM 视频并由 Real Server 服务器负责对外发布和播放。RM 和 ASF 格式可以说各有千秋，通常 RM 视频更柔和一些，而 ASF 视频则相对清晰一些。

（2）ASF 文件。

ASF(Advanced Streaming format)是微软为了和现在的 Real Player 竞争而推出的一种视频格式，用户可以直接使用 Windows 自带的 Windows Media Player 对其进行播放。由于它使用了 MPEG-4 的压缩算法，所以压缩率和图像的质量都很不错（高压缩率有利于视频流的传输,但图像质量肯定会受损失,所以有时候 ASF 格式的画面质量不如 VCD 是正常的)。

（3）WMV 文件。

WMV(Windows Media Video)也是微软推出的一种采用独立编码方式并且可以直接在网上实时观看视频节目的文件压缩格式。WMV 格式的主要优点包括本地或网络回放、可扩充的媒体类型、部件下载、可伸缩的媒体类型、流的优先级化、多语言支持、环境独立性、丰富的流间关系以及扩展性等。

（4）RMVB 文件。

这是一种由 RM 视频格式升级延伸出的新视频格式,它的先进之处在于 RMVB 视频格式打破了原先 RM 格式那种平均压缩采样的方式,在保证平均压缩比的基础上合理利用比特率资源,就是说静止和动作场面少的画面场景采用较低的编码速率,这样可以留出更多的带宽空间,而这些带宽会在出现快速运动的画面场景时被利用。这样在保证了静止画面质量的前提下,大幅地提高了运动图像的画面质量,从而在图像质量和文件大小之间达到了微妙的平衡。另外,相对于 DVDrip 格式,RMVB 视频也有着较明显的优势,一部大小为700MB 左右的 DVD 影片,如果将其转录成同样视听品质的 RMVB 格式,文件体积最多也就 400MB。

7.3.4 数据压缩技术

1. 数据压缩的概念

多媒体信息包括文本、数据、声音、动画、图像、图形以及视频等多种媒体信息。虽然经过数字化处理后其数据量是非常大的,如果不进行数据压缩处理,计算机系统就无法对它进行存储和交换。另一个原因是图像、音频和视频这些媒体具有很大的压缩潜力。因为在多媒体数据中,存在着空间冗余、时间冗余、结构冗余、知识冗余、视觉冗余、图像区域的相同性冗余、纹理的统计冗余等。它们为数据压缩技术的应用提供了可能的条件。因此在多媒体系统中必须采用数据压缩技术,这是多媒体技术中一项十分关键的技术。

数据压缩是以一定的质量损失为前提,按照某种方法从给定的信源中推出已简化的数据表述。这里所说的质量损失一般都是在人眼允许的误差范围之内,压缩前后的图像如果不做非常细致的对比是很难觉察出两者的差别的。处理一般是由两个过程组成:一是编码过程,即将原始数据经过编码进行压缩,以便存储与传输;二是解码过程,此过程对编码数据进行解码,还原为可以使用的数据。

根据解码后的数据与原始数据是否完全一致来进行分类,数据压缩方法一般划分为两类。

1) 可逆编码方法(无损压缩)

可逆编码方法的解码图像必须和原始图像严格相同,即压缩是完全可以恢复的或无偏差的。这种压缩方法也称为无损压缩。常见的无损压缩方法有熵编码、行程编码和 LZW 编码等。

2) 不可逆编码方法(有损压缩)

用不可逆编码方法压缩的图像,在还原以后与原始图像相比有一定的误差,所以又称为有损压缩编码。

2．数据压缩技术的性能指标

（1）压缩比：指输入数据和输出数据比。例如，图像分辨率为 512×480 像素，位深度为 24 位，则输入 $=(512\times480\times24)/8=737\,280B$。若输出 15\,000B，从而压缩比 $=737\,280/15\,000=49$。

（2）图像质量：对于有损压缩，失真情况很难量化，只能对测试的图像进行估计。而无损压缩不存在这一问题。

（3）压缩解压速度：在许多应用中，压缩和解压可能不同时使用。所以，压缩、解压速度应分别估计。在静态图像中，压缩速度没有解压速度严格；在动态图像中，压缩、解压速度都有要求，因为需实时地从摄像机或其他设备中抓取动态视频。

（4）开销：有些压缩解压工作可用软件实现。设计系统时必须充分考虑算法复杂——压缩解压过程长、算法简单——压缩效果差等问题。目前有些特殊硬件可用于加速压缩/解压。硬接线系统速度快，但各种选择在初始设计时已确定，一般不能更改。因此在设计硬接线压缩/解压系统时必须先将算法标准化。

3．数据压缩的国际标准

由于多媒体技术迅速发展，用户如何选择产品，才能自由地组合、装配来自不同厂家的产品部件，构成自己满意的系统呢？这就提出了一个不同厂家产品的兼容性问题，因此需要一个，全球性的统一的国际技术标准。

国际标准化协会（International Standardization Organization ISO）、国际电子学委员会（International Electronics Committee IEC）、国际电信协会（International Telecommunication Union ITU）等国际组织，于 20 世纪 90 年代领导制定了 3 个重要的多媒体国际标准：JPEG 标准、MPEG 标准和 H.261 标准。

1）静态图像压缩编码的国际标准（JPEG）

1986 年 CCITT 和 ISO 两个国际标准化组织联合成立一个联合图像专家组（Joint Photographic Experts Group，JPEG），该小组开发研制出连续色调、多级灰度、静止图像的数字图像压缩编码方法，这个压缩编码方法就是 JPEG 算法，并于 1991 年成为正式的国际标准。该标准不仅适用于静态图像的压缩，对于电视图像序列中的帧内图像的压缩编码也常用 JPEG 压缩标准。基于离散余弦变换（DCT）的编码方法是 JPEG 算法的核心内容。

JPEG 只有帧内压缩，每帧可随机存取。JPEG 压缩方法满足以下要求：

（1）达到或接近当前压缩比与图像保真度的技术水平，用户可选择期望的压缩/质量比。

（2）能适用于任何连续色调数字图像，且长宽比都不受限制，同时也不受限于景物内容、图像的复杂程序和统计特性等。

（3）计算机的复杂性是可控制的，其软件可在各种 CPU 上完成，算法也可用硬件实现。

2）MPEG-1 标准

MPEG 是运动图像的数字图像压缩编码方法，是英文 Moving Picture Experts Group（即运动图像专家小组）的缩写。MPEG-1 标准（ISO/IEC11172-Ⅱ）是针对全活动视频的压缩标准,该标准包括 MPEG 视频、MPEG 音频和 MPEG 系统 3 大部分。MPEG 视频是面向位速率约 1.5Mbps 全屏幕运动图像的数据压缩,MPEG 音频是面向每通道数率为 64kbps、128kbps、192kbps 的数字音频信号的压缩。

MPEG 输入图像亮度信号的分辨率为 360×240,色度信号的分辨率为 180×120,每帧 29.97 帧,采用双向运动补偿。MPEG 把输入的视频信号分成组,用 3 种图像格式标出:帧内图像、预测图像和差补图像。每组中的第一帧用帧内图像格式编码,第 $1M$、$2M$、$3M$ 帧(M 一般选为 3)用预测图像格式编码,其他各帧使用差补图像格式编码。差补图像不仅利用过去的帧内图像或预测图像,也利用未来的帧内图像或预测图像进行运动补偿,因此可以达到更高的图像压缩率。

(1) MPEG-1 视频压缩的特点。

① 随机存取:要求能在被压缩的视频比特流中间进行存取,并且能在限定的时间内对视频的任一帧进行解码。

② 快速正向/逆向搜索:可对压缩数据流进行扫描,利用合适的存取点来显示所选择的图像。

③ 逆向重播:交互式应用有时需要视频信号能够逆向重播。

④ 视听同步:提供机制使视频音频能持久地同步。

⑤ 容错性:在有误差的情况下,也要能避免编码失败。

⑥ 编解码延迟:传输质量与延迟是一对矛盾,延迟时间被看作为一个阈值参数设定。

(2) MPEG-1 视频压缩策略。

为了提高压缩比,MPEG-1 同时使用了帧内图像数据压缩和帧间图像数据压缩技术。帧内压缩算法与 JPEG 压缩算法大致相同,采用基于 DCT 的变换编码技术,以减少空域冗余信息。帧间压缩算法采用预测和插补法,预测法有单纯性预测(因果预测)和非因果预测(插补)。预测误差可再通过 DCT 变换编码处理,进一步压缩,帧间编码技术可减少时间轴方向的冗余信息。

MPEG-1 音频编码过程如下:输入的音频抽样被读入编码器;映射器建立经滤波的输入音频数据流的子带抽样表示,如在层 1 或层 2 是子带抽样,在层 3 则是经过变换的子带抽样;心理声学模型建立一组控制量化的数据;各子带系数经过量化和编码,再加上其他一些附加信息;最后形成已编码的数据流。

压缩后的比特流可以按以单声道模式、双-单声道模式(dual-monophonic mode)、立体声模式和联合立体声模式 4 种模式之一支持单声道或双声道。

MPEG-1 音频标准提供 3 个独立的压缩层次:第一层(Layer 1)、第二层(Layer 2)和第三层(Layer 3),用户对层次的选择可在编码方案的复杂性和压缩质量之间进行权衡。

第一层的编码器最为简单,应用于数字小型盒式磁带(Digital Compact Cassette,DCC)记录系统。第二层的编码器的复杂程序属中等,应用于数字音频广播(DAB)、CD-ROM、CD-I 和 VCD 等。第三层的编码器最为复杂,应用于综合业务数字网(ISDN)上的音频传输、Internet 上的广播、MP3 光盘存储等。

MPEG-1 标准是 VCD 工业标准的核心。MPEG-1 音频第三层的 MP3 是广受欢迎的音乐格式。

3）MPEG-2 标准

MPEG-2 是 MPEG-1 的扩充，丰富和完善。MPEG-2 标准包括 MPEG 系统、MPEG 视频、MPEG 音频和 MPEG 一致性 4 部分内容，是运动图像及其伴音的通用编码国际标准。MPEG-2 标准克服并解决了 MPEG-1 标准不能满足的日益增长的多媒体技术、数字电视技术、多媒体分辨率等方面技术要求的缺陷。

MPEG-2 标准的系统功能是将一个或多个音频、视频或其他的基本数据流合成单个或多个数据流，以适应存储和传送需要。符合 MPEG-2 标准的编码数据流，可以在一个很宽的恢复和接收条件下进行同步解码。MPEG-2 系统支持的 5 项基本功能分别是解码时多压缩流的同步、将多个压缩流交织成单个的数据流、解码时缓冲器初始化、缓冲区管理和时间识别。MPEG-2 标准的压缩编码系统是将视频和音频编码算法结合起来开发的。系统编码有两种方法，其编码输出包括传送流（Transport Stream，TS）和程序流（Program Stream，PS）两种定义流。传送流和协议 ISO/IEC11172-1 系统定义的流相似；程序流是一种用来传送和保存的编码数据或其数据的数据流。

（1）MPEG-2 视频。

MPEG-2 视频体系的视频分量的数据速率范围大约为 $2\sim15\text{Mbps}$。MPEG-2 视频体系要求保证与 MPEG-1 视频体系向下兼容，并且同时应满足数据在存储媒体、可视电话、数字电视、高清晰电视（HDTV）、通信网络等领域的应用。分辨率有低（352×288）、中（720×480）、次高（1440×1080）、高（1920×1080）等不同档次，压缩编码方法也从简单至复杂有不同等级。

MPEG-2 标准详细地叙述了数字存储媒体和数字视频通信中的图像信息的编码描述和解码过程。它支持固定比特率传送、可变比特率传送、随机访问、信道跨越、分级解码、比特流编辑以及一些特殊功能。

MPEG-2 视频编码的关键技术与 MPEG-1 基本一致，其与 MPEG-1 的区别主要是在隔行扫描制式下，DCT 到底是在场内进行还是在帧内进行由用户自行选择，亦可自适应选择。一般情况下，对细节多、运动部分少的图像在帧内进行 DCT，而细节少、运动部分多的图像在场内进行 DTC。

MPEG-2 采用了分层的编码体系，提供了较好的可扩充性及互操作能力。MPEG-2 整个视频比特流由逐级嵌入的若干层组成，这样不同复杂度的解码器可根据自身的能力从同一比特流中抽出不同层解码，得到不同质量、不同时间/空间分辨率的视频信号。分层编码使同一比特流能适应不同特性的解码器，极大地提高了系统的灵活性、有效性。为了实现分层编码，MPEG-2 提供了 4 种工具或技术：空间可扩展性、时间可扩充性、信噪比可扩充性及数据分块。MPEG-2 还提供了框架及等级的概念，给出了丰富的编码、灵活的操作模式，以适应不同场合的需要。

（2）MPEG-2 音频。

MPEG-2 标准委员会定义了两个音频压缩编码算法。一种是 MPEG-2 Audio 或 MPEG-2 多通道声音，其与 MPEG-1 Audio 是兼容的。与 MPEG-1 相比较，MPEG-2 BC 主要在两个方面做了重大改进：一是增加了声道数，支持 5.1 声道和 7.1 声道的环绕声；二是为某些低数码率应用场合，增加了 16kHz、22.05kHz 和 24kHz 三种低采样频率。同时，标准规定的码流形式还可以与 MPEG-1 的第一层和第二层做到前向、后向兼容，并可做到与双声道、单声道形式的向下兼容,还能够与环绕声形式兼容。在 MPEG-2 BC 的压缩算法中,除了沿用了 MPEG-1 的绝大部分技术外,还采用了多种新技术,如动态传输声道切换、动态串音、自适应多声道预测、中央声道部分编码(Phantom Coding of Center)等。

第二种是 MPEG-2 AAC,是一种非常灵活的声音感知编码标准。其主要使用听觉系统的掩蔽特性来压缩声音的数据量,并且通过把量化噪声分散到各个子带中,用全局信号把噪声掩蔽掉。AAC 支持的采样频率可为 8～96kHz,AAC 编码器的音源可以是单声道的、立体声的和多声道的声音。AAC 标准可支持 48 个主声道、16 个低频音效加强通道、16 个多语言声道和 16 个数据流。MPEG AAC 的压缩比为 11:1,即每个声道的数据率为(44.1×16)/11=64kbps,在 5 声道的总数据为 320kbps 的情况下,很难区分还原后的声音与原始声音之间的差别。与 MPEG 的第二层相比,MPEG-2 AAC 的压缩率可提高 1 倍,而且质量更高,与 MPEG 的第三层相比,在质量相同的条件下数据率是它的 70%。

DVD 格式的视频部分将采用 MPEG-2 压缩标准,音频部分压缩标准将随电视制式而异,MPEG-2 压缩标准已被以欧洲为主的国家采纳并用于电视制式的音频中,美国和日本的 NTSC 制式中使用的是 AC3 音频压缩标准。

4) H.261 视听通信编码、解码标准

H.261 是电视电话/会议电视标准,即 $P \times 64$kbps 视频编码/解码标准。其中 P 是一个可变参数,取值为 1～30。当 $P=1$ 或 2 时,仅能支持桌面上的面对面直观通信(即 64kbps 或 128kbps);当 $P \geqslant 6$ 时,支持通用中间格式每秒帧数较高活动图像的电视会议。由于位率的提高,复杂的画面能传送出去,画面质量也得到改善。

$P \times 64$kbps 视频编码压缩算法采用了混合编码方案,即基于 DCT 的离散余弦变换编码方法和带有运动预测的差分脉冲编码调制方法相混合。该算法与 MPEG 算法有相同之处,但也有区别。区别在于 $P \times 64$kbps 的目标是为了适应各种信道容量的传输,而 MPEG 标准的目标是为了在狭窄的频带上实现高质量的图像和高保真声音的传递。

$P \times 64$kbps 视频编码压缩算法包括信息源编码和统计编码(熵编码)两部分。信息源编码采用失真编码方法又分帧内编码(一般采用单一性的基于 DCT 的 8×8 块变换编码方法)和帧间编码(采用混合编码方法)两种情况。

7.4 常用多媒体制作软件

7.4.1 Windows 的数字媒体

Windows 自身带有一些多媒体制作软件,这些应用程序被组织在"附件"中。

1. Windows 图像编辑器

"画图"是个画图工具,可以用它创建简单或者精美的图画。这些图画可以是黑白或彩色的并可以存为位图文件。可以打印绘图,将它作为桌面背景,或者粘贴到另一个文档中。甚至还可以用"画图"程序查看和编辑扫描好的照片。可以用"画图"程序处理图片,例如 .jpg、.gif 或 .bmp 文件。可以将"画图"图片粘贴到其他已有文档中,也可以将其用作桌面背景,如图 7-2 所示。

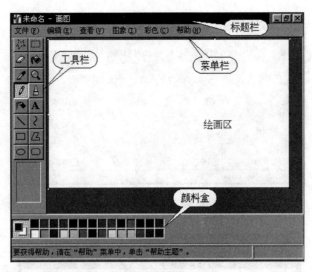

图 7-2　图像编辑器

2．录音机

使用"录音机"可以录制、混合、播放和编辑声音,也可以将声音链接或插入另一个文档中。通过以下方法可修改未压缩的声音文件。

（1）向文件中添加声音。

（2）删除部分声音文件。

（3）更改回放速度。

（4）更改回放音量。

（5）更改回放方向。

（6）更改或转换声音文件类型。

（7）添加回音。

需要注意的是,在录音时,计算机必须安装麦克风,录下的声音被保存为波形（.wav）文件,如图 7-3 所示。

图 7-3　录音机

3．音量控制器

使用 Windows XP 控制面板中的"声音和音频设备属性"组件,可以打开音量控制器,如图 7-4 所示。通过该对话框,可以调整计算机或多媒体应用程序（例如 CD 唱机、DVD 播放机和录音机）播放的声音、音量、左右扬声器之间的平衡、低音和高音设置。也可以在使用声音命令时调整声音设置。

4．媒体播放器

使用 Windows 提供的 Windows Media Player 可以查找和播放计算机上的数字媒体文件、播放 CD 和 DVD,以及来自 Internet 的数字媒体内容。此外,可以从音频 CD 录音乐,刻录自己喜欢的音乐 CD,将数字媒体文件同步到便携设备上。Windows Media Player 的界面如图 7-5 所示。

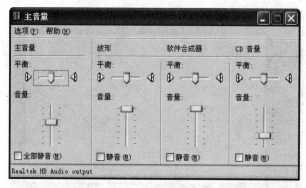

图 7-4　音量控制器

图 7-5　**Windows Media Player**

7.4.2　其他常用多媒体制作软件

1. Photoshop

Photoshop 是全世界著名的平面设计软件,它具有强大的绘图、校正图片及图像创作功能。作为 Photoshop 的前身是一个叫 Barney Scan 的扫描仪配套软件,后来 Adobe 公司看中了它优秀的图像处理功能,将它开发成为功能更为强大的图像处理软件并把它命名为Photoshop。现在 Photoshop 已经开发到了8.0 版本。Photoshop 的主要特点如下:

(1) 支持多种文件格式。

(2) 强大的绘图功能。

(3) 灵活的选取功能。

(4) 方便的调整功能。

(5) 支持多种色彩模式。

(6) 变形功能。

(7) 丰富的滤镜功能。

(8) 提供图层和通道功能。

2．Flash

Flash 是由 Macromedia 公司开发设计的，Flash 是集向量绘图、动画制作和交互式设计三大功能于一身的二维动画制作软件，它可以让网页中不再只有简单的 GIF 动画或 Java 小程序，而是一个完全交互式多媒体网站，并且具有很多的优势。现在 Flash 已经开发到了 8.0 版本。Flash 的主要特点如下：

（1）是一种基于矢量的图形系统，非常适合在网络上使用。可以做到真正的无级放大。

（2）采用插件工作方式。

（3）非常有用的增强功能，如支持声音、位图图像、渐变色、Alpha 透明等。

（4）采用了信息流的数据传送方式，满足了实时播放的要求。

（5）Flash 的文件格式可以分为静态与动态两种。静态格式包括 GIF、JPEG、BMP、WMF、PMG 等。动态格式包括 Shockwave Flash(SWF)、QuickTime、AVI 等。

3．3DS MAX

3DS MAX 是三维造型与动画的设计制作软件。Autodesk 公司的媒体和娱乐子公司 Discreet 公司发布了专为"3DS MAX 维护合约用户"而特制的升级版本 3DS MAX 7.5 Extension。该版本提供了一系列备受瞩目的新特色和新功能。如内置的毛发制作系统、渲染器 Mental Ray 3.4，以及集成的可视化设计工具，将极大地扩展了 Discreet 公司三维造型和动画系统的制作能力。

3DS MAX 是当前世界上销售量最大的三维建模、动画及渲染解决方案，3DS MAX 4 是其具有显著提高的最新版本，广泛应用于视觉效果、角色动画及下一代的游戏开发领域。3DS MAX 4 是业界应用最广的建模平台并集成了新的子层面细分(subdivision)表面和多边形几何建模，还包括新的集成动态着色(ActiveShade)及元素渲染(Render Elements)功能的渲染工具。同时 3DS MAX 4 提供了与高级渲染器的连接，比如 Mental Ray 和 Renderman，来产生更好渲染效果，如全景照亮、聚焦及分布式渲染。

4．Authorware

Authorware 是多媒体系统开发工具软件，是美国 Macromedia 公司的产品。该软件采用的面向对象的设计思想，不但大大提高了多媒体系统开发的质量与速度，而且使非专业程序员进行多媒体系统开发成为现实。

Authorware 的主要特点：

（1）面向对象的创作。

（2）跨平台体系结构。

（3）灵活的交互方式。

（4）高效的多媒体集成环境。

（5）标准的应用程序接口。

（6）脱离开发环境独立运行。

思考与练习

1. 对于高质量的音频(如 CD 音质),采样频率为 44.1kHz,量化为 16bit 双声道立体声,则 1 分钟这样的声音数据的存储量为多少?

2. 图形文件一般来说可以分为两大类:位图和矢量图,分别描述其特点。

3. 数据压缩方法一般划分为两类,分别阐述其特点。

4. 简述 3 个重要的多媒体国际标准。

参 考 文 献

[1] 姜永生.大学计算机基础(Windows 10＋Office 2013).北京：高等教育出版社,2015.

[2] 陈捷.计算机应用基础——Windows 8＋Office 2013.北京：高等教育出版社,2015.

[3] 李翠梅,曹凤华.大学计算机基础——Windows 7＋Office 2013 实用案例教程.北京：清华大学出版社,2014.

[4] 杨宏,黄杰,施一飞.实用计算机技术(Windows 7＋Office 2013).北京：人民邮电出版社,2014.

[5] 沈洪.多媒体技术与应用.北京：人民邮电出版社,2010.

[6] 刘勇.大学计算机基础.北京：清华大学出版社,2013.

[7] 徐秀花,李业丽,解凯.大学信息技术基础.北京：人民邮电出版社,2012.